建设科技强国

实现高水平科技自立自强

走向科技自立自强

中国科学技术协会　组编

中国科学技术出版社
·北　京·

编 委 会

支持单位

（按汉语拼音排序）

北京大学王选计算机研究所王选纪念室
港珠澳大桥管理局
国家国防科技工业局探月与航天工程中心
国家海洋局极地考察办公室
国家杂交水稻工程技术研究中心
吉林大学地球探测科学与技术学院
南水北调中线干线工程建设管理局
深圳华大生命科学研究院
太原钢铁（集团）有限公司
徐工集团工程机械股份有限公司
徐州工程机械集团有限公司
中国长江三峡集团有限公司
中国船舶集团公司第七〇二研究所
中国地质科学院
中国国家铁路集团有限公司
中国海洋石油集团有限公司
中国核工业集团
中国科学院超导国家重点实验室
中国科学院大气物理研究所
中国科学院等离子体物理研究所
中国科学院动物研究所
中国科学院高能物理研究所
中国科学院青藏高原研究所
中国科学院沈阳自动化研究所
中国科学院遗传与发育生物学研究所
中国空间技术研究院
中国人民解放军信息工程大学邬江兴院士办公室
中国商用飞机有限责任公司
中国铁路青藏集团有限公司
中国载人航天工程办公室
中国中铁工程装备集团有限公司

党的十八大以来，以习近平同志为核心的党中央立足党和国家事业发展战略全局，把握世界大势和时代潮流，把科技创新摆在国家发展全局的核心位置，把科技自立自强作为我国现代化建设的战略支撑，提出了一系列新思想新观点新论断新要求。

党的十八大提出，科技创新是提高社会生产力和综合国力的战略支撑，必须摆在国家发展全局的核心位置。党的十九大提出，创新是引领发展的第一动力，是建设现代化经济体系的战略支撑。党的二十大提出，加快实施创新驱动发展战略，加快实现高水平科技自立自强。

潮涌东方，澎湃不息。我国科技发展日新月异，科技体制机制改革有序推进，研发投入持续增加，创新活力竞相迸发，体系建设逐步完善，重大成果不断涌现。特别是党的十八大以来，我国科技事业发展面向世界科技前沿、面向经济主战场、面向国家重大需求、面向人民生命健康，基础研究和原始创新取得重要进展，战略高技术领域取得新跨越，高端产业取得新突破，民生科技取得显著成效，国防科技创新取得重大成就。

量子信息、干细胞、脑科学等前沿方向上取得一批重大原创成果；FAST、中国散裂中子源、上海光源、全超导托卡马克核聚变实验装置等重大科研基础设施为我国开展世界级科学研究提供重要科技平台。

“奋斗者号”“地壳一号”“神舟”“嫦娥”“长征”“天宫”“北斗”“天问”“羲和”“神威·太湖之光”等大国重器，在深海、深地、深空、深蓝等领域积极抢占科技制高点。

“复兴号”高速列车、盾构机、C919大飞机、时速600千米高速磁浮试验样车等带动高端产业突破；北京大兴国际机场、港珠澳大桥等世纪工程屡创工程奇迹；智能制造、数字经济带动新兴产业蓬勃发展。

杂交水稻、分子育种为实现“藏粮于地、藏粮于技”发挥重要作用；新药创制、疫苗研发为护卫人民生命健康提供科技支撑；运用科技手段构建精准扶贫新模式，为打赢脱贫攻坚战贡献重要力量。

国产航母下水，第五代战机“歼20”正式服役，“雷达铁军”护卫万里海疆……国防科技创新为保障国家安全筑起坚实屏障。

新征程上，完整、准确、全面贯彻新发展理念，推动以高水平科技自立自强支撑中国式现代化，是新时代赋予科技工作者的光荣使命。

广大科技工作者要紧密团结在以习近平同志为核心的党中央周围，深刻领悟“两个确立”的决定性意义，增强“四个意识”、坚定“四个自信”、做到“两个维护”，踔厉奋发、勇毅前行，攻坚克难、团结奋斗，为建设世界科技强国、实现中华民族伟大复兴的中国梦贡献智慧和力量！

中国工程院院士

“国家最高科学技术奖”获得者

“八一勋章”获得者

钱七虎

2023 年 10 月

目录
CONTENTS

踔厉奋发勇毅前行　鼎新革故赓续华章

上篇　拥抱科学之春

下篇　走向自立自强

CRH
和谐号
和谐号

创新驱动发展

党的十八大明确提出，科技创新是提高社会生产力和综合国力的战略支撑，必须摆在国家发展全局的核心位置。

2016年，《国家创新驱动发展战略纲要》发布，提出科技创新“三步走”的战略目标：到2020年进入创新型国家行列；到2030年跻身创新型国家前列；到2050年建成世界科技创新强国。

2015年10月，屠呦呦获得诺贝尔生理学或医学奖。这是中国本土科学家首次获得诺贝尔科学奖项。

中医药和现代科学相结合诞生了青蒿素，这是传统中医药献给世界的一份礼物。

——“共和国勋章”和“改革先锋”称号获得者 屠呦呦

2016年6月，使用我国自主知识产权芯片的“神威 · 太湖之光”超级计算机系统，登顶全球超级计算机500强榜单。此后，我国超级计算机连续刷新运算速度的世界纪录。

现代化是买不来的，我们必须跨越！国运昌则科技兴，科技兴则国力强，没有改革开放就没有中国巨型机事业的起飞与发展。

——2002年度“国家最高科学技术奖”获得者 金怡濂

创新是引领发展的第一动力

党的十九大明确提出，创新是引领发展的第一动力，是建设现代化经济体系的战略支撑。

2020年9月，科技创新坚持“四个面向”的战略部署进一步明确：坚持面向世界科技前沿、面向经济主战场、面向国家重大需求、面向人民生命健康，不断向科学技术广度和深度进军。

2016年9月，具有我国自主知识产权的500米口径球面射电望远镜“中国天眼”落成启用。从2021年起，“中国天眼”向全世界科学家开放，成为全球唯一的，也是人类共同拥有的瞭望宇宙的巨目。

对未知领域的探索和挑战，使人类从地球生命中脱颖而出。

——“人民科学家”和“改革先锋”称号获得者 南仁东

在迎来中国共产党成立一百周年的重要时刻，我国脱贫攻坚战取得全面胜利，历史性地解决了绝对贫困问题，实现了第一个百年奋斗目标，在中华大地上全面建成小康社会。

我一生最得意的是，把我变成了农民，把农民变成了我。我学会了用农民的语言和他们交谈，把最好的论文写在了祖国的大地上。

——“人民楷模”称号获得者 李保国

2020年，新冠疫情肆虐全球。在这场大自然对人类的大考面前，中国科技工作者与全国人民一起，铸就了生命至上、举国同心、舍生忘死、尊重科学、命运与共的抗疫精神，创造了人类同疾病斗争史上又一个英勇壮举！

人类战胜大灾大疫离不开科学发展和技术创新。发挥新型举国体制优势，集中力量开展核心技术攻关，为确保“人民至上，生命至上”提供强有力的科技支撑。

——“共和国勋章”和“改革先锋”称号获得者 钟南山

实现高水平科技自立自强

党的二十大明确提出，加快建设教育强国、科技强国、人才强国。加快实施创新驱动发展战略，加快实现高水平科技自立自强，以国家战略需求为导向，集聚力量进行原创性引领性科技攻关，坚决打赢关键核心技术攻坚战，加快实施一批具有战略性全局性前瞻性的国家重大科技项目，增强自主创新能力。

党的十八大以来，我国科技事业实现了历史性、整体性、格局性重大变化，科技实力从量的积累迈向质的飞跃、从点的突破迈向系统能力提升，科技创新取得新的历史性成就。

“复兴号”动车组实现时速350千米商业运营；港珠澳大桥全线贯通；大兴机场落成启用；国产大型客机C919交付使用。

“地壳一号”万米钻机在全球首次钻穿白垩纪陆相地层，我国深部探测实现从“跟跑”向“并跑”“领跑”的迈进。

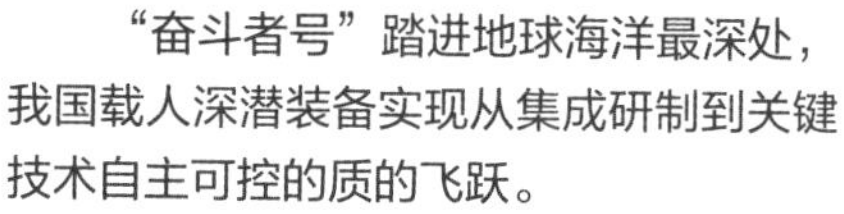

“奋斗者号”踏进地球海洋最深处，我国载人深潜装备实现从集成研制到关键技术自主可控的质的飞跃。

白鹤滩水电站“点亮”长江清洁能源走廊。“西电东送”“西气东输”“南水北调”“东数西算”为经济发展迭代赋能。

建设科技强国

2020年7月，“北斗三号”全球卫星导航系统正式开通，中国北斗开始为世界导航。2020年12月，“嫦娥五号”返回器携带月球样品返回地球，探月工程“三步走”任务完美收官。

2021年5月，“天问一号”探测器成功着陆火星，2021年10月和2022年10月，太阳探测卫星“羲和号”“夸父一号”成功发射。2021年6月至今，“神舟”系列载人飞船顺利将多批次航天员送入太空，中国空间站步入有人长期驻留时代。2022年11月，中国空间站三舱形成平衡对称的“T”字构型，向着建成空间站的目标迈出了关键一步。

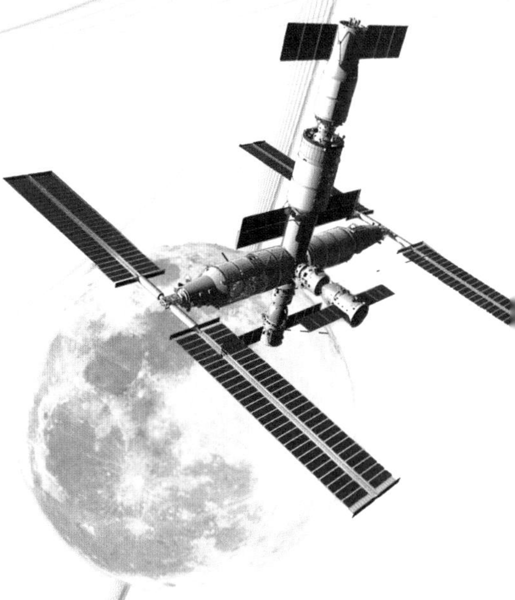

当中国人在西北大漠里竖起第一座发射架时，西方一些发达国家认为，那是开玩笑；当中国人用运行速度只有每秒几十万次的老式计算机编制地球同步卫星轨道程序时，洋专家又断言：不可能！但是，中国人就是将“不可能”变成了“可能”。

——“共和国勋章”和“改革先锋”称号获得者
2009年度“国家最高科学技术奖”获得者
孙家栋

- 2022年，“福建舰”正式下水
- 2021年，我国科学家开辟全新育种方向
- 2020年，量子计算原型机“九章”获重大突破
- 2019年，“嫦娥四号”实现月背软着陆
- 2018年，我国科学家成功克隆灵长类动物
- 2017年，量子科学实验卫星“墨子号”交付使用
- 2016年，我国首次万米深渊科学考察完成
- 2015年，我国科学家发现外尔费米子
- 2014年，“南水北调”中线一期工程正式通水
- 2013年，“玉兔”月球车在月球开始工作
- 2012年，我国科学家发现中微子新的振荡模式

毅前行

故赓续华章

踔厉奋发勇

鼎新革

科学的春天

科学技术是第一生产力

1978年3月，全国科学大会召开，重申“科学技术是生产力”。之后，这一思想进一步深化为“科学技术是第一生产力”。

1979年7月，第一张采用汉字激光照排系统输出的报纸样张《汉字信息处理》问世。王选带领团队探索“科技顶天，市场立地”的改革创新模式，使我国印刷技术“告别铅与火，迈入光与电”。

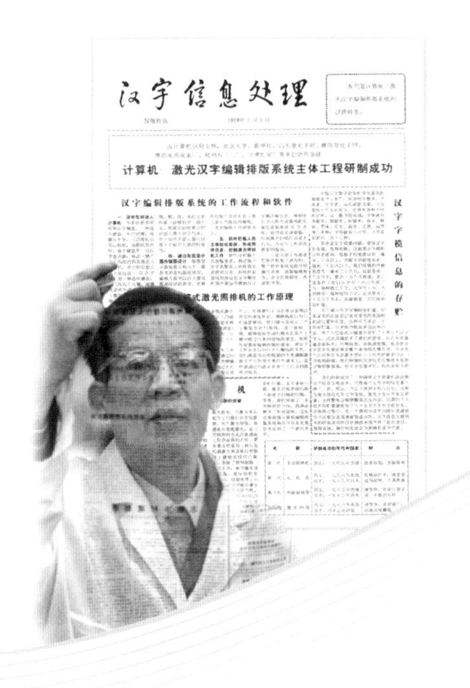
汉字信息处理

计算机—激光汉字编辑排版系统主体工程研制成功

汉字编辑排版系统的工作流程和软件

式激光照排机的工作原理

汉字字模信息的存贮

1982年，“科技攻关”计划开始实施。之后我国陆续设立了“星火”“863”“火炬”“973”等计划，国家科技计划体系不断完善。

20多年前，我是处在创造高峰并工作在第一线的小人物，幸运的是遇到了党的十一届三中全会以来改革开放的好时代。

——“改革先锋”称号获得者、2001年度“国家最高科学技术奖”获得者 王选

1993年7月，我国颁布《中华人民共和国科学技术进步法》。之后陆续颁布《中华人民共和国促进科技成果转化法》《中华人民共和国科学技术普及法》等，科技立法进程提速。

1993年10月，中国科学院学部委员改称为中国科学院院士。1994年6月，中国工程院成立。至此，我国两院院士制度正式建立。

历史回响

过去也好，今天也好，将来也好，我国必须发展自己的高科技，在世界高科技领域占有一席之地！

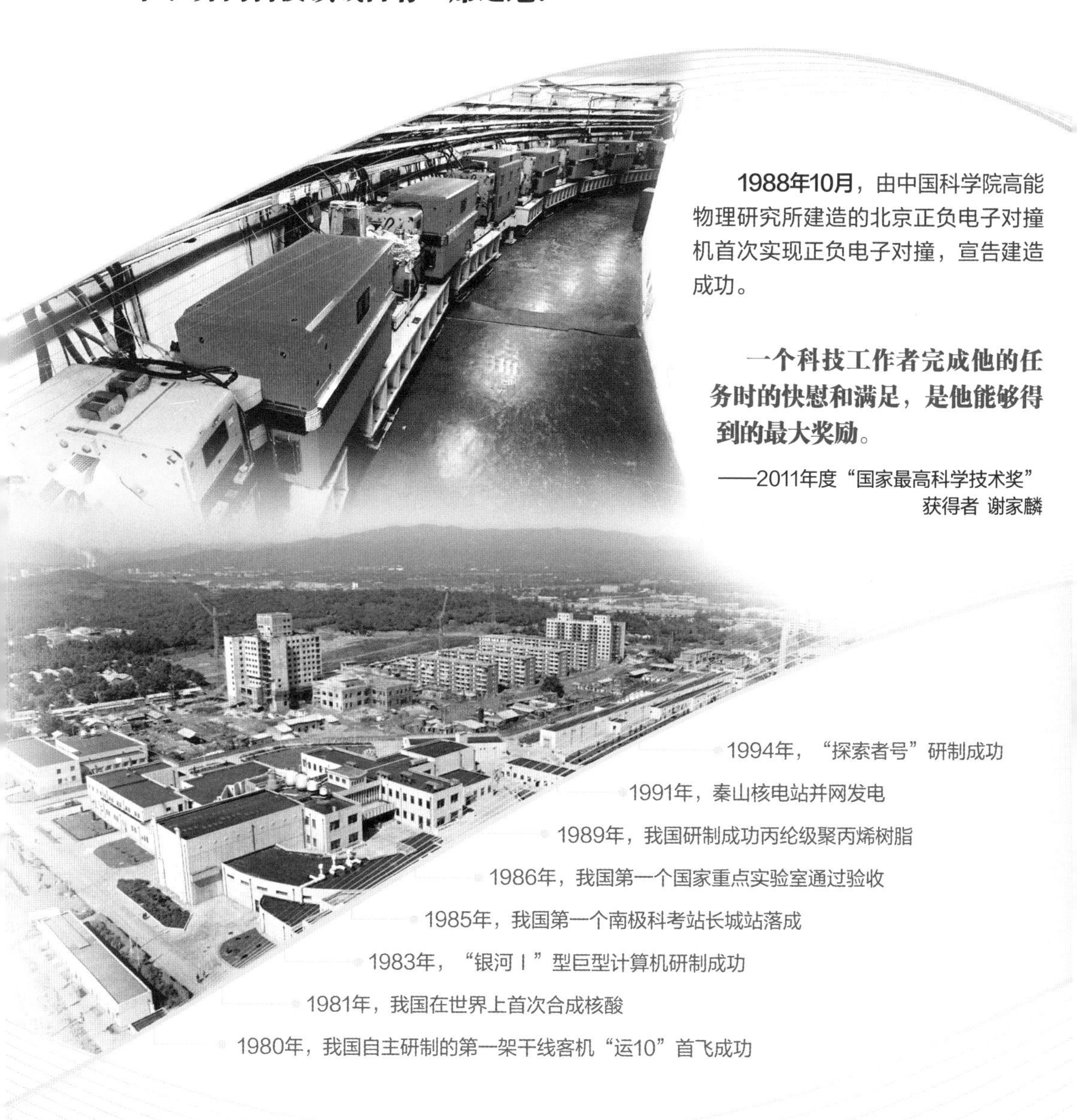

1988年10月，由中国科学院高能物理研究所建造的北京正负电子对撞机首次实现正负电子对撞，宣告建造成功。

一个科技工作者完成他的任务时的快慰和满足，是他能够得到的最大奖励。

——2011年度“国家最高科学技术奖”获得者 谢家麟

1994年，“探索者号”研制成功

1991年，秦山核电站并网发电

1989年，我国研制成功丙纶级聚丙烯树脂

1986年，我国第一个国家重点实验室通过验收

1985年，我国第一个南极科考站长城站落成

1983年，“银河Ⅰ”型巨型计算机研制成功

1981年，我国在世界上首次合成核酸

1980年，我国自主研制的第一架干线客机“运10”首飞成功

建设创新型国家

党的十六大提出增强自主创新能力、建设创新型国家的重大战略思想。党的十七大明确提出，“提高自主创新能力，建设创新型国家”是国家发展战略的核心，是提高综合国力的关键。

2006年1月，《国家中长期科学和技术发展规划纲要（2006—2020年）》发布，提出“自主创新、重点跨越、支撑发展、引领未来”的科技工作指导方针。

航天是一个不断创新的事业，每一步都是迈向更新的高度。

——2003年度“国家最高科学技术奖”获得者 王永志

2003年10月，我国第一艘载人飞船“神舟五号”发射成功，标志着我国继苏联、美国之后，成为世界上第三个独立自主完整掌握载人航天技术的国家。五年后，“神舟七号”航天员手擎国旗，迈出中国人漫步太空的第一步。

2007年10月，我国首颗月球探测卫星“嫦娥一号”卫星成功发射，11月26日成功传回第一张月面图片，月球探测工程一期任务圆满完成。

2002年，“龙芯Ⅰ号”CPU研制成功

2000年，首颗北斗卫星成功发射

1999年，“风云一号”C星发射

1996年，我国完成镅-235的世界首次合成

2010年，“蛟龙号”下潜深度达到3759米

2009年，我国科学家证明iPS细胞发育全能性

2006年，“人造太阳”成功完成放电实验

2005年，青藏铁路全线铺通

科教兴国

1995年5月，中共中央、国务院发布《关于加速科学技术进步的决定》，提出实施科教兴国战略，全面落实科学技术是第一生产力的思想，把科技和教育摆在经济社会发展的重要位置，把经济建设转移到依靠科技进步和提高劳动者素质的轨道上来。

2001年2月，我国首次颁发“国家最高科学技术奖”。吴文俊、袁隆平获得2000年度“国家最高科学技术奖”。

2000年，袁隆平研究组研制的超级杂交稻，达到农业部制定的超级稻育种第一期目标——连续两年在同一生态地区的多个百亩片实现亩产 700 千克。

我有两个梦，
一个是“禾下乘凉梦”，
一个是“杂交稻覆盖全球梦”。

——“共和国勋章”和“改革先锋”称号获得者
2000年度“国家最高科学技术奖”获得者 袁隆平

一

上篇 拥抱科学之春

科学技术是第一生产力

科教兴国

建设创新型国家

1978年初春，全国科学大会在京召开。邓小平在大会报告中强调“科学技术是生产力”，提出“四个现代化，关键是科学技术的现代化”等著名论断，为准确把握科学技术的地位与作用、正确阐明党的知识分子政策、充分调动科技人员和全国人民投身四个现代化建设的热情和干劲，做出载入史册的历史贡献。

大量的历史事实已经说明：理论研究一旦获得重大突破，迟早会给生产和技术带来极其巨大的进步。

四个现代化，关键是科学技术的现代化。

怎么看待科学研究这种脑力劳动？科学技术正在成为越来越重要的生产力，那么，从事科学技术工作的人是不是劳动者呢？他们的绝大多数已经是工人阶级和劳动人民自己的知识分子，因此也可以说，已经是工人阶级自己的一部分。他们与体力劳动者的区别，只是社会分工的不同。

在全国科学大会的闭幕式上，因病未能出席的中国科学院院长郭沫若以一篇激情澎湃的《科学的春天》作为书面发言，表达全国科技工作者投身祖国新时期建设的豪情与决心。

春分刚刚过去，清明即将到来。“日出江花红胜火，春来江水绿如蓝。”这是革命的春天，这是人民的春天，这是科学的春天！让我们张开双臂，热烈地拥抱这个春天吧！

全国科学大会的召开，不仅标志着“科学的春天”降临祖国大地，同时也奏响了改革开放的序曲。同年 12 月，党的十一届三中全会在京召开，由此开启了中国改革开放的华彩乐章。

在马克思、恩格斯提出的“科学技术是生产力”重要结论基础上，邓小平立足中国国情，进一步提出“科学技术是第一生产力”。我们党的这一科技思想，在“科教兴国”“建设创新型国家”的发展阶段，得到进一步深化和发展。

中共中央明确把“经济建设必须依靠科学技术，科技工作必须面向经济建设”作为我国科技工作的基本方针，为我国经济和科技的改革和发展指明了方向。

1985 年 3 月 13 日,《中共中央关于科学技术体制改革的决定》正式公布，拉开了全面科技体制改革的序幕。在科技体制改革的有力推动下，我国实施了一系列国家指令性科技计划，建立起我国科技发展的战略框架。

改革激发的科技创新活力喷涌而出，我国科技工作者在基础研究、前沿技术等领域勇攀高峰，屡创佳绩。我国科技事业在跨越世纪的发展中迎来一次又一次跃迁，为经济社会发展做出巨大贡献，为国家综合国力和国际地位的提升提供了有力支撑。

科学技术是第一生产力

1978 年 3 月，全国科学大会召开，重申“科学技术是生产力”。之后，这一思想进一步深化为“科学技术是第一生产力”，为改革开放这场中国的“第二次革命”提供了强有力的思想引领。

1982 年，“科技攻关”计划开始实施。之后我国陆续设立了“星火”“863”“火炬”“973”等计划，国家科技计划体系不断完善。

1985 年，《中共中央关于科学技术体制改革的决定》出台，全面科技体制改革正式开启。此后，我国陆续推出改革科技拨款制度、科研事业费管理办法、专业技术职务聘任制度、自然科学基金制度、建立技术市场等一系列重大举措，通过改革确立科技成果商品化的思想，促进科技与经济的结合，解放和发展科技生产力。

1993 年 7 月，我国颁布《中华人民共和国科学技术进步法》。之后陆续颁布《中华人民共和国促进科技成果转化法》《中华人民共和国科学技术普及法》等，科技立法进程提速。

1993 年 10 月，中国科学院学部委员改称为中国科学院院士。1994 年 6 月，中国工程院成立。至此，我国两院院士制度正式建立。

随着科技创造力被改革不断激发，我国科技事业佳绩迭出、硕果累累。

1979 年，第一张采用汉字激光照排系统输出的报纸样张《汉字信息处理》问世，我国印刷技术“告别铅与火，迈入光与电”。

1980 年，我国自主研制的第一架干线客机“运 10”首飞成功。

1981 年，我国在世界上首次合成核酸。

1983 年，我国第一台每秒运算 1 亿次以上的巨型计算机“银河Ⅰ”型研制成功。

1985 年，我国第一个南极考察站中国南极长城站落成。

1986 年，我国首个国家重点实验室中国科学院上海分子生物学实验室通过评审验收。

1988 年，北京正负电子对撞机首次实现正负电子对撞，宣告建造成功。

1989 年，我国研制成功丙纶级聚丙烯树脂。

1990 年，“风云一号”气象卫星甚高分辨率扫描辐射计研制成功。

1991 年，我国第一座自行设计、建设的核电站秦山核电站首次并网发电。

1994 年，我国第一台潜深 1000 米的无缆水下机器人“探索者号”研制成功。

在改革的强大驱动力下，我国科技事业进入高速发展阶段，科学技术作为最重要的生产力，为推动经济社会进步发挥了重要作用。

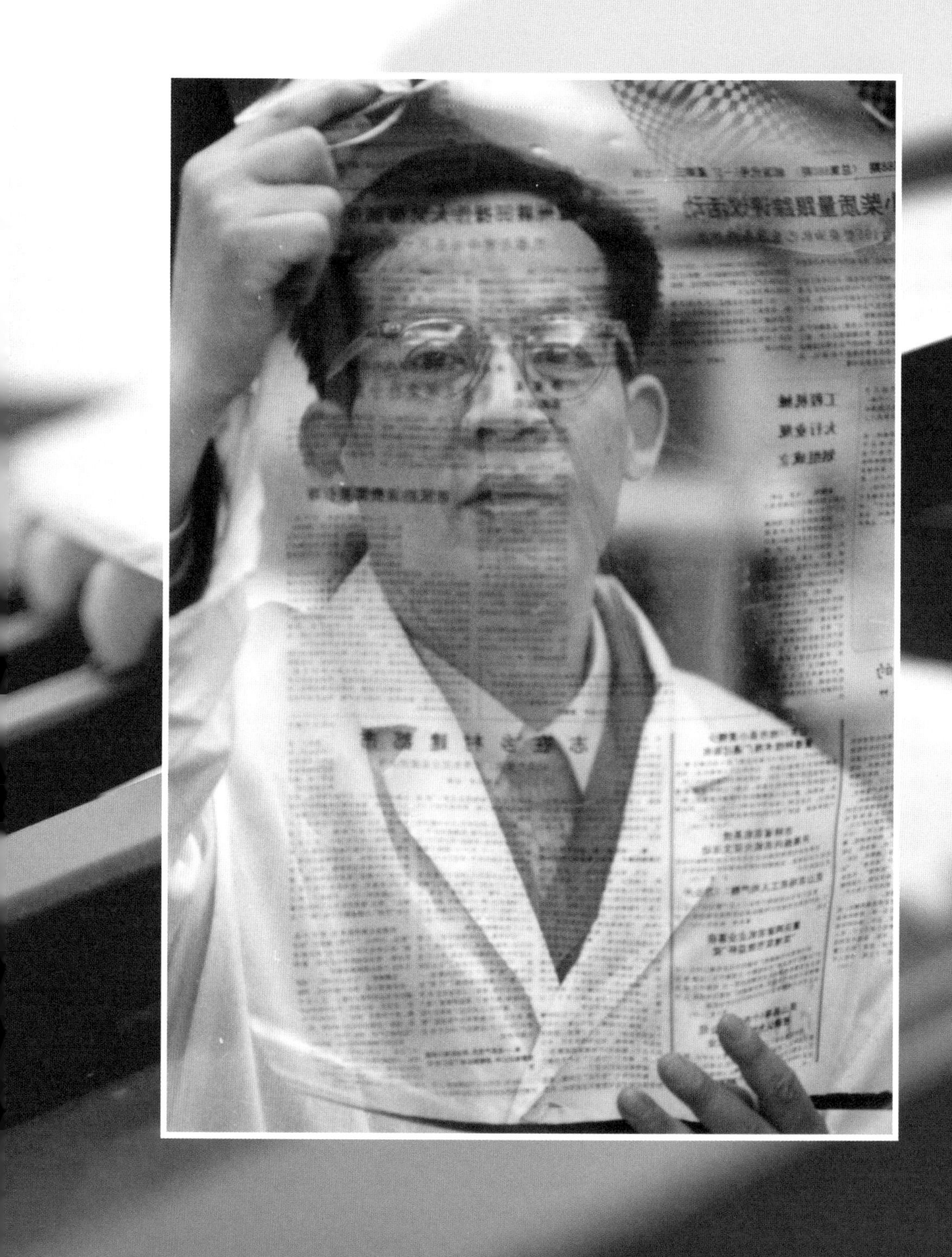

汉字激光照排系统将中国印刷业带入光电时代

1975 年，北京大学启动了对“汉字信息处理系统工程”项目的研究。以王选为技术总负责人的科研团队，研制成功汉字信息处理与激光照排技术并大规模推广应用，使延续上百年的中国传统出版印刷行业得到彻底改造，被公认为“毕昇发明活字印刷术后中国印刷技术的第二次革命”，使中国报业技术和应用水平步入世界前列，成为我国自主创新和运用高新技术改造传统行业的典范，也为信息时代汉字和中华民族文化的传播与发展创造了条件。

洗尽“铅”华　汉字与时代接轨

有人说，在中华文明的历史上，我们不应忘记这些人：仓颉创造了汉字，让文明可以沉淀下来；毕昇发明了活字印刷，让文明传播到世界的每一个角落；王选把汉字带进了信息时代，让中华汉字文化源远流长。在历史长河中，以王选为代表的我国科技工作者，为汉字跟上信息时代的步伐，为中华文明的传承发扬做出了不可磨灭的贡献。

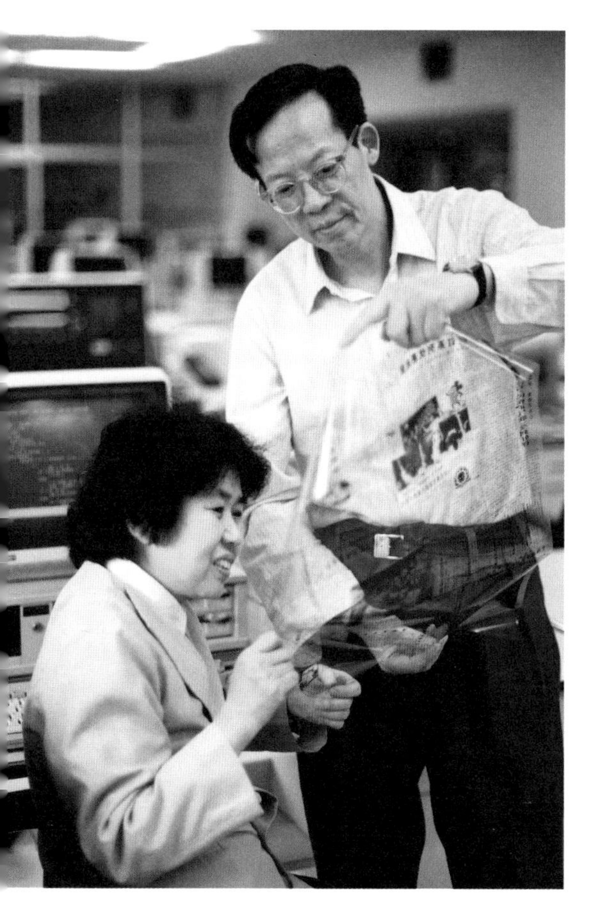

△ 王选和陈堃銶，一对事业上的最佳搭档

进入 20 世纪，随着电子计算机和光学技术的迅速发展，西方率先结束了活字印刷，采用了“电子照排技术”，而中国仍沿用“以火熔铅，以铅铸字，以铅字排版，以铅版印刷”的铅排作业。70 年代，中国数量最多的工厂恐怕就是印刷厂了，约有 1 万家，大多是装备落后的小厂。

铅字印刷的基本工艺程序是铸字、拣字（如果发现字库中没有的字，则另行刻字）、排版、上机印刷、切割、装订，不仅耗费巨大的人力物力，而且能耗巨大、效率低下、污染严重。据不完全统计，当时铸字耗用的铅合金达 20 万吨，铜模 200 万副，价值人民币 60 亿元。更重要的是，铅字印刷的出版效率极低，一本普通图书从发稿到出版要一年左右。

王选领导的团队 20 年磨一剑，终于使汉字激光照排技术在中国得到广泛普及和应用，以摧枯拉朽之势，掀起了中国印刷业“告别铅与火，迈入光与电”的印刷技术革命。他的发明，使拥有几千年悠久历史、却被某些专家预言为“计算机时代掘墓人”的汉字，如鲤鱼一跃，跃过了计算机这道龙门，进入了风驰电掣的信息时代，为中华文化的传承和发扬插上了科技的翅膀。

一跃 40 年　气概凌云的技术跨越

1974 年 8 月，在周恩来总理的亲自关怀下，原四机部（电子工业部）、原一机部（机械工业部）、中国科学院、新华社、原国家出版事业管理局五家机构联合发起，设立了国家重点科技攻关项目“汉字信息处理系统工程”，简称“748 工程”。“748 工程”分为汉字精密照排系统、汉字情报检索系统、汉字远传通信系统三个子项目。1975 年，多年病休在家的北京大学无线电系教师王选，从妻子（数学系教师）陈堃銶那里听说了这项工程，被其中“汉字精密照排系统”的价值和难度强烈吸引，开始自发进行研究。汉字精密照排指运用计算机和相关的光学、机械技术，对中文信息进行输入、编辑、排版、输出及印刷。研制这一系统的目标，就是用现代科技对我国传统而落后的印刷行业进行彻底改造。

20 世纪 40 年代，美国发明了第一代手动照排机，到 70 年代，日本流行的是第二代光学机械式照排机，欧美则已流行第三代阴极射线管照排机。我国当时有五个攻关团队从事汉字照排系统的研究，其中两个团队选择了二代机，三个团队采用了三代机。在汉字信息的存储方面，这五个团队全部采取的是模拟存储方式。

经过分析研究，王选得出了第一个重要结论：研制汉字照排系统，首先要解决汉字信息的存储问题。模拟存储没有发展前途，必须采用“数字存储”的技术途径，即把每个字形变成由许多小点组成的点阵，每个点对应着计算机里的一位二进位信息，存储在计算机内。

西文只有 26 个字母，字体和字号再变化，存储量问题也并不突出。而汉字字数繁多，常用字就有 6700 多个，印刷时又有宋体、黑体、仿宋、楷体等 10 多种字体，每种字体还有约 20 种大小不同的字号。为了达到印刷质量要求，五号字大小的正文小字需要 100×100 以上的点组成，排标题用的大号字需要 1000×1000 以上的点阵。如果将所有字体字号全部用点阵存储进计算机，信息量高达几百亿字节，像座高山一样庞大。

当时我国国产的 DJS130 计算机的磁心存储器，最大容量只有 64 千字节；外存只有一个 512 千字节的磁鼓和 6 兆的磁盘，相当于美国 20 世纪 50 年代末的水平。这么小的存储容量，要存下如此庞大的汉字信息，简直是无法想象的事。

王选通过琢磨每个汉字的笔画，很快发现了规律：汉字虽然繁多，但每个汉字都可以细分成横、竖、折等规则笔画和撇、捺、点、勾等不规则笔画。此时，一个绝妙的设计在王选脑海中形成了。他兴奋地对妻子陈堃銶说："我们可以用轮廓加参数的数学方法描述汉字字形，这样可以使信息量大大压缩！"

数学和汉字，这两种代表不同意义的学科和符号，被王选和谐、紧密地结合起来，一系列世界首创的神奇发明诞生了：用轮廓加参数的方法描述汉字字形，对规则笔段，用描述笔画轮廓的特征参数（如横的起点、长度、宽度和肩等）来表示；对不规则笔段，用折线轮廓表示，后来又改为曲线描述。这一方法不但使信息量大大减少，同时还能保证变倍后的文字质量，使一套字模能产生各种大小的字号。通过这种信息表示方法，汉字的存储量被总体压缩至原先的 1/500 ～ 1/1000！

王选又设计出一套递推算法，使被压缩的汉字信息高速复原成字形，而且适合通过硬件实现，为日后设计关键的激光照排控制器铺平了道路。

更独特的是，王选想出用参数信息控制字形变大或变小时敏感部分的质量的高招，从而实现了字形变倍和变形时的高度保真。仅此一项发明，就比西方早了 10 年。

陈堃銶与王选一起研究高倍率汉字信息压缩及高速复原方案，并负责软件模拟试验。1975 年 9 月，他们通过软件在计算机中模拟出“人”字的第一撇，这是汉字信息处理技术的重大突破。38 岁的王选，用数学和智慧轻轻一叩，轰然打开了汉字进入计算机时代的大门。

接下来，挡在王选面前的是第二道难关——采用什么样的输出方案将压缩后的汉字信息高速、高质量地还原和输出，这也是照排系统的关键。王选想到了激光照排，虽然当时世界上还没有相应的商品，但这种方案的高分辨率、超宽幅面和极高的输出品质昭示出其巨大前景。王选想起在一个展会上看到邮电部杭州通信设备厂研制的一种报纸传真机，质量好而且已经投入使用，心想，如果把这种传真机的录影灯光源改成激光光源，不就变成激光照排机了？在咨询过光学专家并得到肯定回答后，王选在 1976 年做出了一个大胆决策，跨过当时流行的二代机和三代机，直接研制世界上尚无商品的第四代激光照排系统。

这是王选在研制汉字精密照排系统过程中最为果敢、最具前瞻性的决定。西方在 1946 年发明第一代手动式照排机，花了 40 年时间，到 1986 年才开始推广第四代激光照排机。王选于 1976 年提出直接研制第四代激光照排系统，一步跨越了 40 年！今天看来，最可宝贵的正是这种具有凌云气概的技术跨越。

原理性样机　艰苦卓绝的攻坚战

“748 工程”办公室主任、四机部计算机工业管理局副局长郭平欣在充分了解了王选的信息压缩和还原方案后，在 1976 年秋，将“汉字精密照排系统”项目的研制任务正式下达给北京大学。接下来，得到了第一个用户——新华社的支持，在当时电子部的协调下，潍坊、杭州、长春和无锡等地的合作厂家也先后确定下来，王选和同事们摩拳擦掌，开始了研制原理性样机的攻坚战。

攻关伊始，各种困难就接踵而至。由于技术太过超前，王选的方案从一开始就遭到很多质疑。当时在高校流行写论文、评职称、出国进修，而激光照排项目主要是繁重的软件、硬件工程任务，开发条件很差，导致科研队伍受到很大冲击。1978 年年底，又传来消息，英国蒙纳公司已研制成功西文激光照排系统，计划在 1979 年夏秋之际来中国举办展览，进而打入中国巨大的印刷出版市场。

面临严峻的内忧外患，王选冷静分析了蒙纳公司的系统，发现虽然其硬件先进可靠，但设计思想远没有自己的方案先进，离真正实用还有很大距离。在分析了双方的优劣形势后，王选决定加紧原理性样机的研制，一定要在展览会举办以前，

汉字信息处理

报版样张　　1979年7月1日

本刊是计算机—激光汉字编辑排版系统的试排样张。

由计算机总局主持，北京大学、新华社、山东省电子局、潍坊市电子局、潍坊电讯仪表厂、杭州五二二厂、天津红星厂等单位协作会战

计算机—激光汉字编辑排版系统主体工程研制成功

汉字编辑排版系统的工作流程和软件

滚筒式激光照排机的工作原理

汉字字模信息的存贮

我们研制成功了一种确保文字质量的高倍数汉字信息压缩技术，可使每个五号字的信息量下降十二倍，即从一万位下降到平均八百位。这种压缩方法还允许文字变倍，能变大变小并保证质量。这样整体压缩倍数高达五百倍，只需四千万位的存贮量就能存下六十五万字头的全部信息。在照排过程中，有一个微程序汉字点阵生成器把汉字压缩信息高速复原成点阵。汉字信息压缩技术的研制成功给汉字照排系统开辟了新的途径，使得高速、廉价的先进汉字照排机成为可能。

第四代排字机

激光和计算机的结合给排版系统和信息处理带来新的突破

存贮问题、文字变倍问题、激光只能逐线扫描不能逐字扫描的问题，等等。我们采取了一系列特别的方法，圆满地解决了所有困难。这标志着我国计算机编辑排版系统和汉字信息处理技术达到了一个新的水平。

名称		研制成功的年代和国家	特点
第一代	手动照排机	西文：一九四九年美国	效率很低，改版困难
第二代	光机式	西文：一九五八年美国 汉字：一九六九年日本	机械动作多，速度低，适用面窄，不易维修
第三代	阴极射线管	西文：一九六五年西德 汉字：一九七五年日本	速度快，对底片要求高，不能出大样
第四代	激光扫描	西文：一九七六年英国 汉字：日本正在研制	速度快，适用面广，还能直接制版

△ **我国用汉字激光照排系统排印的首张报纸样张**（1979年7月1日排版，7月27日正式输出）

输出一张报纸样张。

冬去春来，王选带领着同事们不辞劳苦地工作，画逻辑图、布板、调试机器。由国产元器件组成的样机体积庞大，有好几个像冰箱一样大的机柜，而且很不稳定，每次开关机都会损坏一些芯片。为了保证进度，只好不关机，大家轮流值班，昼夜工作。

经过几十次试验，1979年7月27日，我国第一张采用汉字激光照排系统输出的报纸样张《汉字信息处理》，终于在未名湖畔诞生了！

1980年9月15日上午，软件组输出了我国第一本用国产激光照排系统排出的汉字图书——《伍豪之剑》。北京大学校长周培源将《伍豪之剑》样书呈送方毅副总理，并转送政治局委员人手一册。方毅欣然挥笔：“这是可喜的成就，印刷术从火与铅的时代过渡到计算机与激光的时代，建议予以支持，请邓副主席批示。”方毅副总理的这句批示，成为多年后人们形容汉字激光照排系统带来我国印刷技术革命时常用的一句比喻——“告别铅与火，迈入光与电”的缘起。五天后，邓小平

写下四个大字："应加支持。"

1981 年 7 月，原理性样机通过了部级鉴定，鉴定结论上写着："本项成果解决了汉字编辑排版系统的主要技术难关。与国外照排机相比，在汉字信息压缩技术方面领先，激光输出精度和软件的某些功能达到国际先进水平。"

"华光"诞生
中国印刷技术的第二次革命

原理性样机虽然研制成功，但极不稳定，无法真正投入使用。因此，王选紧锣密鼓地开始了Ⅱ型机的系统研制。1983 年秋，Ⅱ型系统研制成功，它采用大规模集成电路和微处理器做照排控制器，体积缩小，输出速度加快，在各方面都比原理性样机前进了一大步。1984 年年初，Ⅱ型机在新华社安装完毕，准备进行中间试验。

初试一开始，问题立即此起彼伏地显现出来。硬件、软件都时有故障，每次排版、发排都非常艰难，照排好的底片有时卸不下来，有时大段文字遗漏，甚至出现一些莫名其妙的错字和变字，让人哭笑不得，还发生了烧坏照排机马达的事故。为了使系统正常运行，王选和科研人员进驻新华社进行现场"保驾"，在夜以继日的不懈努力下，Ⅱ型系统终于实现正常运转，

△ 1985 年，激光照排系统在新华社投入使用，这是王选（左四）和技术人员查看用系统排印出的新华社新闻稿

并且于 1985 年 5 月通过了国家鉴定，这是我国第一个实用的激光照排系统。大家给Ⅱ型机起了一个寓意深刻的名字——“华光”。他们相信，依靠中国人的力量，一定会点亮印刷技术革命的中华之光！

1985 年，Ⅱ型系统接连获得中国十大科技成就、日内瓦国际发明展览金牌和国家科学技术进步奖一等奖等重大奖励。11 月，在Ⅱ型系统通过鉴定仅半年后，王选和同事们又研制成功了华光Ⅲ型系统。主机由小型机换为台式机，体积更小、稳定性更强。

要使系统达到最高水平，必须能顺利排印大报、日报。可是，有哪家报社有勇气抛开已有百年历史的铅字排版，来冒这个险呢？这时，位于寸土寸金的王府井的经济日报社，正被无法进一步提高印刷生产能力困扰，当得知新华社试用汉字激光照排系统取得了很好的效果时，就主动请缨：开全国报社之先河，勇尝激光照排这只“螃蟹”。当时，报社采取了小心谨慎、循序渐进的方式，将版面一版一版逐步由铅排改为照排。1987 年 5 月 22 日,《经济日报》的四个版面全部用上了激光照排，世界上第一张用计算机屏幕组版、用激光照排系统整版输出的中文报纸诞生了！

不久，王选和同事们研制成功了更先进的华光Ⅳ型系统，字形复原速度达到每秒 710 字，并具有强大的、花样繁多的字形变化功能。由于Ⅳ型系统以微机为主机，因而更便于推广。经济日报社换装了这一系统后，质量和效益大幅提高。1988 年，经济日报社印刷厂卖掉了沉甸甸的铅字，成为我国报业第一家“告别铅与火，迈入光与电”的报社，这一时刻，足以载入中国印刷史册。

《经济日报》的巨大成功，彻底消除了一些用户对国产系统“先进的技术，落后的效益”的担忧，国产激光照排系统开始在全国推广普及。

此后，王选和同事们又先后设计出更为先进稳定、功能更强的方正 91、方正 93 和方正 PSP RIP 的专用芯片，以此为核心的方正电子出版系统迅速占领市场。到 1993 年，国内 99% 的报社和 90％以上的黑白书刊出版社与印刷厂采用了国产激光照排系统，延续了上百年的中国传统出版印刷行业得到彻底改造，被公认为“毕昇发明活字印刷术后中国印刷技术的第二次革命”。国外厂商纷纷宣布：在汉字电子激光照排领域，我们放弃与中国人的竞争。

产学研相结合
探索“科技顶天，市场立地”模式

王选被誉为“有市场眼光的科学家”。他发现，即使一个创新的甚至技术上有所突破的成果，如果不经过市场磨炼也很难改进和完善，更不可能取得效益，从而出现“叫好不叫座”的局面。因此，他总结出一套“科技顶天，市场立地”的模式，身体力行带领北京大学计算机科学技术研究所和北京大学新技术公司开展技术合作，并最终创立了北大方正集团，建立起融中远期研究、开发、生产、系统测试、销售、培训和售后服务为一体的“一条龙体制”。他对“顶天立地”模式的解释是:“顶天”就是要有高度的前瞻意识，立足于国际科技发展潮头，寻求市场最前沿的需求刺激，不断追求技术突破;“立地”就是商品化和大量推广、服务，形成产业。“科技顶天，市场立地”，是高新技术企业健康持续发展的保证。

20 世纪 90 年代，运用这一模式，王选带领队伍不断抓住机遇，用创新技术引导市场，在“告别铅与火”之后，又引发了中国报业和印刷业四次技术革新:

跨过报纸的传真机传版作业方式，直接推广以页面描述语言为基础的远程传版新技术。用这种方式通过卫星传送版面，实现了报纸的异地同步发行，有效提升了我国报纸的质量和发行量。

跨过传统的电子分色机阶段，直接研制开放式彩色桌面出

版系统，催生了彩色出版技术革新，占领了海外 90％的华文报业市场。

研制新闻采编流程计算机管理系统，使报社“告别纸和笔”，实现网络化生产与管理。

研制成功直接制版系统，从电脑系统直接输出感光版，省去了输出底片、显影、定影和晒 PS 版的过程，启动了“告别软片”的技术革新。

此外，王选还决策开辟新领域，带领青年团队研制出电视台硬件播控系统，被我国 70％ 的省级以上电视台采用；成功开发日文和西文出版系统，出口发达国家。

进入 21 世纪，在王选的带领和精神感召下，北京大学计算机科学技术研究所从电子时代、数字时代跨入智能时代，他们坚守“科技顶天，市场立地”的王选精神传承，研制成功“基于数字版权保护的电子图书出版及应用系统”“跨媒体智能识别技术”“个性化字体生成技术”“人工智能写稿机器人”等前沿科技并投入应用，让科学技术服务于国家和大众生活。

王选的贡献，不仅仅是引领了一场行业技术革命，更重要的是走出了一条产学研相结合的成功道路。他反复提出，中国要加强自主创新，企业要成为创新的主体，并通过自己的大胆实践，为科技体制改革探索开路。多年以后，他在回忆自己的创业历程时写道：“20 多年前，我是处在创造高峰并工作在第一线的小人物，幸运的是遇到了党的十一届三中全会以来改革开放的好时代。”

东亚大气环流成为中国天气预报业务模式

1980年，中国科学院大气物理研究所与北京大学地球物理系、中央气象台合作成立了联合数值预报室，将东亚大气环流研究的一系列成果发展成中国天气预报的业务模式。1982年，中央气象台按此模式做出72小时数值的天气预报，结果显示：对中高纬度西风带环流形势演变具有较好的预报效果。对东亚大气环流的系统研究获1987年国家自然科学奖一等奖。

大气环流与天气预报

大气环流指某一大范围的地区、某一大气层在一个长时期内的大气运动的平均状态或某一个时段的大气运动的变化过程，是完成地球与大气系统之间热量和水分等物理量的输送以及各种能量间相互转换的重要机制，也是这些物理量相互输

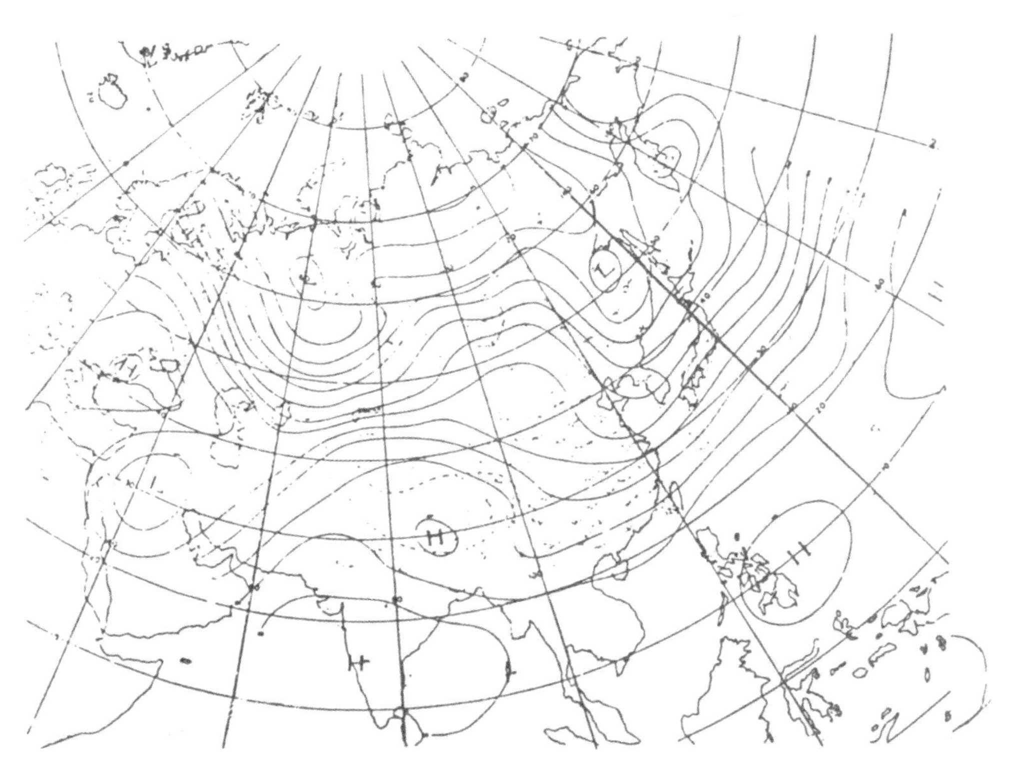

△ 1957 年 1 月 22 日 23 时 5500 米处的气流走向图

送、转换的结果呈现。因此，对大气环流的研究不仅是揭示大气运动规律的重要工作之一，更是改进和提高天气预报准确率、探索全球气候变化的必要途径。

早在 17 世纪以前，人类就在航海事业中开始了对信风、全球大气环流的研究。1686 年，英国人哈雷首先发现了信风，他认为信风的形成与地表太阳热能的分布有关，并且在随后的研究中绘制了北纬 30 度至南纬 30 度的信风和季风分布图。1735 年，英国人哈得来首次正确解释了北半球的东北信风和南半球的东南信风的形成原因，创立了经圈环流理论，为之后大气环流的研究奠定了基础。1835 年，法国人科里奥利提出了地转偏向力（即科里奥利力）。1856 年，美国的费雷尔在科里奥利的研究基础上，提出中纬度的逆环流。1897 年，挪威人皮耶克尼斯将流体力学和热力学用于大气研究，提出了著名的环流理论。20 世纪 20 年代后期，以皮耶克尼斯为首的挪威学派在对气象的研究过程中，提出了冷锋、暖锋、极锋等学说，并把这些理论用于日常的天气预报与分析。可以说，现代天气学理论、天气分析和天气预报方法，主要就是由以皮耶克尼斯为首的挪威学派建立起来的。1939 年罗贝斯创立的长波理论，强调了气象学与热力学、动力学的关系，充实了天气分析与预报的理论基础，为数值天气预报的兴起开创了条件。1950 年，锐尔和叶笃正首次用观测资料证实了哈得来环流的存在。

△ 涂长望

在世界各国开展大气环流研究以建立天气预报系统的过程中，我国也在20世纪30年代踏入了这一领域。那时，我国著名气象学家涂长望提出：中国天气是东亚天气的一部分，要研究中国的天气就必须从大气环流的整体观点出发，研究东亚大气环流与世界大气环流。这一论点不仅在当时是先进的，现在也依然对气象预报具有指导意义。

30年东亚大气环流研究
开创中国天气预报业务模式

20世纪50年代，中国科学院地球物理研究所（中国科学院大气物理研究所的前身）与军委气象局合作设立了联合天气分析中心，进行天气预报工作，由此开始了中国气象研究与天气预报合作的历史。

在实践工作中，地球物理所的科研人员认识到：东亚大气环流对我国的气候变化有着重要的影响。他们通过对东亚特有的海陆分布及青藏高原的地理特性分析，深入研究了高原热力学、动力学等理论，取得了一大批国际性成果。这些成果系统分析了东亚大气环流的运动规律，揭示了东亚大气环流对中国气候的影响机理，取得了一系列原创性的气象研究成果，并多次为国外科学家所引用。这些成果的取得为我国 20 世纪 80 年代建立数值天气预报模式奠定了坚实的基础。

△ 叶笃正

20 世纪 50 年代，中国科学院地球物理研究所气象研究室在《泰勒斯》(*Tellus*) 杂志上发表了论文《东亚大气环流》。他们在论文中阐述了东半球冬季和夏季对流层中层（5.5 千米左右）的气流分布；分析了冬季和夏季不同经度的风、温度的垂直方向和南北方向的分布；此外，论文还对北半球大范围空气垂直运动的分布、半球热源热汇的计算等内容进行了研究。1958 年，科学出版社出版了叶笃正和朱抱真合著的《大气环流的若干基本问题》一书。该书是国际上公认的关于大气环流动力学最早的著作。该书系统地讨论了北半球大气环流的特征和大气环流变化的基本因子，深入分析了准地转运动、大气长波在能量和动量输送中的作用等大气动力过程，详细阐述了大气中热

△ 陶诗言

量、角动量、能量的平衡，急流的形成与维持，西风带上的低气压槽和高气压脊的形成，长波的稳定性等一系列基本问题。

1957 年，陶诗言和陈隆勋发表了论文《夏季亚洲上空大气环流的结构》。论文指出，在春季到夏季的过渡时期，亚洲上空的大气环流有一个跳跃的转变。1958 年，叶笃正、陶诗言和李麦村在此文基础上发表了论文《在 6 月和 10 月大气环流的突变现象》。论文提出的大气环流突变现象在国内外学术界产生了广泛的影响。而在国外，直至 20 世纪 80 年代，气候突变问题才成为科学界的热门话题。

此外，研究人员还针对青藏高原对大气环流的影响进行了研究。研究指出，青藏高原对大气运动的影响分为如下三种。

机械动力作用　这种动力作用影响的范围很广，从地方性环流到全球范围的环流都受高原牵制。

热力影响　地表接收太阳辐射在一天内的变化和一年内的季节变化，都与山脉的坡度、走向有关，也与山脉高度有关。暖空气遇冷空气向上爬升，形成对流。局部地区夏季平坦地面过度受热，也会形成对流。这种对流十分强劲，对四周气流有阻碍作用。高原上山峰林立，形成一个个“热岛”，加强了高原的对流活动。这种对流活动对气流的影响相当于增加了高原的有效高度。

气流作用　气流过粗糙面时，形成貌似杂乱无章的湍流。近地面摩擦在高原表面时使气流减速，而离高原较远处则照常行进，因而会产生地方性涡旋。

这些研究成果的取得以及之后在天气预报中的不断实践，验证和发展了东亚大气环流的研究体系，为准确高效地揭示东亚天气、气候特征提供了必要的保证，充分证明了东亚大气环流研究的重要意义。

1980 年，中国科学院大气物理研究所与北京大学地球物理系、中央气象台合作成立了联合数值预报室，将东亚大气环流研究的一系列成果发展成中国天气预报的业务模式。1982 年，中央气象台按此模式做出 72 小时数值的天气预报，结果显示：对中高纬度西风带环流形势演变具有较好的预报效果。该成果获 1987 年国家自然科学奖一等奖。

成绩辉煌　任重道远

从现代气象的系统研究回看 20 世纪 80 年代的成果，温故而知新，仍然能看到非常多的亮点。80 年代我国处于改革开放初期，国外存在很多技术壁垒，国内缺乏系统的观测，也缺少国际交流和技术资料。在那个时代，老一辈科学家立足国内，利用有限资料做出国内外一流的工作，特别是以叶笃正、陶诗言为首的气象学家，以东亚大气环流为着眼点，从动力、诊断和机理等方面做出了世界一流的成果，这些成果至今仍然指导着我国气象气候业务预报。

20 世纪 80 年代后，现代工业的发展和科学技术的进步，特别是计算机技术和卫星技术的发展，极大地开阔了我们的视野，从深海到深空，探测技术和互联网技术的高速发展、超级计算机时代的来临，都使地球系统科学及其与相关科学的相互促进得到迅猛发展。从东亚大气环流模型的提出到全球气候变化的研究，从手绘天气图到现代化气象预报，从单点观测到三维立体观测技术，从靠经验的统计预报到高分辨无缝隙预报，气象现代化经历了高速的发展，气象业务和观测系统等得到国家和社会的大力投入，天气气候预报的准确率得到很大提升，气象科学也得到前所未有的关注和发展，“智慧气象”的理念更加深入人心。

回首昨天，老一辈科学家留给了我们最大的财富；审视现在，气象现代化的发展得到全民的关注；展望未来，交叉科学以及技术革命将带给我们全新的挑战。由于新的科学问题及社会需求不断涌现，天气预报和气候预测仍存在不少问题。全球变化及其相关的地球环境变化成为大气科学的重要研究方向，在全球变暖背景下的极端天气气候灾害更成为研究焦点。新技术时代对传统的数值模拟等研究也提出了新挑战。如何适应和应对气候变化？如何更及时地预报极端天气气候灾害？如何制定相应的政策适应和减缓气候变化的影响？这些都是当今面临的问题。在防灾减灾、可持续发展、经济发展与环境保护、气候行动等领域，我们未来要走的路还很长。

分别和 Bayes

P... 19

, STS(ν).

S, B)

{∞}.

I_t
↓
w

× I_3 构成)

构成的 T_1

《原子...

一、古代关于物...

自然界的物质,...

化中, 又是子有统...

1. 自然界的物...

2. ~~...~~

关于某一个问题的看...

它的, 总然具体的...

而它有的有古...

等的原子论。古的...

是相反的 Aristo...

哲/古代哲学对的...

*(1) P.P. 1–7 (2) P.3...

攻克不相交斯坦纳三元系大集难题

1983 年，中国数学家陆家羲在国际上发表了关于不相交斯坦纳三元系大集的系列论文，解决了组合设计理论研究中多年未被解决的难题。国际组合数学界权威人士评价：陆家羲的研究成果是 20 多年来世界组合设计中的重大成就之一。这项研究成果获得 1987 年中国自然科学界的最高荣誉——国家自然科学奖一等奖。

中学物理教师出身的数学家

提起中国近现代数学家，华罗庚、苏步青、杨乐、陈省身等都是我们耳熟能详的名字，但对中国 20 世纪 80 年代一位享誉世界的数学家——陆家羲，却知之者甚少。他是包头市第九中学一位平凡的物理教师，但当世界著名组合数学家门德尔松教授和班迪教授来华讲学时，却点名要见他，因为就是这样一位普通教师，摘取了数学王冠上 130 年无人企及的那颗明珠——斯坦纳系列，从而成就了中国组合学在世界数学界的地位。

年少初恋“寇克曼女生”

1850 年，英格兰教会的一个区教长寇克曼提出了一个有趣的问题：一女教师每天下午都要带领她的 15 名女学生去散步。她把学生分成 5 组，每组 3 人，问怎样安排，才能在一周内，使每 2 名学生恰有一天在同一组。对于这一问题，寇克曼本人于第二年给出了一种解答。但这只是 $n = 15$ 的情况，当 n 为任意可分的正整数时，上述编组能够实现的充分必要条件并没有被证明。这是一种组合设计的存在性充要条件问题，100 多年来未能被解决。为纪念寇克曼这位在数学研究上的自学成才者，人们把这个著名的数学难题称为“寇克曼女生问题”。

△ 陆家羲

1957 年，陆家羲在读《数学方法趣引》时，喜欢上了“寇克曼女生”。为了更加有效地解决这一难题，他于 1957 年秋进入吉林师范大学（现东北师范大学）求学。在四年大学生活中，他不仅刻苦研读了大量数学专著，而且积极求教，尽一切努力，力求发现“寇克曼女生”的奥秘。当大学生活结束时，他已经完全解决了困扰数学界 100 多年的“寇克曼女生问题”，此时他才 26 岁。

良缘晚结“斯坦纳系列”

“斯坦纳系列”是瑞士数学家斯坦纳在研究四次曲线的二重切线时遇到的一种区组设计（v，3，1），由于区组设计在

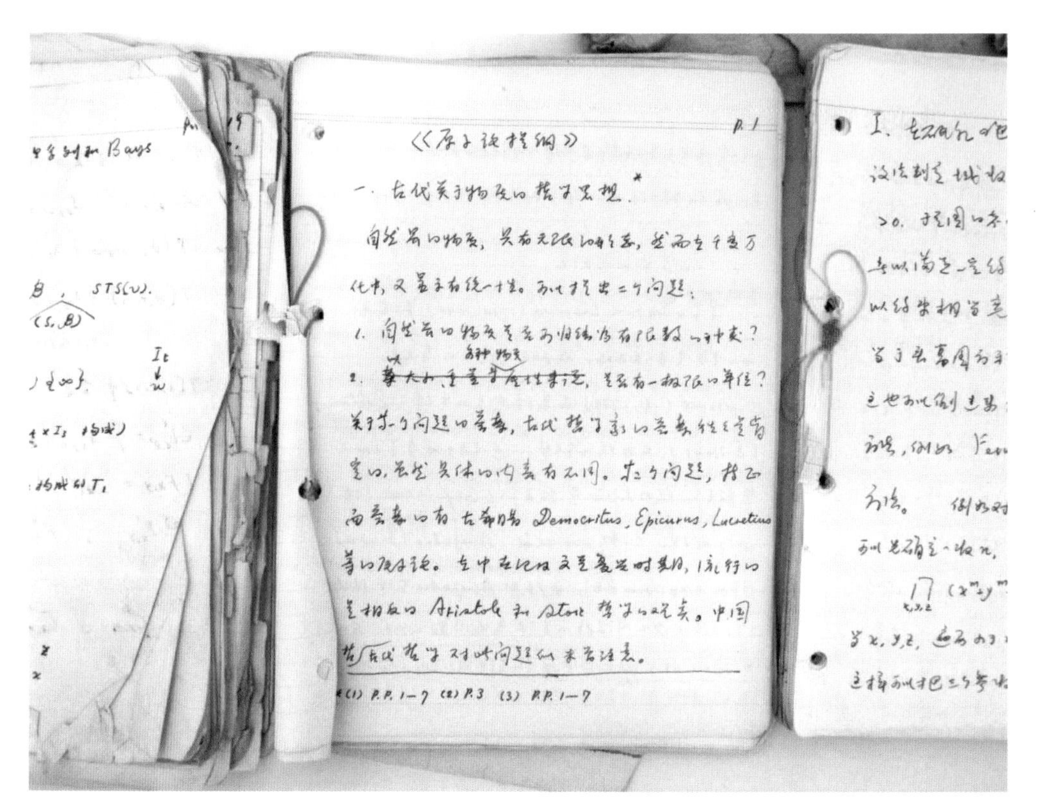

△ 陆家羲手稿

有限几何、数字通信等方面有着重要作用，同时斯坦纳所研究的区组设计在整个区组理论设计中具有最基本的意义，所以这一区组设计就被命名为“斯坦纳三元系”。如何证明斯坦纳三元系的存在及其充要条件，是困扰数学家的百年谜题。虽经过诸多努力，但“斯坦纳系列”的堡垒还是没被攻克。以至于《组合论杂志》悲观地预测：“这个问题离完全解决还很遥远。”

1979 年 10 月，陆家羲的科研取得了重大突破。他在寄给《组合论杂志》的信中，预告了自己已经基本解决了“不相交斯坦纳三元系大集”。该杂志的复信称：“如果属实，将是一个重要的结果”，因为“这个问题世界上许多专家都在研究，但离完全解决还十分遥远”。1981 年 9 月 18 日起，《组合论杂志》陆续收到陆家羲题为“论不相交斯坦纳三元系大集”的系列文章。加拿大著名数学家、多伦多大学教授门德尔松说：“这是 20 多年来组合设计中的重大成就之一。”加拿大多伦多大学校长斯特兰格威在致包头九中校长的信中说：“门德尔松教授认为陆家羲是闻名西方的从事组合理论的数学家，有必要把他调到大学岗位，这样的调动对发展中国的数学具有重要的作用。”他还称陆家羲为中国“处于领先地位的组合数学家”。美国《数学评论》主管编辑阿门达立斯给陆家羲来信，请他担任《数学评论》的评论员。1983 年 10 月，陆家羲作为唯一被特邀的中学教师参加了在武汉举行的第四届中国数学会年会，会

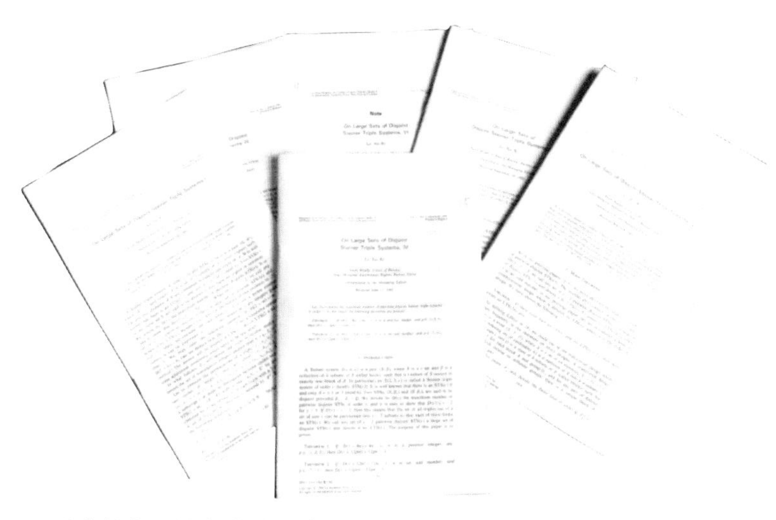

△ 陆家羲在国外发表的论文

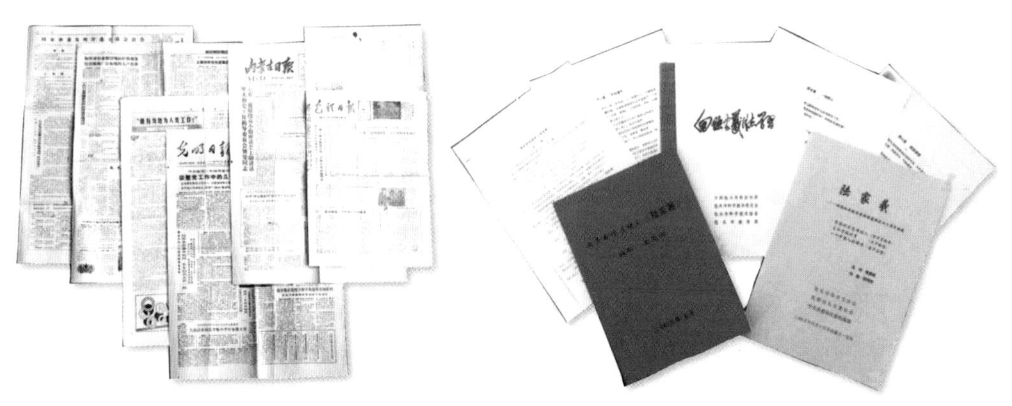

△ 宣传陆家羲事迹的报刊

上除了报告自己的工作外，他还告诉大家对“斯坦纳系列”中六个例外值已找到解决途径，正在抓紧时间整理。

迟到的认可不遗憾

年会结束后，陆家羲于 1983 年 10 月 30 日下午 6 时回到包头，31 日凌晨心脏病突然发作，猝然与世长辞，年仅 48 岁。

陆家羲逝世后，斯特兰格威发来唁电，国内著名学者、专家纷纷致函或发表文章，表达对逝者的钦佩和哀悼。中共包头市委、市政府对陆家羲的病逝表示深切哀悼，决定在包头九中设立“陆家羲奖学金”。1983 年 12 月 21 日，《人民日报》《光明日报》以及《内蒙古日报》，同时在显著位置刊登了新华社发自呼和浩特的消息：“一位地处边陲的中学教师……完成了两项在组合计算领域内具有国际水平的第一流工作……”次年,“向优秀知识分子陆家羲学习表彰大会”在包头市召开。1984年内蒙古科委和包头市科委委托内蒙古数学分会，邀请国内十几名组合数学专家、教授在呼和浩特市召开陆家羲学术工作评审会，会议认为：陆家羲的学术成果，除几个有限集外，全部科学结论是正确无误的。会议建议给予这位优秀的科学家国家自然科学奖，并设法出版陆家羲文集，以纪念这位英年早逝的数学家在“不相交斯坦纳三元系大集”解决中所做出的卓越贡献。1989年3月，陆家羲的妻子张淑琴代表他参加了在人民大会堂举行的1987年国家自然科学奖颁奖大会，从党和国家领导人手中接过自然科学界的最高荣誉——国家自然科学奖一等奖。

GUOJIA ZIRAN KEXUE JIANG

为表彰在自然科学研究中做出的重要贡献，特颁发此证书，以资鼓励。

证书

1987年国家自然科学奖

项目名称：关于不相交STEINER三元系大集的研究

主要研究者：陆家羲（包头市第九中学）

获奖等级：一等

中华人民共和国
国家科学技术委员会主任 宋健

证书号：Z8711101

1988年8月28日

△“关于不相交 STEINER 三元系大集的研究”项目获国家自然科学奖一等奖

中国南极长城站落成典礼

我国第一个南极科学考察站长城站建立

1985 年 2 月 15 日，我国第一个南极科学考察站——中国南极长城站在南极南设得兰群岛的乔治王岛胜利建成。这不仅结束了南极没有中国站的历史，更重要的是，向世界宣告了“中国人民有志气、有能力为人类的发展做出自己卓越的贡献”。

人类的南极探险之路

南极远离尘世的喧嚣，孤独地伫立在地球的最南端，是地球上最遥远、最孤独的大陆。它严酷的奇寒和万年不化的冰雪，长期以来拒人类于千里之外。

早在15世纪末，就有航海家寻找南极大陆的记录。1772—1775年，英国库克船长领导的探险队在南极海域进行了多次探险，但并未发现任何陆地。1819年，英国的威廉·史密斯船长发现南设得兰群岛。1821年，美国人约翰·戴维斯乘船在南极半岛北端的休斯湾登陆。这是人类第一次登上南极大陆，从此开始了人类对南极大陆的探险活动。1911年，以挪威科学探险家罗纳尔·阿蒙森为领队的探险队到达南极点，成为第一批到达南极点的探险家。

△ 帝企鹅（陈松山/摄）

1928年11月26日，英国的威尔金斯爵士驾机从迪塞普申岛起飞，首次在南极半岛进行了长距离飞行，开辟了南极航空探险新纪元。1928—1930年，美国的伯德在惠尔湾内建立了小美洲基地，1929 年 11 月首次飞入南极内陆，环绕南极点飞行。这是首次飞越南极点的空中探险。

20 世纪 50 年代后，南极探险科考活动进入高潮。1959 年 12 月 1 日，美国、苏联、英国、澳大利亚、新西兰、法国、挪威、比利时、日本、阿根廷、智利和南非 12 国在美国华盛顿签署了《南极条约》。条约规定，南极只能用于和平目的，各国可以自由地进行科学研究，不承认任何国家对南极的领土要求。

中国人——南极的“迟到者”

对于南极，中国是位“迟到者”。从 1957 年的国际地球物理年开始，发达国家广泛介入南极科学考察，并在全球掀起了南极热。当时，中国著名气象学家、地理学家、中国科学院副院长竺可桢院士提出：地球是一个整体，中国自然环境的形成和演化是地球环境的一部分，极地的存在和演化与中国有着密切的关系。1962 年，在制订全国科学技术发展规划时，一些科学家提议中国要进行南极科学考察工作。1964 年，在新成立的国家海洋局的任务中，就有“将来进行南、北极海洋考察”的设想。

△ 中国人首次登陆南极

1978 年的改革开放拉开了中国对内改革的大幕，也为中国的南极事业提供了发展机遇。1980 年 1 月，中国首次派出两名科学家赴澳大利亚的南极凯西站，参加澳大利亚组织的南极考察活动，从而揭开了中国极地考察事业的序幕。1981 年 5 月，中国成立了国家南极考察委员会及其办事机构南极办公室。1983 年 5 月 9 日，全国人大常委会批准中国加入《南极条约》的决议。

1984 年 11 月 20 日，由“向阳红 10 号”科学考察船和“J121”打捞救生船组成的中国首次南极考察编队从上海国家海洋局东海分局码头起航，于 12 月 26 日抵达南极洲南设得兰群岛乔治王岛的麦克斯韦尔湾。此次南极科学考察包括两大部分：南极建站及南极洲、南大洋科学考察。中国首次南极考察队共有航海人员、科学工作者及建筑施工人员591名。当地时间1985年2月14日22点（北京时间15日上午10点），中国南极长城站的建设全部完成，我国第一个南极考察站崛起在南极洲乔治王岛。

1985年10月7日，中国正式成为《南极条约》协商国。1986年，中国加入南极研究科学委员会。1989年2月，中国在东南极大陆伊丽莎白公主地的拉斯曼丘陵地区建立了第二个南极科考站——中山站，这也是中国在南极大陆建立的第一个科考站。

吹响新时代南极考察的号角

经过数十年的不懈努力，我国的南极事业在考察站基础设施、科研装备、科学研究等方面取得了长足发展，综合实力已达到国际中等以上水平，成为建设海洋强国战略的重要组成部分。

考察站基础设施得到快速提升

长城站和中山站的持续能力建设成效显著，支撑保障和基

△ **中国南极中山站全景**（董剑 / 摄）

地枢纽作用显著提升。长城站经过数次扩建，各类设施和活动规模在乔治王岛地区现有考察站中稳居第二位。中山站建有气象观测场、固体潮观测室、地震地磁绝对值观测室、高空大气物理观测室等，从 1996 年开始，中山站多次为内陆冰盖考察和格罗夫山考察提供保障，成为我国在南极最重要的科研和后勤支撑基地。

2005 年 1 月 18 日，中国第 21 次南极考察队从陆路实现了人类首次登顶冰穹 A。2009 年 1 月 27 日，我国首个南极内陆站——昆仑站在南极内陆冰盖最高点冰穹 A 西南方向约 7.3 千米处建成，成为世界第六个南极内陆站。从科学考察的角度看，南极有四个最有地理价值的点，即极点、冰点（即南极气温最低点）、磁点和高点。美国在极点建立了阿蒙森－斯科特

△ **中国南极昆仑站举行元旦升国旗仪式**（胡正毅 / 摄）

站，俄罗斯在冰点建立了东方站，法国在磁点建立了迪蒙·迪维尔站，当时只有冰盖高点冰穹 A 尚未建立科考站。昆仑站的建成，实现了中国南极考察从南极大陆边缘向南极内陆扩展的历史性跨越。

2014 年 2 月 8 日，南极泰山站在伊丽莎白公主地正式建成，成为中国在南极建立的第四个科考站。该站是一座内陆考察的度夏站，可满足 20 人度夏考察生活，建筑面积达到 1000 米^2，使用寿命 15 年，配有固定翼飞机冰雪跑道。

2018 年 2 月 7 日，经过第 34 次南极考察队 20 多天的连续施工，中国第五个南极科考站——罗斯海新站在南极恩克斯堡岛正式选址奠基。该站为常年考察站，目前完成了临时建筑和临时码头的搭建工作。

△ 中国南极泰山站

△ 中国南极罗斯海新站临时建筑

科研装备水平大幅提高

长城站的科考设备全年可进行气象学、高层大气物理学、电离层、地磁和地震等项目的常规观测，夏季还可进行地质学、地貌学、地球物理学、冰川学、生物学、环境科学、人体医学和海洋科学等现场科考工作。

中山站于 2011 年建成高空物理观测栋，目前已建立了较为系统和极具特色的电离层、极光、地磁等高空大气物理观测体系，实现了对极区高空大气、空间环境的连续监测，并与北极黄河站形成极区共轭对，开展南北极空间环境对比研究。

2013 年 1 月 21 日，昆仑站的深冰芯钻机成功钻取一根长达 3.83 米的冰芯，标志着我国深冰芯科学钻探工程“零的突破”。目前，钻探总深度超过 800 米，记录了过去 4 万年以来的地球气候环境演化信息。昆仑站配置的两台大视场、全自动

AST3天文望远镜，具有极端环境下的超高精度跟踪、无人值守、高可靠性特点，初步形成具有国际水准的准空间环境巡天望远镜阵列。

△ **考察队员对巡天望远镜进行维护**（杨世海 / 摄）

△ **考察队员和深冰芯样品**（胡正毅 / 摄）

自1998年12月中国南极考察队首次抵达格罗夫山地区进行地质、冰川、测绘和陨石采集等综合科考活动以来，我国现已实施7次格罗夫山考察，收集各类陨石超过1.2万块，稳居世界第三位，布置了蓝冰消融速度探测网阵和地震观测台，利用冰雷达探测获得了大量的冰厚及冰下地形信息。

“雪龙号”极地考察船现已安全运行近30年，经过3次系统改造具备了较强的综合保障能力，拥有科研数据处理中心和大气、生物、物理、化学等实验室，实验室面积约570米^2，配备有垂向微结构剖面仪，动态海空重力仪，深海多波束、流式细

△ **考察队员在格罗夫山**（方爱民/摄）

胞仪等多学科调查设备。该船 2017 年加装的深水多波束测量系统已完成南北极近 1.6 万千米^2 的海底高精度地形地貌勘测。

2016年12月20日，我国自主建造的首艘科考破冰船“雪龙 2 号”正式开工建造，2019 年 10 月 15 日，“雪龙 2 号”首航南极。该船是世界上第一艘采用双向破冰技术的极地科学考察破冰船，与“雪龙号”极地考察船组成极地科学考察破冰船队，担当起我国极地海洋考察和运输保障重任。

2015 年 12 月 7 日，中国首架极地固定翼飞机“雪鹰 601”在中山站附近成功试飞，中国南极考察正式开启“航空时代”。我国成为继美国、俄罗斯、英国和德国之后，第五个拥有多功能极地固定翼飞机的国家。该飞机搭载了冰雷达、重力仪和航空磁力系统等多套先进航空科学观测设备。2017 年 1 月，“雪鹰 601”首次降落昆仑站，在南极航空史上，该类机型首次飞抵冰穹 A 区域。2018 年，我国首次实现大规模科考队员通过航空方式进出南极，开创了中国南极科考保障新模式。

科研成就硕果累累

30 多年来，我国共组织了 5500 多人次的南极考察，广泛开展了南极科学考察和前沿领域的科学探索，获取了大量第一手宝贵资料和样品，在极地海洋酸化、南大洋磷虾生物学、

△“雪鹰 601”固定翼飞机飞抵中山站

南极生态地质学、南极冰盖起源与演化、南极陨石回收、南极天文观测与研究、极光研究等方面取得了世界瞩目的成果。

以考察为基础，通过深入与系统的研究，在极地冰川学方面，我国的考察研究工作主要集中在中山站－冰穹 A 内陆冰盖地区，包括艾默里冰架，已经具备了十几年的研究和考察基础，为在冰穹 A 地区开展全球变化研究和重大科学工程项目实施奠定了坚实的基础，标志着我国进入了南极内陆考察的国际先进行列。

在南极海洋科学方面，我国开展了以南大洋、普里兹湾为重点的 30 多次南极海洋科考。这已成为一项业务化的考察工作，在现场考察的基础上，建立了极地科学共享数据库，为极地海洋科学的进一步发展奠定了基础。通过调查研究，在南极绕极流、南大洋的锋面和涡旋、普里兹湾的环流、海洋－冰架相互作用、冰芯记录等领域取得了重要进展。

在极地大气科学方面，对南北极与全球变化的关系有了初步认识；在极区大气边界层结构和能量平衡、大气环境、海冰变化规律、海－冰－气相互作用及对我国气候影响的遥相关机制等方面取得了大量基础资料和研究成果；极区气象预报服务等也取得了进展。

在极区空间物理学方面，在南极中山站和北极黄河站建成了涵盖极光、电离层和地磁等要素的南北极共轭观测体系，并融入国内、国际的观测网络，已获得一个太阳周期以上的观测数据；认识了南极中山站电离层变化特征；建立了极区电离层的三维时变模型；开展了南极电离层的数值模拟。

在生物与生态学及人体医学方面，围绕南极磷虾生物学、生态学等开展了十多个航次的调查研究，利用大磷虾复眼晶锥数目和复眼直径表征负生长状况的方法受到世界同行的关注，并得到初步推广；开展了以南极考察站、考察船为依托的生态环境监测，具备了在南极开展中长期海洋生态环境监测分析的能力和条件；探讨了企鹅、海豹过去几千年来种群数量变化及其对环境演化的响应，为开展全新世南极生态圈和环境演化过程的研究开辟了新领域；初步建立了极地微生物菌种资源保藏库，并在极地微生物的多样性分析、活性产物等方面获得较多的研究积累。在南极人体医学方面，开展了环境、营养、劳动卫生以及考察队员对南极环境的适应性研究，初步获得队员居留南极产生的一系列生理和心理变化的规律，为考察队员的选拔、医学保障提供了科学依据。

在地质和地球物理研究方面，开展了中山站－冰穹 A 断面地球物理调查，首次获得了冰穹 A 地区冰下地貌和冰层内部的图像和数据；完成了格罗夫山地区的地形图和地质图，出版了《南北极地图集》；获得了艾默里冰架东缘、格罗夫山和以拉斯曼丘陵为中心的普里兹湾沿岸的新元古代－早古生代早期单旋回的造山演化证据，在国际上产生了重要影响。

在极地天文学方面，获得了大量有价值的天文观测资料。冰穹 A 天文选址活动使中国的南极天文学研究取得了历史性突破，开启了中国主导的南极内陆天文学研究的国际合作计划，在国际上产生了重要影响。

发现起始转变温度为 48.6 开的锶镧铜氧化物超导体

1986—1987 年，中、美、日等国科学家在超导研究领域展开的激烈竞争，无疑是科技史上最动人心魄的篇章之一。1986 年 12 月 26 日，中国科学院物理研究所赵忠贤等人发现起始转变温度为 48.6 开的锶镧铜氧化物超导体，并观察到在钡镧铜氧化物超导体 70 开时出现的超导现象，中国的超导研究步入世界领先行列。1987 年 2 月 19 日深夜（20 日凌晨），赵忠贤等发现了液氮温区的超导电性：转变温度达 92.8 开。1987 年，瑞士科学家柏诺兹和缪勒由于在高温超导领域的突出贡献而获得诺贝尔物理学奖，在接受媒体采访时，他们特意向远在中国的同行赵忠贤和他的研究小组致意，感谢他们在这一领域做出的突破性贡献。

走近超导体

我们在日常生活中都有使用电器的经历。电器使用一段时间后，机器通常都会发热，若使用时间过长，甚至还会因过热而烧毁。这种现象是导体内部的电阻（当电子流过导线时，导线内部的材料阻碍其运动）造成的。电阻造成的发热现象不仅影响电器的日常使用，而且在能源的利用上也是一大浪费。如目前的铜或铝导线输电，约有 15% 的电能消耗在输电线路上。那么，有没有一种没有电阻的材料呢？答案是：有，它就是超导体。

超导体，顾名思义，就是导电性较一般导体更佳的“超级导体”。1911 年，荷兰科学家昂内斯发现，当汞冷却到 4.2 开（开是绝对温度单位“开尔文”的简称）时，汞的电阻就消失了。在随后的研究中，他还发现许多金属和合金也具有相同的特性。由于这些材料超乎一般导体的导电性，他把它们称为“超导态”或“超导体”。这一发现引起了整个科学界的震动，美国《商业周刊》称超导体的发现“比电灯泡和晶体管更为重要”。1933 年，荷兰的另外两名科学

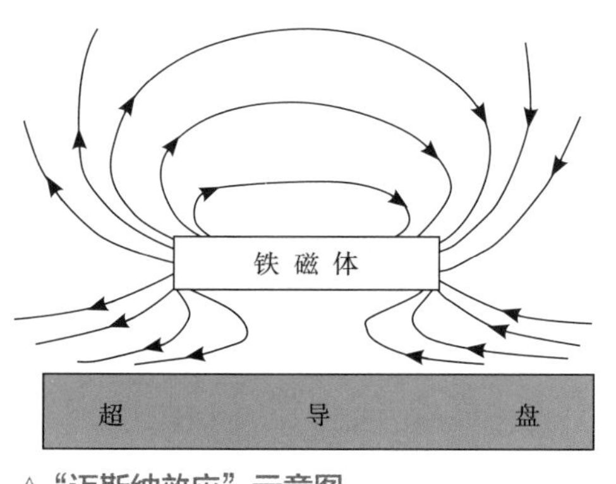

△“迈斯纳效应”示意图

家迈斯纳和奥森菲尔德发现了超导体的另一个极为重要的特性：当金属处在超导状态时，超导体内的磁场被排挤了出去，外加磁场能穿过其内部，此时超导体内呈现零磁场状态，即反磁性，人们将这种现象称为“迈斯纳效应”。利用超导体的反磁性可以实现磁悬浮。这种超导磁悬浮可以被广泛应用于工程技术中，超导磁悬浮列车就是一例。此外，超导体还能广泛应用于开发超导导线、超导发电机、超导电磁力船、核磁共振断层扫描仪等。

中国超导走向世界

超导体的零电阻与反磁性特征必将开启新世纪能源革命的大门，但对低温的要求极大程度地限制了超导材料的应用，因此，探索高温超导体就成了无数科学家追求的目标。1986 年 1 月，瑞士科学家柏诺兹和缪勒首次发现钡镧铜氧化物在 30 开时出现了超导现象，但由于多种原因他们只把论文发表在了一家没什么名气的小杂志上。同时又由于超导史上曾多次有人宣称发现了高温超导体，但最终均以结果无法为他人所重复或被证伪而告终，因此，大多数科学家对发现高温超导体的报道总是持怀疑态度。这些使得学术界没有给予这一重大发现足够的关注。中国科学院物理研究所的赵忠贤是为数不多的几位认识到这篇文章重大意义的科学家之一。

1986 年 10 月，赵忠贤和他的研究小组开始着手研究铜氧化物的超导性，和他们差不多同时展开研究的还有美国和日本的几个实验室，一场争分夺秒的竞赛由此展开。1986 年 11 月 13 日，东京大学实验室首次成功证实了柏诺兹和缪勒的成果。12 月 26 日，赵忠贤和他的研究小组在锶镧铜氧化物中实现了起始温度为 48.6 开的超导转变，并在钡镧铜氧化物中观察到了 70 开时出现的超导迹象。这一发现震惊了世界，原因是这是当时发现的超导材料的最高温度。为此，《人民日报》在 1986 年 12 月 26 日发表了题为“我发现迄今世界转变温度最高超导体”的文章。世界科学家在这一发现的鼓舞下不断努

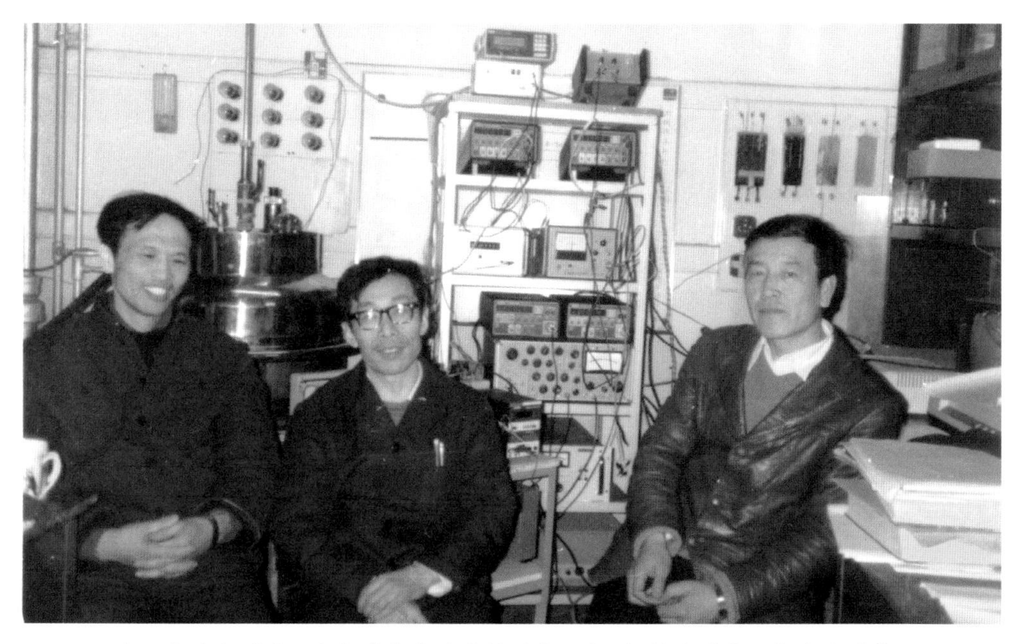

△ 1987 年，赵忠贤（右一）与合作者陈赓华（左一）、杨乾声（左二）在实验室里

△ 赵忠贤获第三世界科学院 1986 年度物理奖，图中授奖者为时任第三世界科学院院长萨拉姆

力，各个实验室捷报频传，超导临界温度被不断刷新：1987 年 2 月 16 日，美国国家科学基金会宣布，朱经武与吴茂昆获得转变温度为 98 开的超导体。1987 年 2 月 19 日深夜（20 日凌晨），赵忠贤等发现了液氮温区的超导电性：转变温度达 92.8 开。1987 年 2 月 24 日，中国科学院数理学部召开新闻发布会，宣布在 Ba-Y-Cu-O（钡 - 钇 - 铜 - 氧）中发现了液氮温区超导电性。这是国际上首次公布液氮温区超导体的元素组成。

1987 年 3 月 18 日晚，纽约希尔顿酒店一间能容纳 1100 人的大厅里涌进了 3000 多名学者、研究生和记者，一场在世界范围内持续了几个月的超导竞赛迎来了它的巅峰时刻。会议整整持续了 7 小时 45 分，后来被称作“物理学界的伍德斯托克摇滚音乐节”。当晚的五位特邀嘉宾分别来自瑞士、日本、美国和中国，他们代表着当时国际上研究成绩最为显著的五个小组。其中，赵忠贤领导的研究小组由于首次公布了液氮温区的超导现象，在高温超导这个举世瞩目的新领域里为中国夺得了先发优势。

这场超导竞赛的领跑者柏诺兹和缪勒于 1987 年被授予诺贝尔物理学奖，在接受媒体采访时，他们特意向远在中国的同行赵忠贤和他的研究小组致意，感谢他们在这一领域做出的突破性贡献。赵忠贤和他的研究小组也获得了国内外的无数荣誉，1989 年，“液氮温区铜氧化物超导电性的发现”获得国家自然科学奖集体一等奖。由于在超导领域的杰出贡献，赵忠贤甚至被媒体认为是“最接近诺贝尔奖的中国科学家”。当荣誉到来时，赵忠贤却谦虚地说：“荣誉归于国家，成绩属于集体，我个人只是其中的一分子。”

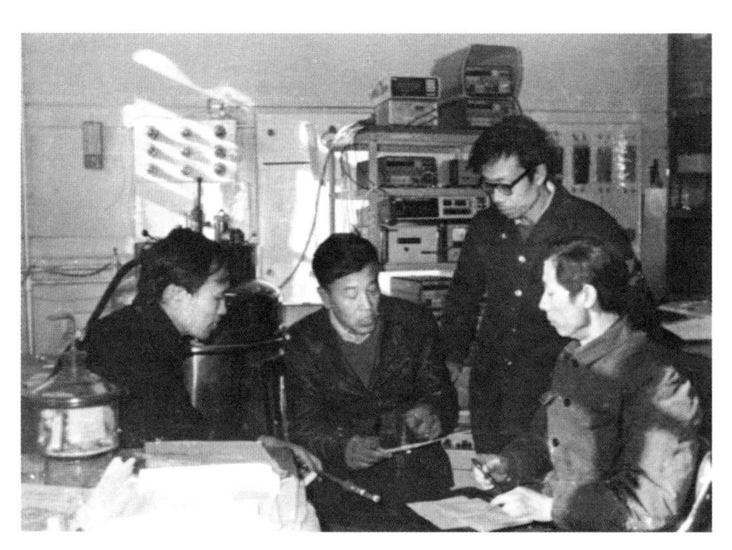

△ 1988 年，赵忠贤与合作者陈立泉等人讨论问题

新超导将中国科学家推到最前沿

自第一种高温超导材料——钡镧铜氧化物发现以后，铜基超导材料就成为全世界超导科学家追逐的焦点，他们不仅希望能在这一材料上创造出更高的温度奇迹，更希望能揭示高温超导机制。但直到现在这仍然是一个谜，了解超导机制也就成了

△ 新超导团队

20 世纪 90 年代后物理学家追求的重要目标之一。我国对新超导体的探索也从未止步。

2008 年 2 月，日本科学家发现了 26 开时的氟掺杂镧氧铁砷化合物超导体。同年 3 月 25 日，中国科学家陈仙辉及他的研究小组和物理研究所王楠林小组分别发现了 43 开时的氟掺杂钐氧铁砷化合物的超导体和 41 开的氟掺杂铈氧铁砷化合物的超导体。3 月 28 日，中国科学院物理研究所的赵忠贤和他的研究小组发现了 52 开时的氟掺杂镨氧铁砷化合物的高温超导体。4 月 16 日，该研究小组更是将超导临界温度提升至 55 开，同时他们发现不用氟掺杂，只需氧空位。中国科学家发现的高于 40 开的新型超导体，说明了铁基超导体是一个非传统的高温超导体，这意味着物理学家在铜基超导材料以外寻找新的高温超导材料的梦想在中国实现了。

国家最高科学技术奖

证　书

赵忠贤 荣获国家最高科学技术奖，特颁发此证书。

中华人民共和国主席

2017年1月9日

证书号：2016-ZG-01

△ 赵忠贤荣获国家最高科学技术奖

中国科学家在铁基超导上的研究工作入选了《科学》杂志 2008 年“十大科学突破”。《科学》杂志还以“新超导将中国物理学家推到最前沿”为题，高度评价了中国物理学家在新型高温超导材料研究方面做出的重要贡献。

2013 年，“40 开以上铁基高温超导体的发现及若干基本物理性质研究”荣获国家自然科学奖一等奖。2015 年，在瑞士召开的第 11 届国际超导材料与机理大会上，赵忠贤被授予马蒂亚斯奖，这是国际超导领域的重要奖项，每三年颁发一次，此次是内地科学家首次获奖。2016 年，赵忠贤获得国家最高科学技术奖，表彰他对我国高温超导研究做出的杰出贡献。赵忠贤说:“科学研究不能只图‘短平快’。我这一辈子只做一件事，就是探索超导体、开展超导机理研究。”正是这种甘于坐冷板凳、勇于进“无人区”、敢于啃硬骨头的精神，引领科技工作者实现更多“从 0 到 1”的突破。

虽然高温超导现象已被发现 30 多年，但是目前科学界仍然没有对超导机理达成共识。解决高温超导机理被《科学》杂志列为人类面临的 125 个重要科学问题之一。超导研究历时百余年，一直处于凝聚态物理的前沿，探索更高超导临界温度的超导体，特别是室温超导体，是人们孜孜追求的下一个梦想。室温超导体或性能更优越的超导体的发现，将把人类社会带入超导时代，给社会带来翻天覆地的变化。

北京正负电子对撞机建造成功

1988 年 10 月 16 日，凝聚着中国几代高能物理学家梦想与心血，在中国科学院高能物理研究所建造的北京正负电子对撞机（BEPC）首次实现束流对撞，宣告建造成功。这是中国高能物理发展史上的重要里程碑。《人民日报》报道这一成就时，称“这是我国继原子弹、氢弹爆炸成功、人造卫星上天之后，在高科技领域又一重大突破性成就”。这项成果荣获 1990 年国家科学技术进步奖特等奖。BEPC 建成后，迅速投入运行，取得了一批重大的研究成果。

对撞机——观察微观世界的“显微镜”

古往今来，人们一直在思考、探索：世界万物究竟是由什么构成的？它有最小的基本结构吗？高能物理就是一门研究物质的微观基本组元和它们之间相互作用规律的前沿学科。对撞机正是观察微观世界的“显微镜”，它将两束粒子（如质子、电子等）加速到极高的能量并迎头相撞，通过研究高能粒子对撞时产生的各种反应，研究物质深层次的微观结构。

北京正负电子对撞机（BEPC）由注入器、输运线、储存环、北京谱仪（BES）和北京同步辐射装置（BSRF）等部分

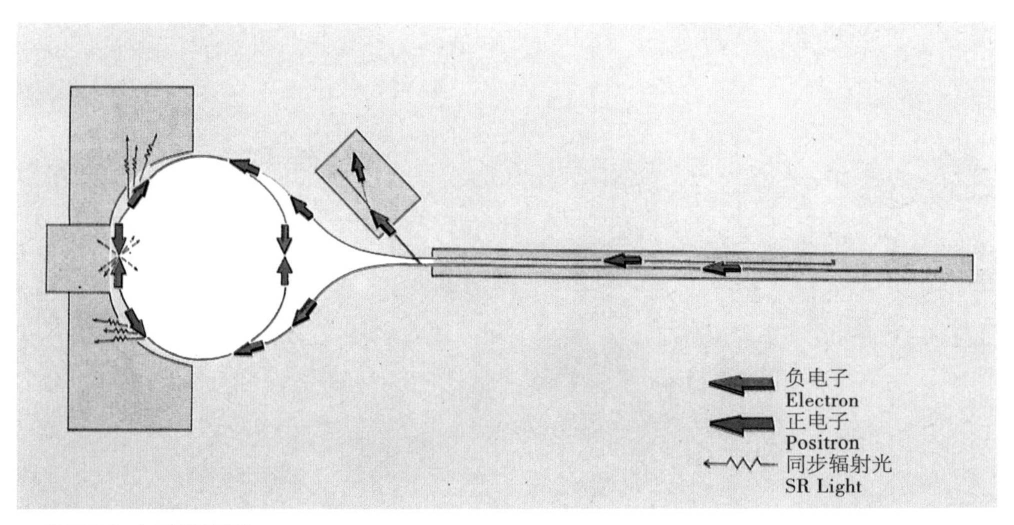

△ BEPC 布局示意图

组成，外形像一只硕大的羽毛球拍。球拍的把柄是全长 202 米的行波直线加速器，拍框就是周长 240 米的储存环。由电子枪产生的电子和电子打靶产生的正电子，在直线加速器里加速到 15 亿电子伏，注入储存环。正负电子在储存环里可加速到 22 亿电子伏，以接近光的速度相向运动，并以 125 万次 / 秒的速度进行对撞。有着数万个数据通道的北京谱仪，犹如火眼金睛，实时地观测对撞产生的次级粒子，并把所有数据保存到计算机中。科学家通过离线的数据处理和分析，进一步认识这些粒子的性质，从而揭示微观世界的奥秘。

党和国家领导人直接关怀高能物理事业

我国的高能物理研究始于 20 世纪 60 年代，走过了漫长而曲折的道路。1972 年 8 月，张文裕等 18 位科技工作者致信周恩来总理，提出发展中国高能物理研究的建议。周总理亲笔回信指出："这件事不能再延迟了。科学院必须把基础科学和理论研究抓起来，同时又要把理论研究和科学实验结合起来。高能物理研究及高能加速器的预制研究应该成为科学院要抓的主要项目之一。"

在周恩来总理的亲切关怀下，中国科学院高能物理研究所于 1973 年年初在原子能研究所一部的基础上成立，开始了我

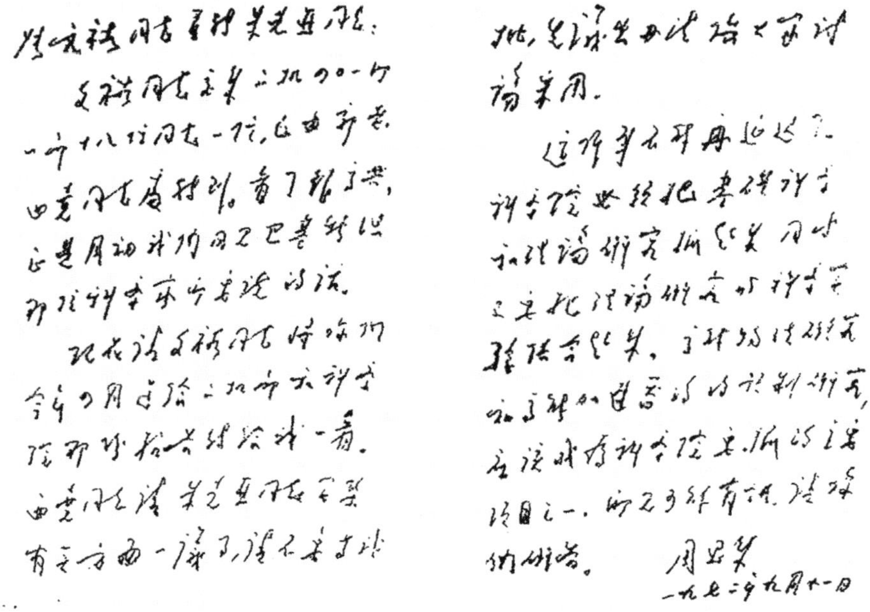

△ 周恩来总理的亲笔回信

国高能物理研究走向世界的新征程。

1975 年 3 月，已重病卧床的周恩来总理和当时刚刚重新主持工作的邓小平一起批准了高能加速器预制研究计划。在这之后，高能物理研究所又提出多个加速器研制方案。在经历了从 20 世纪 50 年代起高能加速器建设计划“七上七下”的曲折过程后，直到 1981 年 5 月，国内外专家的意见都逐渐集中到建造 2×22 亿电子伏正负电子对撞机的方案上。

1981 年年底，中国科学院向党中央报告，提出建设北京正负电子对撞机的方案。邓小平在报告上批示：“他们所提方案比较切实可行，我赞成加以批准，不再犹豫。”

1983年12月，中央决定将对撞机工程列入国家重点建设项目，并成立了对撞机工程领导小组。不久，由14个部委组成了工程非标准设备协调小组，组织全国上百个科研单位、工厂、高等院校大力协同攻关，土建工程由北京市负责全力保障。

1979年1月，邓小平率中国政府代表团访美，国家科委与美国能源部签订了中美《在高能物理领域进行合作的执行协议》，并成立了中美高能物理合作委员会。在BEPC的建造过程中，中美高能物理联合委员会发挥了重要作用。

四载拼搏谱华章

1984年10月7日，BEPC工程破土动工。邓小平亲自题词并为工程奠基，铲下了第一锹土，又亲切接见了工程建设者的代表。

国家的重视和改革开放，极大地鼓舞了中国科学院高能物理研究所和全国上百个单位的工程建设者，他们发挥社会主义大协作精神，夜以继日，奋战了四年。1988年10月16日，对撞机首次实现正负电子对撞，完成了小平同志提出的“我们的加速器必须保证如期甚至提前完成”的目标。仅仅四年时间，中国的高能加速器从无到有再到建造成功，

中國科學院高能物理研究所
北京正負電子对撞機國家实驗室
鄧小平題

△ 邓小平题词

这一建设速度在国际加速器建造史上也是罕见的。10 月 20 日《人民日报》报道这一成就，称“这是我国继原子弹、氢弹爆炸成功、人造卫星上天之后，在高科技领域又一重大突破性成就”，“它的建成和对撞成功，为我国粒子物理和同步辐射应用开辟了广阔的前景，揭开了我国高能物理研究的新篇章”。

1988 年 10 月 24 日，邓小平又一次到高能物理研究所视察，发表了重要讲话《中国必须在世界高科技领域占有一席之地》。他铿锵有力地说：

过去也好，今天也好，将来也好，中国必须发展自己的高科技，在世界高科技领域占有一席之地。如果 60 年代以来中国没有原子弹、氢弹，没有发射卫星，中国就不能叫有重要影响的大国，就没有现在这样的国际地位。这些东西反映一个民族的能力，也是一个民族、一个国家兴旺发达的标志。

硕果累累的北京正负电子对撞机

BEPC 能量为 2×22 亿电子伏，所选的能区恰恰是一个 τ- 粲物理的“富矿区”，为我国的高能物理研究后来居上提供了机遇。

BEPC/BES 自 1990 年开始运行，积累的事例数据比此前国际上其他实验室的数据高一个数量级以上，构成了 τ- 粲能区世界上最大的数据样本。“以我为主”的 BES 国际合作，吸引了包括国内 18 所科研机构的 200 多位研究人员，以及来自美、

▽ 北京正负电子对撞机国家实验室鸟瞰

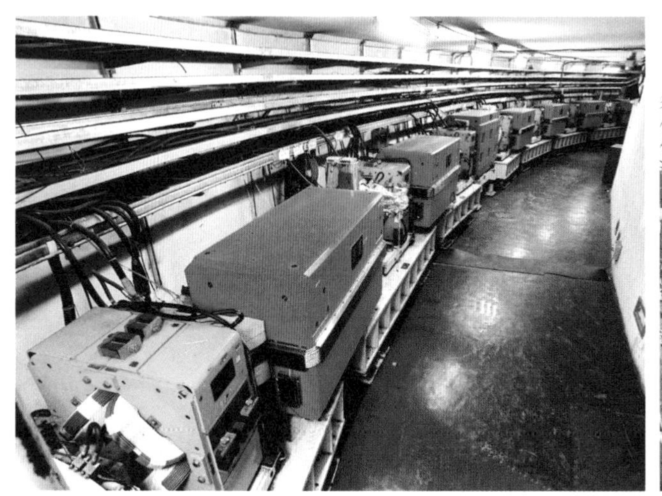

△ BEPC 储存环

△ BEPC 上的大型探测器——北京谱仪

日、韩等国十余所科研机构的数十名研究人员共同合作开展高能物理实验研究，在 τ 轻子质量的精确测量、R 值测量、J/ψ 共振参数的精确测量、Ds 物理研究、ψ（2S）粒子及粲夸克偶素物理的实验研究、J/ψ 衰变物理的实验研究等方面取得一系列国际领先的研究成果，国际权威粒子数据表（PDG）引用 BES 成果 420 多项。

1992 年，τ 轻子质量测量的精确结果把实验精度提高了 10 倍，结合国际上同时期的 τ 轻子寿命和衰变分支比的精确实验测定，再次证实了轻子普适性原理，解决了标准模型的一个疑点，被国际上评价为当年最重要的高能物理实验成果之一。

1999 年，BES 对 20 亿 ~ 50 亿电子伏能区正负电子对撞强子反应截面（R 值）强子的测量，将测量精度提高了 2 ~ 3 倍，大大提高了标准模型对希格斯粒子质量的预测精度，解决了标准模型预言与实验结果不一致的矛盾，得到了国际高能物理界的高度评价。

2003 年以来，BES 合作组在 BEPC 上陆续发现 5 个多夸克态新强子候选者，引起国际高能物理界的极大重视。尤其是 X（1835）被认为可能是一个新型强子态。

北京正负电子对撞机重大改造

BEPC 上取得的丰硕成果，在国际高能物理界引起了高度重视和激烈竞争。美国康奈尔大学有一台正负电子对撞机（CESR），原先在 2×56 亿电子伏高能量下工作，他们看到粲能区丰富的物理“矿藏”，决定把束流的能量降低到粲物理能区（改称为 CESR-c）与我们竞争，其主要设计指标超过了 BEPC。为了继续保持在国际高能物理研究上的优势，中国科学家接受了挑战，迎难而上，提出了双环改造方案，设计的对

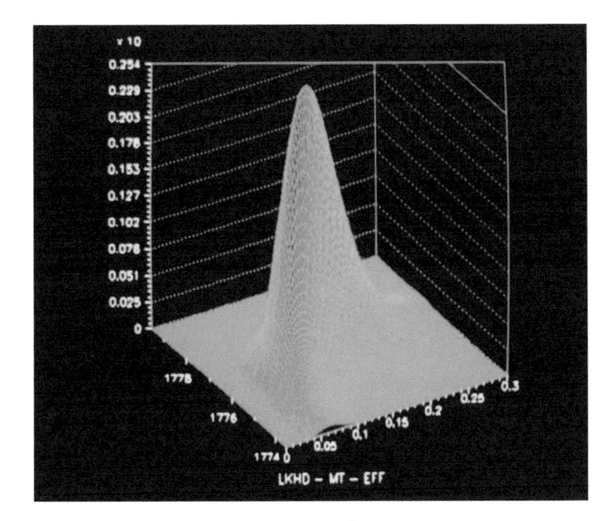

△ BES 上的 τ 轻子质量精确测量

△ BEPC Ⅱ 储存环

撞亮度比原来的对撞机高 100 倍，是 CESR-c 的 3 ~ 7 倍，从而大大提高了竞争力。这个方案得到了科学界的支持和国家的批准，并在 2004 年年初开工建设，即北京正负电子对撞机重大改造工程（BEPC Ⅱ）。科研人员根据“一机两用”的设计原则，采用了独特的三环结构，满足了高能物理实验和同步辐射应用的要求。工程建设者继续发扬在对撞机建设中形成的“团结、唯实、创新、奉献”的精神，依靠改革开放带来的社会发展和科技进步，圆满完成了各项重大改造工程的建设任务，于 2009 年 7 月通过了国家竣工验收，成果荣获 2016 年国家科学技术进步奖一等奖。

北京正负电子对撞机重大改造完成后，一天获取的数据量相当于改造前的 100 倍。李政道先生在贺信中说："这是中国高能物理实验研究的又一次重大飞跃，为中国在粲物理研究和 τ 轻子高能研究方面，继续在国际上居于领先地位打下了坚实的基础。"美国康奈尔大学对撞机的负责人赖斯教授写道："由于 CLEO-c 将终止运行，我们期待来自 BES Ⅲ的一系列重要的物理发现。"其中的 CLEO-c 是 CSER-c 上的探测器。自 2009 年以来，BES Ⅲ国际合作组在高亮度的北京正负电子对撞机上，获取了粲能区共振峰上世界最大的数据样本，取得许多重要的物理成果，其中包括证实了 BES 上发现的 X（1835）新粒子，同时还观测到两个新粒子 X（2120）和 X（2370）。

△ 北京谱仪 BES Ⅲ

特别是四夸克粒子的发现，被评价为“开启了物质世界新视野”，并被美国《物理》杂志评选为2013年国际物理领域11项重要成果之首。

BEPC和BEPC Ⅱ“一机两用”，BSRF可以提供从硬X射线到真空紫外宽波段的高性能同步辐射光，是开展凝聚态物理、材料科学、生命科学、资源环境、纳米科学及微电子技术等诸多学科及其交叉前沿研究的重要基地。每年有来自全国百余个科研单位和大学的研究人员在此进行数百项实验，取得了许多重要成果。例如，在2003年正式投入使用的我国第一条生物大分子晶体学光束线与实验站上，首次获得了SARS病毒蛋白酶大分子结构和菠菜捕光膜蛋白晶体的结构等重要成果。

BEPC和BEPC Ⅱ的成功建设和运行，提升了我国相关工业领域的技术水平，带动了大功率速调管、等梯度加速管、超导射频、高性能磁铁、高稳定电源、超高真空、超导磁铁、大规模低温、束流测量、计算机自动控制、核探测器、快电子学、高速数据获取和数据密集型计算等高新技术的发展，产品出口到欧洲和美国、日本、韩国、巴西等国，提升了我国的影响力。应用BEPC和BEPC Ⅱ发展的加速器和探测器技术，催生了一系列高技术产业，如医用加速器、辐照加速器、工业CT、正电子发射断层成像和低温超导除铁器与核磁共振成像的超导磁体等，推进了高新技术的产业化，产生了显著的经济效益。北京正负电子对撞机向社会开放，建成以来接待数百批、几万人次参观，成为向社会乃至世界宣传中国改革开放的窗口。

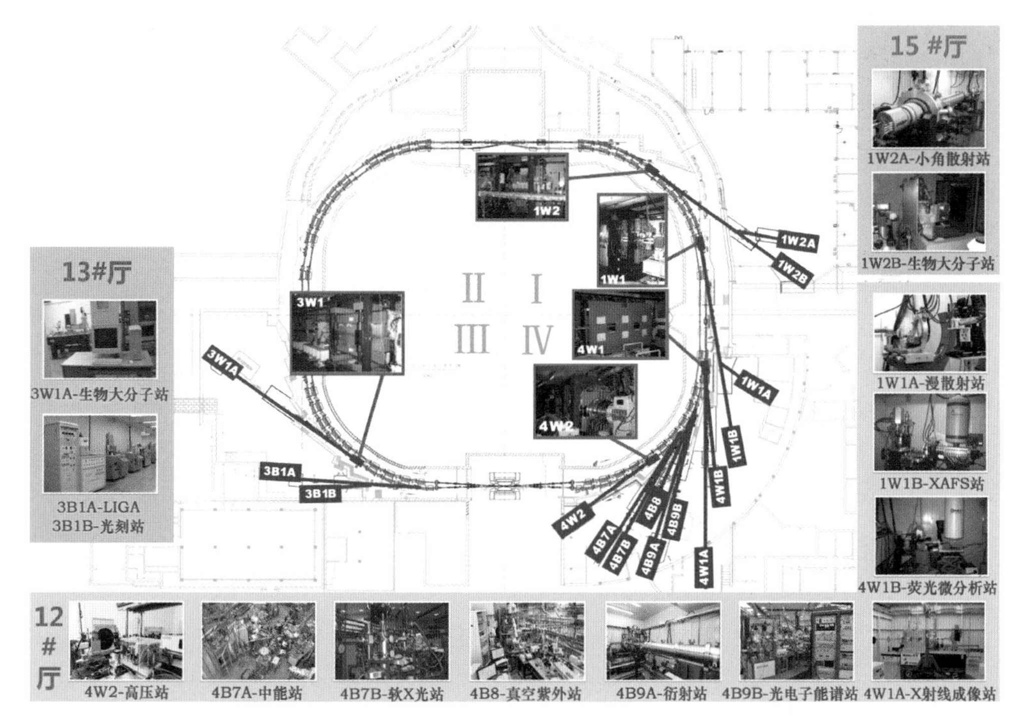

△ BSRF 及其光束线和实验站

我国的高能物理事业伴随着改革开放走过了艰难曲折和令人欣喜的历程。BEPC 及其重大改造的成功，使我国在国际高能物理研究中占有了一席之地，并在 τ- 粲物理领域居于领先地位。北京正负电子对撞机作为国际科技合作的开端、大科学工程的典范，拉开了中国进军世界高科技领域的序幕。中国科学院高能物理研究所提出建造环形正负电子对撞机的构想，将以前所未有的规模和精度来研究希格斯粒子的性质。这些重大科技基础设施成为高新技术产业的摇篮，在此产生的基础研究成果，将在很大程度上推动我国在物质结构和宇宙演化等领域的深入探索，指引着粒子物理研究的方向。

HT004
HT004

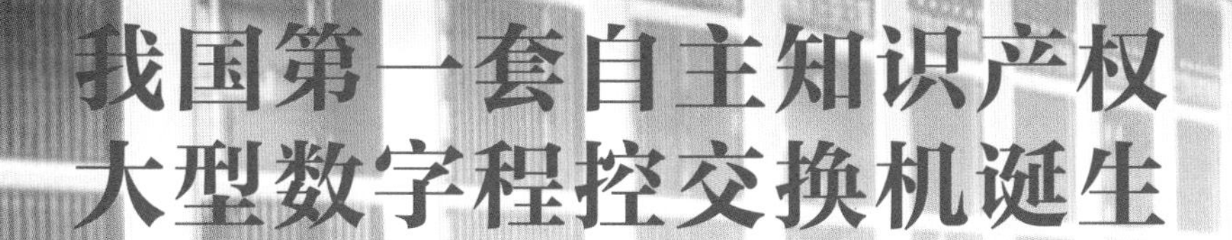

我国第一套自主知识产权大型数字程控交换机诞生

1991 年 11 月，由解放军信息工程学院与中国邮电工业总公司联合研制的我国第一台拥有完全自主知识产权的大型数字程控交换机——HJD04 机在邮电部洛阳电话设备厂诞生，打破了西方世界所谓的“中国自己造不出大容量程控交换机”的预言，标志着“七国八制”长期垄断中国程控交换机市场格局的终结，从根本上扭转了我国电信网现代化建设受制于人的被动态势，同时也树立起国人用自主知识产权高技术产品自主建设国家信息基础设施的信心和决心。

1995 年，HJD04 机获得国家科学技术进步奖一等奖。

竞争世纪末和新世纪初全球最大的电信市场

20 世纪 80 年代初，改革开放春潮涌起，我国经济开始起飞，但作为经济发展基础之一的通信设施却十分落后。固定通信网全国用户数还不到 500 万户，且设备十分落后、陈旧，甚至一些 20 世纪 30 年代安装的机械式交换机还是许多省会城市的主力设备。已经谈不上先进意义的国产纵横制交换机产品也刚刚进入通信网不久，“网络可靠性差、服务水平低下、打电话难”成为制约我国经济发展的“瓶颈”问题。而诞生于 20 世纪 60 年代，成熟于 70 年代，有“现代通信业骄子”之称的程控交换机当时正风靡世界。与老式交换机相比，程控交换机无论在功能和性能方面，还是在业务种类与服务质量方面，就像乘火箭与骑马一样相差十万八千里。

通信网是现代社会的神经中枢。经济要腾飞，社会要发展，必须首先实现通信网络的现代化，其中关键的是要解决传输网的数字化与交换网的程控化问题。在我国尚未掌握技术和具备产业能力的情况下，只能抱着“让出市场换回技术”的良好愿望，全方位地开放中国市场，引进各种传输设备和程控交换机产品。

1978 年，大型程控交换机仍然是西方国家对中国限制出口的高技术产品，福建省邮电管理局只能与日本富士通公司签署协议，引进尚处于图纸设计阶段的万门数字程控交换机 F150。随着中国市场的吸引力不断增强，一些西方跨国公司通过各种变通的办法试图绕过限制壁垒打入我国市场。短短几年，来自主要发达国家 8 种制式的数百万线容量的程控交换机在我国电信网上运行，客观上促进了中国通信设施的现代化，缓解了经济发展的燃眉之急。然而，高昂的设备价格无情地吞噬着我国宝贵的外汇储备，也严重地制约了国家通信网的规模和发展速度。20 世纪 80 年代初期引进的程控交换机产品平均每线价格在 500 美元左右，到 90 年代初价格水平仍然处在 400 美元以上的高位。此外，交换机软件版本升级费用高昂，如电话号码由 6 位升至 7 位这样不大的软件修改，交换机生产厂商竟开出上百万美元的高价。运行维护成本也很高，备品备件、耗材、人员培训、环境保障等收费科目不仅繁多且价格令人瞠目结舌。更为严重的是，进口交换机的全英文、命令行式的人机界面对中国操作人员提出了近似苛刻的使用要求，除了一些大中城市，我国大部分地区的电信局、邮电局很难招到或留住合格的操作使用人员，通信网的现代化建设面临“好不容易买了马但配不起鞍”的窘境，花高价购买的设备难以发挥出应有的使用效能。更令中国科技人员痛心的是，程控交换机产品的设计寿命至少在 40 年以上，一旦安装，一般会使用 20 年左右，期间的扩容和升级活动通常基于初期购买的设备平台，因而在商业上具有典型的“跑马圈地效应”，对于技术的后来者来说，即使攻克了技术难关也很难打破已经存在的市场格局。因此，各大跨国公司依靠技术领先优势投巨资竞相瓜分中国电信市场，以期使其“跑马圈地效应”最大化，不仅要获得现实的市场份额，而且要“预占”未来的市场利益，并尽可能地遏制或压缩中国民族高技术产业的发展空间。

落后肯定要挨打，吃亏是必然的。由于没有自己的大型程控交换机技术和产业，整个20世纪80年代到90年代初，我国电信网的发展饱尝了受制于人的苦涩，中国通信制造业也处在“让出了市场仍未能换回技术”的尴尬境地。好在现实的严酷性使国人终于悟出了“高技术是买不来、换不来的”这一基本道理。中国必须要有自己的大型数字程控交换机技术和产业。

依靠原始创新　一步跨越15年

中国拥有世界上最大的程控交换机市场，中国的发展呼唤自己的程控交换机技术和产业。也许是命运的安排，邬江兴，一名年轻的军人，一位计算机专家，一位与电话技术毫无瓜葛的人，被推到了研制大型程控交换机的前沿，他和鲁国英、罗兴国及其他战友奇迹般地实现了中国通信史上的一次伟大跨越。

当时的邬江兴，已经是一名崭露头角的计算机工程师。早在 1982 年，他就大胆提出了每秒 5 亿次运算能力的大型分布式计算机 DP300 的设计构想，并和战友们花了两年多的时间初步完成了总体设计，引起国内学术界不小的反响。然而，研制程控交换机，对他们来说却是隔行如隔山。1985 年的邬江兴连电话机原理都不懂。他先把自己桌上的拨盘式电话机拆开，弄清楚什么叫受话器、送话器，什么叫二 / 四线转换器，再一头扎进图书馆从电话交换机科普读物看起，找朋友托关系进电信机房近距离地感受交换机是如何工作的……18 个月后，邬江兴与他的战友们硬是用独特的思维和极富创意的技术方法，成功开发了一台当时国内容量最大且性能指标接近数字设备的模拟程控交换机—— G1200。

△ HJD04 机缔造者（从左至右依次为：鲁国英，罗兴国，邬江兴）

1987 年，国内程控交换机市场正是“洋货”主宰的时候，中国邮电工业总公司的企业家以其敏锐的直觉，不仅看中了邬江兴的研究成果，更看重了他所带领的开发团队那种敢于挑战传统的特有创新潜质，毅然同解放军信息工程学院签订了开发大型数字程控交换机的一揽子合同。合同的预期设想是先开发2000门的数字用户交换机，然后与国外同行合作开发万门数字程控交换机。

这是一个稳妥的开发计划。但邬江兴认为，搞国际合作开发对于充分开放的中国市场来说是远水不解近渴，很可能会错失进入市场的良机。高技术的发展日新月异，必须通过大胆的创新，进行跨越式追赶，才能有望尽快跻身国际竞争的行列中。于是，他们决定放弃2000门用户交换机的设计方案，直接开发万门程控交换机！

人们议论纷纷："这些人怕是疯了！"回顾国际上研制、开发大型程控交换机的历史，哪一个国家不是投入了数亿美元以上的资金，调动了数千名科技和工程人员参与，付出多年的努力才修得正果。而邬江兴麾下只有十几个人和区区300万元人民币的经费，是否过于异想天开了？

"中国搞不出万门程控交换机。"国内外都有人如此断言。邬江兴不服：中国的通信网核心设备不能只用外国的！

为尽快拿出万门程控交换机方案，邬江兴把自己和伙伴们关在一间小屋里冥思苦想……终于，他像科学巨匠突然发现一个新原理一样："为何不跳出交换机的思维框架，而用计算机的体系结构来开发程控交换机？"于是，他和战友们以曾经开发过的大型分布式计算机DP300体系结构为基础，把重点聚焦在如何开发一个能高效地提供程控交换业务的专用大型计算机系统的思路上。按照这个想法，他们马不停蹄、挑灯夜战，经过 14 个日日夜夜的突击研究，一个震惊世界的、独具特色的大容量数字程控机总体设计方案诞生在中国大地上。

几度花开花落，几度大雁南飞。1991 年 12 月，我国通信领域知名的专家学者云集洛阳，对中国造的 HJD04 机（04 机）进行严格的鉴定，结论是：设计新颖，性能可靠，达到当代国际先进水平，呼叫处理能力达国际领先水平。外国权威专家也公认该机完全可以与国际上最先进的机型相媲美，特别是逐级分布式体系结构和全分散复制 T 交换网络这两大技术，完全属于中国人的原始创新，是对世界交换技术发展的重要贡献！

更让人自豪的是，“04 机”的所有关键技术被牢牢地掌握在中国人手中。中国终于有了可以同外国相抗衡的通信高技术，国际通信产业界人士也惊呼：“中国 4 号机来了！”

△ **我国第一套拥有自主知识产权的大型数字程控交换机——HJD04 机**

发挥引领作用　带动群体突破

“04 机”研制成功，打破了发达国家对我国的技术封锁和市场垄断，照亮了民族信息通信产业的广阔天空。

在之后的十余年时间里，中国通信设备制造业以大型数字程控交换机 HJD04 机的技术突破为契机，成功实现了智能网、光传输与交换、综合业务数字网、软交换、路由器和无线移动通信等产品领域的跨越式发展。一个个成功，使国人树立起用自主品牌高技术产品构建信息基础设施的信心，形成信息通信技术领域的核心自主知识产权和累计数万亿元的销售业绩，为我国通信网络的快速现代化和成为全球最大规模的信息通信基础网做出了巨大的贡献。

在“04 机”的带动下，以“巨大中华”为代表的我国信息通信高技术企业实现了“群体突破”和“走出国门参与世界市场竞争大格局”的目标，培育出了一批国际知名企业，中兴、华为等公司已位于全球信息通信设备制造业“第一集团”的前列。在通信技术标准和规范方面，我国企业正在完成从跟随者到领跑者的角色转变，以第三代移动通信标准“TD-SCDMA”为代表，中国在信息通信领域国际标准化组织已经取得具有历史意义的话语权。

△ HJD04 机参加 1997 年莫斯科国际电信展

“04 机”的巨大成功，树立了科技改变人民生活的成功范例。1992 年，“04 机”正式投入规模化生产，一举打破了西方公司的技术封锁和价格垄断，使电话通信网的建设成本从 1988 年的平均每线近 500 美元降低到每线 130 美元左右，大大加快了我国通信网的规模发展速度。随着技术的转移和扩散，1995 年，华为公司的 C&C08、中兴公司的 ZXJ10 等自主知识产权机型相继开发成功并投产，使得国内通信网中自主知识产权程控交换系统的安装比重一举跃升到 2001 年的 80% 以上，平均每线价格也降至 40 美元左右。

据工业和信息化部有关数据显示：截至 2022 年年底，我国移动电话用户规模为 16.83 亿户，人口普及率升至每百人 119.2 部，高于全球平均的每百人 106.2 部。我国已经成为全球最大的电信市场。

△ HJD04 机获俄罗斯入网证新闻发布会

立足自主创新　打造“中国方案”

“04 机”的研制成功，不仅带动了技术领域的重大创新，更打造了一支国家级的创新团队。1994 年，在“04 机”团队的基础上，国家科技部依托原解放军信息工程学院组建了国家数字交换系统工程技术研究中心。

30 多年来，“04 机”团队在网络通信与交换技术领域继续攻坚，拿下了一个又一个高地，为我国信息通信领域实现从“跟跑、并跑”到“并跑、领跑”发挥了不可替代的重要作用。

从 2002 年开始，作为“十五”国家“863 计划”重点专项“高性能宽带信息网（3TNet）”项目总体组组长的邬江兴，组织 53 家参研单位、2000 多名科研人员联合攻关，不走“流量工程控制 + 复杂 QoS 控制”的主流研究路子，提出“电路交换、广播推送和分组交换双融合”的创新方案，一举跨越传统网络“尽力而为”的思维定势，设计出一条通向未来的中国特色“宽带信息”之路，顺利实现“T 比特传输、T 比特交换和 T 比特网络应用”的目标，成为国家下一代广播电视网的基础技术架构。

也就从这一刻起，国家“三网融合”战略实施有了技术支撑：

◎通过网络整合，实现了话音、数据、视频等多业务综合集成，并衍生出图文电视、视频邮件、网络游戏等更加丰富的增值业务类型。

◎通过终端整合，将视频点播、上网冲浪、移动通信、互动电视等功能在机顶盒上融为一体。

◎通过标准整合，形成了中国特色的网络演进方案。

◎通过资源整合，铺设了一条满足多种需求的信息之路，为运营商提供了全业务运营的基础平台。

创新的网络架构、独特的设计理念、先进的技术手段等，促使华为、中兴、烽火等国内通信高技术企业相关技术和产品处于国际领先地位，我国自主创新的互动新媒体网络技术和产品步入世界前列。

2013 年，英国《新科学家》杂志以“中国下一代互联网举世无双”为题，在对高性能宽带信息网的报道中写道：“作为网络领域的新王者，中国正在构造更快更安全、领先西方的网络。”

国家在“十五”规划和《国家中长期科学和技术发展规划纲要（2006—2020 年）》中，均将“宽带接入技术创新”“促进电信、电视、计算机三网融合”作为重点任务。

国家的需要就是团队的命令。“04 机”团队成立联合项目组，在国家重点科研计划项目的支持下，累计投入数千人 / 年开展“大规模接入汇聚（ACR）技术体系”项目研究，创造性解决了体系结构设计、业务性能保障、网络安全管控等难题，提出大规模接入汇聚体系并取得了宽带接入技术系列创新，于 2006 年首次研制出可同时覆盖 6 万用户、支持数据和电视业务高效接入服务的原型系统，2008 年研制出支持数据、语音、电视、流媒体和互动多媒体的大规模接入汇聚系统。

国内十余位知名网络与通信技术专家一致认为，该技术前瞻性强、研究起点高、技术难度大，在宽带多媒体网络技术领域取得了多项开创性成果，整体技术居国际先进水平，推动了我国宽带接入网络技术的跨越式进步。同时，以该项技术为核心研制的相关设备已全面应用于国内所有主流运营商，覆盖所有省份，并进入国际高端电信市场，为我国打造了安全、开放、共享的信息化基础设施平台。

该成果的诞生与大规模应用，直接促进了我国具有自主知识产权的宽带网络产业快速发展，打造出兼顾电信、电视、互联网全方位服务的“新引擎”，搭建起百姓“出门上高速”的信息快车道，为国家实施“三网融合”“宽带中国”重大战略提供了关键技术支撑。

信息网络的奔涌向前，并未掩饰它自身的隐忧。一方面，世界各国在高性能计算领域你追我赶，不断刷新性能指标。但随着新峰值计算的突破，其面前的“三座大山”似乎也越来越难以逾越：现有体系结构下的计算系统实际应用性能仅有峰值性能的5% ~ 10%；用户无法自主参与计算资源的配置和计算过程的控制；高性能带来高耗能，例如，谷歌的云计算中心日耗电量与整个瑞士日内瓦相当。另一方面，网络的触角蔓延到世界的每个角落，但斯诺登事件、乌克兰电网事件和震网病毒、勒索病毒等事件频发，网络安全问题已经让我们感受到了它的巨大威力，成为信息时代挥之不去的梦魇。

从 2007 年开始，邬江兴带领团队融合仿生学、认知科学和现代网络技术，首次提出“拟态计算”的概念，并联合了国内多家科研单位，从理论研究、算法分析、技术实现入手，开始了艰难的探索。

2013 年 9 月，以此为核心理念设计的世界首台拟态计算机原理样机一经问世，就高票入选由两院院士评选出的“2013 年度中国十大科技进展”。测试表明，拟态计算机“依靠动态变结构、软硬件结合实现基于效能的计算”，能效可比一般高性能计算机提升十几倍到数百倍，实现了高效能的设计目标。

与之类似，在2017年6月美国国防高级研究计划局（DARPA）启动的“电子复兴”计划中，将“软件定义硬件”项目列入其中，以便应对信息技术领域即将面对的来自工程技术和经济成本方面的挑战。我国比美国提出类似思想要早八年！

创新脚步一刻未止。也是在2013年，邬江兴将“变结构计算”演绎为“变结构防御”，又提出了“拟态防御”新理论，联手复旦大学、浙江大学、上海交通大学、中国科学院信息工程研究所等十余家科研院所和中兴通讯、烽火通信等国内信息技术企业，开始了挑战“易攻难守”网络安全态势的征程。

△ 2018年1月，世界首套拟态防御网络设备正式上线应用

2016年,“Web服务器拟态防御原理验证系统”和“路由器拟态防御原理验证系统”在上海研制成功，拟态防御基本理论和方法取得了实质性进步。从2016年1月开始，国家科技部委托上海市科委组织了国内9家权威评测机构，组成众测团队开展原理验证测试。期间有来自国内网络通信和安全领域的21名院士和110多名专家参与了不同阶段的测评工作。专家采用黑盒测试、白盒测试、渗透测试、对比测试等传统手段和人为预置后门、注入病毒木马等非常规手段，试图冲破拟态防御系统侵入所防护的网络空间。在长达6个月的多轮众测中，没有一次攻击成功，系统达到理论预期。

如今，世界首套拟态域名服务器、基于拟态防御理论开发的成套网络设备均已在工信部统一部署下，完成全球首次部署应用，正为构建网络空间安全新秩序提供完整的“中国方案”，同时开辟出一片新产业蓝海。

这支从HJD04机走出来的队伍，在2016年国家科学技术奖励大会上，被授予国家科学技术进步奖创新团队奖，团队带头人受到党和国家领导人亲切接见。

这是对他们过往的褒奖!

这支一直面向未来、面向国家重大需求的队伍，在历次信息技术转型浪潮中，都是排头兵、攻坚队！属于他们的故事还在继续。

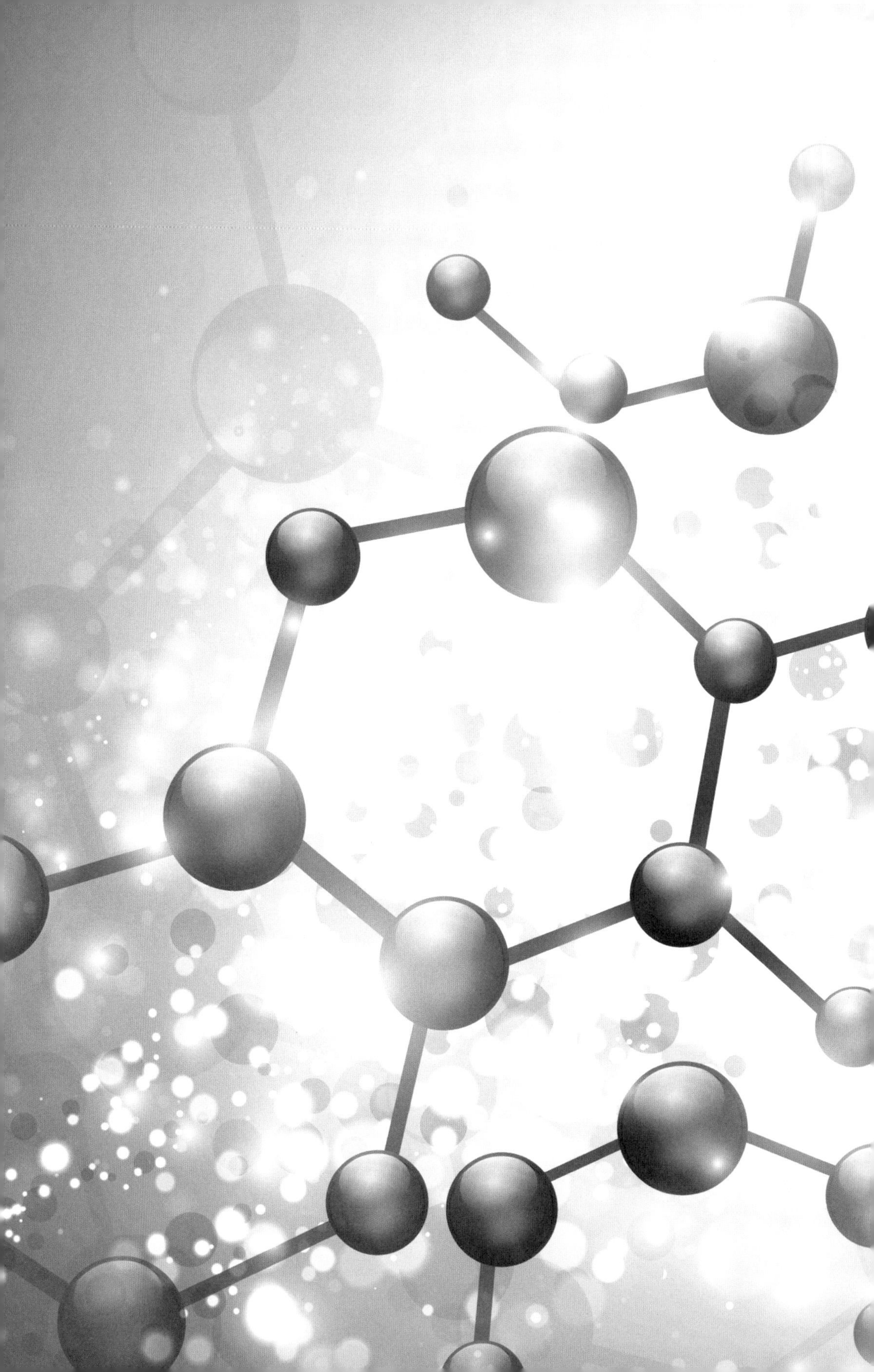

科教兴国

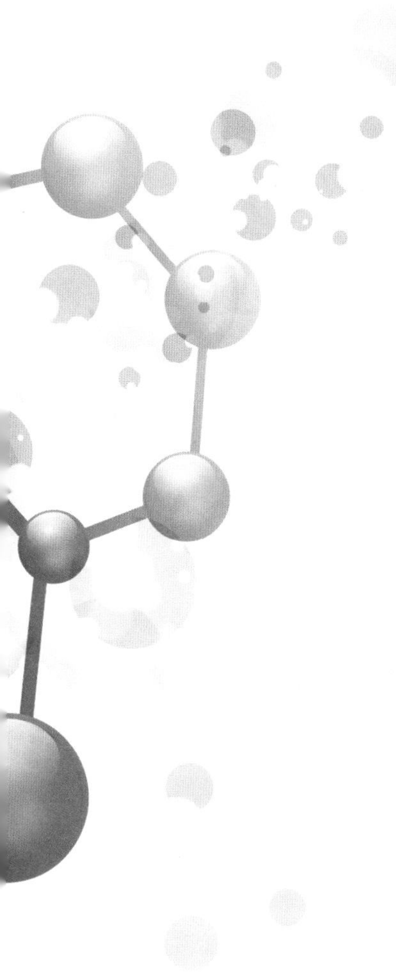

进入20世纪90年代，世界科技发展日新月异，科学技术对经济社会发展的推动作用日益明显，成为决定国家综合国力和国际地位的重要因素。党中央把握世界科技发展趋势和我国现代化建设需要，提出并实施科教兴国等国家战略。

1995年5月，中共中央、国务院发布《关于加速科学技术进步的决定》，提出实施科教兴国战略，全面落实科学技术是第一生产力的思想，把科技和教育摆在经济社会发展的重要位置，把经济建设转移到依靠科技进步和提高劳动者素质的轨道上来。

2001年2月，我国首次颁发"国家最高科学技术奖"。吴文俊、袁隆平获得2000年度"国家最高科学技术奖"。

1995年，由中国科学院计算技术研究所研制的"曙光1000"大规模并行计算机系统通过国家级鉴定。

1996年，我国科学家在世界上第一次合成并鉴别出新核素镅-235。

1997年，"银河Ⅲ"百亿次计算机研制成功。

1998年，中国科学院南京地质古生物研究所孙革及他的研究组在我国辽宁北票地区发现了迄今为止世界上最早的被子植物化石——辽宁古果。

1999 年，“神舟一号”在酒泉卫星发射中心升空。这是中国载人航天工程的第一次飞行试验。

1999 年，我国首次北极科学考察圆满完成。

2000 年，袁隆平研究组研制的超级杂交稻，达到农业部制定的超级稻育种第一期目标——连续两年在同一生态地区的多个百亩片实现亩产 700 千克。

2000 年，我国自行研制的第一颗北斗导航卫星发射成功。

2002年，我国首枚高性能通用微处理芯片“龙芯1号”CPU研制成功。

我国科技工作者在基础研究、前沿技术等领域勇攀高峰，屡创佳绩。科技事业的快速发展，推动中国特色社会主义事业实现世纪跨越。

在海拔 7000 米处钻取出海拔最高冰芯

1997 年 7 月下旬至 10 月下旬，由中国科学院兰州冰川冻土研究所组织的中美希夏邦马峰冰芯科学考察队在海拔 7000 米的达索普冰川上连续工作 40 多天，成功钻取了总计 480 米长、重 5 吨的冰芯，这是当时世界上海拔最高的冰芯，这为揭示青藏高原过去的环境变化过程、丰富中纬度地区的冰芯研究以及世界气候环境变化做出了贡献。这一研究成果在《科学》等国际一流科学杂志上发表，并被评为 1997 年中国十大科技进展之一。中国青藏高原冰芯研究通过多年来在冰芯科考方面的工作，已经在国际冰芯研究领域成功地树立起了“第三极”。

冰川——环境气候变化的天然档案馆

冰川是在自然界的特殊环境中由天然降雪逐渐积累而形成的一种天然冰体。在降雪的形成、降落过程中，飘散在天空中的各种气体，以及空气中飘散的各种浮尘就成了自然降雪的组成因子，当这些记载有当时气候环境信息的因子随着降雪一起在高寒冰川被保存下来时，这些降雪也就成为后人研究地球气候、温室气体、太阳活动甚至宇宙演变等的重要历史记录。特别是在高寒高海拔地区，这些积雪不仅没有消融，而且由于特殊的气候在这些地区形成了记录各种自然环境变化的天然冰川，冰川也就成为记录环境气候变化的天然档案馆。因此，科学家钻取、研究冰芯可以揭示出地球数十万年间各种自然气候、地理环境、地球物理及地球化学等方面的演化过程。与历史记录、树木年轮、湖泊沉积、珊瑚沉积、黄土、深海岩芯、孢粉、古土壤和沉积岩等可提取过去气候环境变化信息的介质相比，冰芯不仅保真性强（低温环境）、包含的信息量大，而且分辨率高、时间尺度长，堪称“无字的环境密码档案库”。

科学家通过对南北极冰芯的研究，已经在地球气候环境的演变过程及规律等方面取得了极大的进展，但科学家在这一过程中也遇到了问题，那就是虽然取得了两极冰芯的研究进展，

△ **达索普冰川**

但缺乏对中纬度地区冰芯的研究，这使得在揭示全球气候环境变化的问题上遇到了障碍，因此，中低纬度地区的冰芯研究成为揭示全球气候变化规律的重要一环。

地球上不乏高山冰川的存在，但科学家经过研究发现，青藏高原是中纬度冰川研究最理想的地区。青藏高原作为世界第三极，有着世界上其他中低纬度地区不具备的高海拔、高严寒的地理特征，这一特点使青藏高原成为中低纬度现代冰川最发育的地区。同时，南部的喜马拉雅山又是受亚洲季风影响的重要地区，亚洲季风演化的大量信息就储存在这一地区的冰川中。在进一步的研究中，科学家还发现，青藏高原的希夏邦马峰北坡的达索普冰川是研究中纬度冰川的最佳地点，因为这里海拔高、气温低，降雪几乎不发生任何消融，每次降雪全部保存，而且在这一特殊的地理环境中，降雪冰川也得到了很好的保存。因此，希夏邦马峰北坡的达索普冰川成为科学家研究中低纬度自然环境变化和季风演替等自然现象的理想冰川。

在世界屋脊架起联通两极冰川的桥梁

1997 年 7 月下旬，中国、美国、俄罗斯、秘鲁、尼泊尔五国考察队员经过十多天的艰难跋涉，于 8 月初到达希夏邦马峰。9 月 9 日，队员们在海拔 7000 米的希夏邦马峰达索普冰川上架起了冰芯钻塔，从组队开始，经过近三个月的努力，成功钻取了总计 480 米长、重 5 吨的冰芯。10 月 10 日，考察队在成功完成考察任务后顺利返回。

这次希夏邦马峰考察刷新了高海拔冰川科考的世界纪录，工作地区在海拔 7000 米以上，在这样的严寒环境中，空气中含氧量不到海平面的 50％，早晚气温更是低至 −30℃，而科考队员在这种高寒缺氧环境中却每天工作 12 个小时以上，且连续工作了 40 多天，这在科考历史上几乎是史无前例的。头痛、失眠、食欲减退、记忆力下降等高山反应更是“亲切”伴随着他们的每一天。其中一位美国科考队员由于在科考过程中感染了一种致命细菌，医治无效最终失去了年轻的生命。后来，为了纪念他对冰川科考所做的贡献，美国俄亥俄州专门以他的名义设立了科学基金。

这次希夏邦马峰的科考创下了科考史上高海拔地区人力搬运物资和样品重量的最高纪录。由于冰芯钻取地点不适合建立大本营，所以就把补给大本营建在了海拔 5800 米的冰川上。这就意味着科考队员每天不仅要面对不能吃到熟食喝上开水的

△ 科考队员运送科考装备到营地

困难，而且还要在高寒缺氧的雪域冰川背负几吨重的科考仪器从海拔 5800 米处跋涉到 7000 米处的工作地点，而后又要背负相同重量的仪器以及钻取的冰芯样本从工作地点返回。在高寒海拔地区，这样的负重就相当于低海拔地区几倍的重量，特别是氧气稀薄导致的高山反应更是让科考队员痛苦不已。此外，冰塔、冰缝也是他们随时面临的危险，好多次，即使科考队员小心万分，摔下冰塔、掉进冰缝的危险还是伴随着他们。但科考队员“十步一小歇，百步一大歇”，凭着顽强的意志、毅力和勇气，圆满完成了任务。

△ 姚檀栋院士与美国科学院院士朗尼·汤普森把收集到的样品分类装瓶

第三极冰芯钻取工作的成功，为中纬度冰川的研究提供了珍贵的冰芯样本，填补了世界冰川研究的空白，在世界屋脊架起了联通两极冰川研究的桥梁，为揭示全球气候演化规律奠定了重要基础。

风雪冰芯结硕果

科考队员踏风曝雪的艰辛努力终于结出累累硕果。首次在海拔 7000 米高处钻取深孔冰芯 3 根，其中 2 根穿透冰川底部，到达冰床，每年的冰层厚度在 1 米以上。通过对这些冰芯的研究，不仅可以获取每年气候环境的变化参数，而且也能对过去 2000 年气候环境的变化做出准确分析。此外，科考活动还首次获取了海拔 7000 米处的地面气象观测资料；首次观测了达索普冰川积累量和冰川变化；测得了冰川的最低温度：通过对 3 个冰芯孔的测量，发现在深 160 米以下的冰川底部冰温仍为 −13℃左右；在海拔 7000 米处冰雪中提取了有机质气候环境信息；首次在中纬度高山冰川上发现有重结晶带的存在，发展了冰川成冰作用带的理论；在对冰川水汽的分析过程中，还发现了印度的水汽可通过高山垭口直接到达喜马拉雅山北坡。

虽然希夏邦马峰冰芯的成功钻取取得了喜人的研究成果，

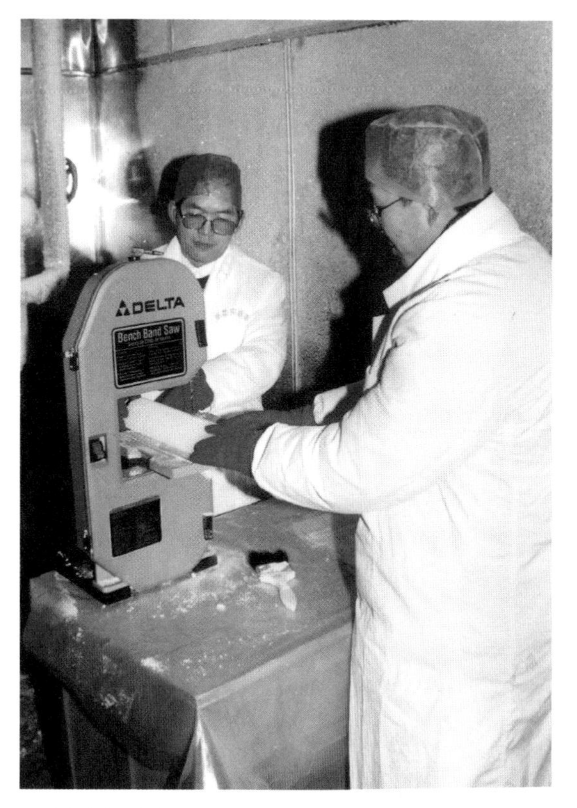

△ 姚檀栋院士与合作者在进行冰芯分析研究

但在此次科考负责人姚檀栋院士看来，“这只是一出长剧中的第一幕”，对整个希夏邦马峰冰芯以及对整个青藏高原冰川的研究还有很长的路要走。

青藏高原西部的古里雅冰川，有地球上除南北极之外最古老的冰芯。早在 1992 年，中美科学家就在古里雅冰川钻取了透底冰芯，冰芯长达 308.6 米。通过冰芯中放射性氯 -36 测年，确定了该冰芯底部形成于 76 万年前；通过对该冰芯 δ18O 等指标的研究，详细揭示了末次间冰期以来中低纬地区的气候环境变化记录。2015 年 8—10 月，在姚檀栋院士的带领下，由中国、美国、俄罗斯、意大利、秘鲁五国组成的联合科考队，再一次在古里雅进行冰川考察和冰芯钻取活动。这次考察的目的，一方面是钻取古里雅透底冰芯，进一步准确测定青藏高原上最古老冰川的形成年代；同时也是未来揭示在全球变暖背景下，西昆仑地区冰川变化的特殊性。鉴于姚檀栋院士在青藏高原冰川和环境研究方

△ 姚檀栋院士与美国科学院院士朗尼 · 汤普森描述冰芯

▽ 古里雅 308.6 米冰芯底部

△ 古里雅海拔 6700 米营地

面的贡献，瑞典人类学和地理学会授予他2017年“维加奖”。姚檀栋院士不仅是首位获奖的中国科学家，也是首位获此殊荣的亚洲科学家。

2018年，第二次青藏高原综合科学考察研究正式启动，习近平总书记专门发来贺信，时任国务院副总理刘延东出席启动仪式。未来的青藏高原冰芯研究将充分利用更多新技术、新手段、新方法，有望在青藏高原极高海拔地区气候变化及冰冻圈研究上取得重大突破，并在国家战略方面评估气候变化背景下不同区域冰川变化对区域气候及水文过程的影响，为青藏高原生态文明建设提供科学数据和理论支撑。

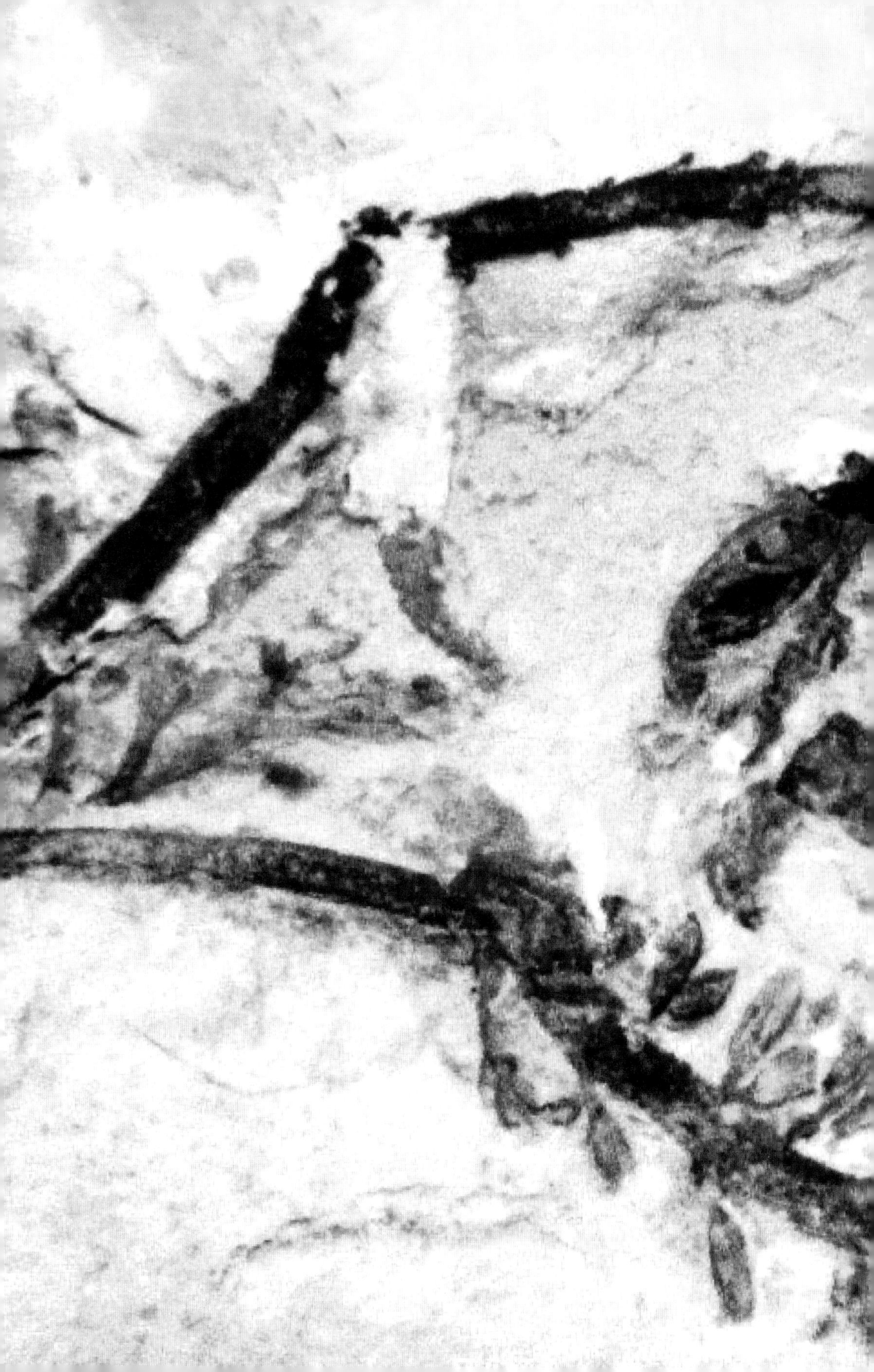

发现世界最古老的花——辽宁古果

1998 年，中国科学院南京地质古生物研究所孙革及他的研究组，在我国辽宁北票地区发现了迄今为止世界上最早的被子植物化石——辽宁古果，提出了“被子植物起源的东亚中心”假说，为破解历时百年的达尔文“讨厌之谜”提供了最为重要的证据。国内外媒体纷纷以“世界最古老的花在中国”为题报道了这一重大发现，美国 CNN 更是称这一发现是“植物学上的突破”。该成果于 1998 年在美国《科学》杂志发表，并于 1998 年被评为中国十大科技新闻和中国基础研究十大新闻之一。

地球之花与“讨厌之谜”

植物，是绿色的象征、生命的标志，可谓人类在这个星球中最亲密的朋友。但这并不意味着我们对植物有着足够的了解，比如，你知道什么是“被子植物”吗？被子植物对人类又有怎样的价值呢？你听说过达尔文“讨厌之谜”的故事吗？世界上第一朵花又是来自地球的哪个角落呢？

△ **世界上最早的开花植物化石**（新华社记者 摄）

从植物的演变史看，25 亿年前，地球上出现了菌类以及藻类植物。此后，地球植物进入了历时几十亿年的演变阶段，其中经过蕨类植物、石松类植物、真蕨类植物等，最后进入了被子植物时代。由此，地球植物真正进入了“有花”时代（以前的植物都没有花），被子植物也就成了植物界最高的进化阶段。特别是从新生代以来，它们在地球上占据了绝对优势的地位。这也决定了被子植物与我们有着密切的联系。首先，人类的大部分食物来自被子植物，如瓜果、蔬菜、谷物、豆类等；其次，被子植物是工业生产的重要原料，如造纸、塑料制品、食糖、医药等。此外，占植物界种数一半的被子植物每年还能向地球生物提供几百亿吨氧气，同时从空气中吸收同量的二氧化碳。正因为如此，被子植物的起源及其演化长期以来为人们所关注。100 多年前，著名生物学家达尔文也开始了对这一问题的探讨。他发现，植物发展的最高阶段——被子植物早在距今 1 亿 ~ 6500 万年前的白垩纪中晚期，就已经发展得非常成熟了，但在白垩纪早期及此之前的侏罗纪地层里却没有发现被子植物的化石，而只有进化更早的裸子植物和蕨类植物的化石。于是，“被子植物的演变是否遵循进化论的规律”就成了达尔文心中的疑惑。如果遵循，就必须拿出证据来，达尔文虽做了大量的调查研究，但没有得到任何结果。如此令达

△ **保存完整生殖枝的辽宁古果化石标本**（新华社记者 摄）

尔文讨厌又难以解决，并对进化论理论形成挑战的谜题，就成了植物研究史上著名的“讨厌之谜”。破解这一难题也成为此后百年来无数生物学家、植物学家的追逐目标。

辽宁古果　世界第一花

如何破解达尔文谜题？寻找白垩纪早期及此之前更早时期的被子植物化石无疑是最重要的突破点。近百年来，无数生物学家、植物学家为实现这一目标付出了艰辛的努力，也提出了许多理论与假设，但都因缺乏证据而不能被证明或证伪。20世纪 80 年代，中国科学家加入到了这一“破谜”活动。

1986 年，中国的植物学博士孙革与同事在东北考察时，于长白山地区发现了距今约 1.1 亿年前的被子植物化石。由此，孙革与被子植物结缘，进入了探索被子植物起源的领域。1990 年，沈阳地质矿产研究所教授郑少林在黑龙江鸡西发现一块特殊化石。经孙革鉴定：这是一块距今约 1.3 亿年前的被子植物化石。这意味着在中国发现了当时全球已知“最早的被子植物”。在这一发现的鼓舞下，探寻更早时期的被子植物化石就成了孙革及他的研究小组的工作。

此后几年，孙革和他的研究小组先后采集 600 多块植物化石，但并未发现真正的被子植物化石。被子植物化石似乎一下子从他们眼前消失了。事情在 1996 年出现了转机。1996 年 11 月，孙革从同事处得到 3 块植物化石，其中一块貌似蕨类植物的化石吸引了他，但该植物貌呈凸状的叶子又分明告诉他这显然不同于常见的蕨类植物。经仔细研究发现：该植物分叉枝的主枝和侧枝上呈螺旋状排列着四十几枚类似豆荚的果实；每枚果实都包藏着 2 ~ 4 粒种子。这正是被子植物的独具特征（种子被果实所包裹）。最令人振奋的是，这是一块距今约 1.45 亿年前的被子植物化石，这就意味着世界上最早的被子植物化石在中国被发现了。由于这是一种现已灭绝而且从未见过的被子植物，因此把这一植物确立为“古果”新科。这一化石采自辽宁，于是“辽宁古果”就成为这一植物的“封号”。1997 年，孙革及研究小组在辽宁北票地区又采集到 8 块辽宁古果化石，进一步证明了研究小组先前的结论。

△ **我国发现迄今最早的有花植物新类群——辽宁古果**（新华社记者 摄）

对于在中国发现的辽宁古果化石，国际著名古植物学家、美国科学院院士、佛罗里达大学教授 D. 迪尔切认为：这是迄今为止唯一有确切证据的、全球最早的花。1998 年 11 月，美国《科学》杂志以封面文章发表了孙革等撰写的论文《追索最早的花——中国东北侏罗纪被子植物：古果》。

辽宁古果在世界的注视下终于揭开了它神秘的面纱。国内外数百家新闻媒体纷纷以“世界最古老的花在中国”为主题报道了这一重大发现，美国 CNN 更是称这一发现是“植物学上的突破”。该成果也于 1998 年被评为中国十大科技新闻和中国基础研究十大新闻之一。

“丑陋之花”带来的科学突破

辽宁古果虽是一朵有雌蕊、雄蕊，而没有花瓣、花萼的“丑陋之花”，但就是这样一朵原始的、丑陋的地球第一花，为破解达尔文的“讨厌之谜”提供了最为重要的证据，以至于国外有科学家预言：由于辽宁古果的发现，最终解开“讨厌之谜”的时间不会超过 10 年。辽宁古果发现之前，国际上公认被子植物的起源时间为距今约 1.3 亿年的白垩纪早期，但辽宁古果的发现则使这一时间提前了 1500 万年，即距今 1.45 亿年的侏罗纪晚期。在被子植物的起源地这一问题上，“被子植

△ **辽宁古果化石模型**（新华社记者 吴增祥 摄）

物的起源地在低纬度的热带地区”的观点在国际古植物学的研究领域长期占主导地位，也有古植物学家认为被子植物的起源地是多中心的，但辽宁古果的发现证明“以中国辽西或中国辽西－蒙古一带为核心的东亚地区，应被视为全球被子植物的起源地或起源地之一”。正是在这一认识基础上，孙革提出了“被子植物起源的东亚中心”假说。此外，国际学术界认为，被子植物可能起源于裸子植物中的本内苏铁类，但辽宁古果的形态与解剖特征说明被子植物至少有一支可能起源于更古老、现已灭绝的种子蕨类植物。

2000 年，孙革及他的研究小组在发现辽宁古果的同一地层中又发现中华古果化石，这一同为 1.45 亿万年前的被子植物化石的发现，为全球被子植物起源与早期演化的研究带来了更加有力的证据。2002 年 5 月 7 日,《科学》杂志以封面文章刊登了这一重要成果。2003 年 1 月，世界上最早的花——被子植物“古果属”的发现研究成果入选美国《发现》杂志选出的 2002 年百大科学新闻。

2013 年，科学家又发现了一种 1.25 亿年前在辽西大地上绽放花朵的植物。科学家把它命名为黄半吉沟白氏果。十余年来，科学家先后在朝阳地区的义县组地层中发现了 7 种被子植物化石。其中，梁氏朝阳序、辽宁古果、迪拉丽花、瓶状辽宁果和黄半吉沟白氏果，都是在辽西北票地区黄半吉沟发现的。

2016 年，渤海大学古生物中心韩刚教授在内蒙古宁城道虎沟发现 1.64 亿年前中侏罗世地层中的一种草本植物化石，将其命名为渤大侏罗草。这是目前世界上已知最早的草本被子植物，这一发现促使人们重新审视前人提出的被子植物演化观。

随着科学家的不断研究，相信人类会揭开更多的生物之谜，越来越了解我们赖以生存的地球。

我国首次北极科学考察圆满完成

1999年7月1日，我国北极科学考察队乘“雪龙号”极地考察船从上海出发，两次跨入北极圈，到达楚科奇海、加拿大海盆和多年海冰区，圆满完成了三大科学目标预定的现场科学考察计划任务，获得了大批极其珍贵的样品数据和资料。这是我国开展的首次北极科学考察，是我国极地研究的又一次历史性突破，极大地提高了我国在世界极地考察中的地位，使我国成为世界上少数几个能涉足地球两极进行考察的国家之一。

千年北极探险史

人类在北极点上的足迹最早可上溯到旧石器时代，欧亚大陆的西伯利亚人和拉普人、美洲大陆的古因纽特人和后来的新因纽特人，是北极最早的主人。远古人类的北极活动是基于天然生存本能的，并不同于后来的探险和科考活动。

2000 多年前，希腊的天文学家、航海家毕则亚斯勇敢地扯起风帆，开始了人类历史上第一次理性的北极探险。此次探险大约用了 6 年时间，最北可能到达冰岛或挪威的北部。

1878 年 7 月，芬兰地质学家诺登许尔德率领拥有 4 艘舰艇和 30 名队员的国际探险队经西伯利亚海岸进入楚科奇海，于 1879 年 7 月到达白令海峡，在人类历史上第一次打通了东北航线。

各国对北极进行系统的综合性科学考察是从 1882—1883 年的第一个国际极地年开始的。期间有来自 11 个国家的 15 支科考队在统一计划和安排下对南北极地区的天文、地理、气象和地球物理进行了第一次系统的综合考察。这一活动宣告了北极现代历史的开始，也开启了北极科考的大门。1903 年 6 月至 1905 年 8 月，挪威探险家阿蒙森驾驶“格加号”汽船从奥斯陆到达波弗特海，首次穿越西北航道，于 1906 年 8 月到达阿拉斯加西海岸的诺姆港，宣告了此次历史性航行的最后胜利。1909 年 4 月 6 日，美国的皮尔里率领探险队在因纽特人的帮助下，首次到达北极点。

1920 年 2 月，英国、美国、丹麦等 18 个国家在巴黎签署了《斯瓦尔巴德条约》。在 1957—1958 年的国际地球物理年期间，12 个国家的 1 万多名科学家在北极和南极进行了大规模、多学科的考察和研究，在北冰洋沿岸建成了 54 个陆基综合考察站，在北冰洋中建立了大量浮冰漂流站和无人浮标站。1990 年 8 月，在北极圈内有领土和领海的加拿大、丹麦、芬兰、冰岛、挪威、瑞典、美国和苏联 8 个国家的代表在加拿大的瑞萨鲁特湾市成立了国际北极科学委员会。1996 年，中国派代表团出席国际北极科学委员会会议，并被接纳为正式成员国。

北极的中国足迹

中国和北极的渊源，始于 1925 年中国加入《斯瓦尔巴德条约》，成为条约的协约国。但由于种种原因，中国迟迟没有对北极地区进行真正的科学研究和资源开发。

1951 年夏天，武汉测绘学院的高时浏到达地球北磁极从事地磁测量工作，成为中国第一个进入北极地区的科学工作者。1958 年 11 月 12 日，新华社记者李楠作为中国驻苏联新闻记者，乘坐“伊尔 14”飞机先后在苏联北极第七号浮冰站和北极点着陆，并完成了北极考察，成为第一个到达北极点的中国人。

20 世纪 80 年代末到 90 年代初，我国开始大规模的北极考察。1991 年 8 月，中国科学院研究员高登义应挪威卑尔根大学邀请，在北极浮冰上连续进行大气物理观测并首次展开五星红旗。

1995 年 5 月，中国科学技术协会和中国科学院组织的中国北极考察队，首次完成了中国人自己组织的由企业赞助的北极点考察。1999 年 7 月 1 日至 9 月 9 日，中国首次北极科学考察历时 71 天，总航程 14180 海里，圆满完成了各项预定科学考察任务。此次考察获得了一大批珍贵的样品、数据资料等，其中包括北冰洋 3000 米深海底的沉积物和 3100 米高空

△ 中国科学院研究员高登义在北极浮冰上工作

大气探测资源数据及样品，最大水深达 3950 米的水文综合数据，5.19 米长的沉积物岩芯以及大量的冰芯、表层雪样、浮游生物、海水样品等。

2004 年 7 月 28 日，我国第一个北极科学考察站——中国北极黄河站在斯瓦尔巴群岛的国际北极科学城新奥尔松建成并投入使用，这是我国开展南极考察 20 年后，在地球另一端建立的野外考察平台，极大地提高了我国的极地科考能力。

“双龙”成长记

我国极地科学考察队于 1984 年首次出征南极时，我国还没有自己的破冰船，仅靠普通船只承担极地探索任务。9 年后，我国从乌克兰购买了一艘尚未完工的北冰洋运输补给船，经多次改造，成为我国唯一一艘极地科考破冰船——“雪龙号”。后来由于功能老化，这艘功勋船已不能胜任我国极地科考的艰巨任务。

2015 年 12 月，新建极地科学考察破冰船建设项目获国家发展改革委正式批复。2016 年 12 月 20 日，第一块钢板在江南船厂完成点火切割，我国自主建造的第一艘极地科学考察破冰船正式开工建造。

2017 年 9 月 26 日，项目进入连续建造阶段。建造过程采

△“雪龙 2 号”开展船舶航行试验

用模块化方案，类似积木拼搭。一张张钢板被焊接成模块，逐步有序拼接，装载主要设备，再将模块搭建成完整的船舶。

2018 年 3 月 28 日，初现规模的“雪龙 2 号”艉部总段入坞，开展坞内的建造工作，包括船舶形成、舾装安装、油漆喷涂等相关工作。9 月 10 日，“雪龙 2 号”下水。

2019 年 1 月，随着第一缕烟雾从烟囱排放，“雪龙 2 号”主机成功启动！5 月 31 日至 6 月 15 日，“雪龙 2 号”在我国东海海域进行常规船舶海上航行试航。7 月 11 日，“雪龙 2 号”

△“雪龙 2 号”开展南海科考试航

△“雪龙 2 号”在南极执行考察任务

正式交付自然资源部，并加入我国极地考察序列。8 月 15 日至 9 月 18 日，“雪龙 2 号”赴南海海域执行试航任务。

2019 年 10 月 15 日至 2020 年 3 月，“雪龙 2 号”首航南极，执行中国第 36 次南极考察任务，正式开启极地探索之旅。

“雪龙 2 号”船长超过 120 米，船头形似一个破冰的锤头，可以 2 ~ 3 海里 / 时的速度在 1.5 米厚的冰层中连续“行走”。它的续航力达到 2 万海里，在额定人员编制的情况下，中途不补给，最长可以在海上连续活动 60 天。它的双向破冰技术，

△ 航行中的“雪龙 2 号”

使得船头、船尾不论是正向行驶还是倒退时，都可破冰，成为名副其实的“神兵利器”。

“雪龙 2 号”的命名人——中国科学院院士陈大可，在命名词中这样写道：

愿你：承续永恒的南极精神，满载极地人和祖国的期许，承载起极地求索的使命与担当，承载起兴海强国的光荣与梦想，面向南北两极，劈波斩浪，破冰前行，顺利平安！

新时代续写北极考察新辉煌

2012 年 7 月 22 日，中国第五次北极科学考察队乘坐“雪龙号”船正式驶入北极东北航道，这是我国北极科考队首次进入北冰洋大西洋扇区进行综合考察。8 月 2 日，“雪龙号”船航行 2894 海里之后抵达冰岛进行正式访问，由此成为中国航海史上第一艘沿东北航

△ 中国北极科学考察站黄河站落成典礼

道穿越北冰洋边缘海域的船舶。

2014 年，中国第六次北极科学考察队首次在北纬 55 度以北太平洋海域布放海气界面锚碇浮标；首次在极地海域开展近海底磁力测量，获得了 2 条测线 592 千米的地磁探测数据；通过中美国际合作，首次在北纬 80 度左右及以北的加拿大海盆波弗特环流区布放深水冰基拖曳浮标；完成国内首次海冰浮标阵列布放。

2016 年的中国第七次北极科学考察共完成 84 个海洋综合站位作业，内容涉及物理海洋、海洋气象、海洋地质、海洋化学和海洋生物；完成 5 套锚碇潜浮标的收放工作；完成了 1 个长期冰站、6 个短期冰站考察，系统掌握了北冰洋海洋水文与气象、海洋化学、海洋生物与生态、海洋地质、海洋地球物理、海冰动力学和热力学等要素的分布和变化规律，为北极地

△ **考察队员释放探空气球**（高悦 / 摄）

△ **考察队员进行冰站作业**（贾燕华 / 摄）

△ **中国第七次北极科学考察**（伍岳 / 摄）

区环境气候等综合评价提供了基础资料。

2017 年的中国第八次北极科学考察是我国首次进行的环北冰洋考察，并在北极地区开展多波束海底地形地貌测量，开辟中国北极科学考察新领域；历史性穿越北极中央航道，填补中国在北冰洋中心区大西洋磁区的作业空白；首次成功试航北极西北航道；首次执行北极业务化观测任务，展开北极航道环境综合调查、北极生态环境综合调查和北极污染环境综合调查，填补中国在拉布拉多海、巴芬湾等海域的调查空白。

2021 年 7 月 12 日，中国第 12 次北极科学考察队搭乘“雪龙 2 号”科考船从上海出发，前往北极执行科学考察任务。本次考察是“十四五”期间我国组织开展的首次北极科学考察活动，历时 79 天，航程 1.4 万海里，顺利完成楚科奇海大气、海洋、生态等综合观测，取得了多项科研成果。

我国科学家对北极变化获得了一系列新的认识，如：通过历次北极考察数据和历史资料对比发现，北极海冰减少是导致欧亚大陆中高纬度地表温度负异常的关键过程；阐明西北冰洋生物泵作用的空间变化及其维持机制，揭示水平输送

△**“雪龙号”进入北极圈，中国第八次北极科学考察队摆出“八北”字样合影**（吴琼/摄）

过程对西北冰洋的物质及污染物分配起着重要作用；发现太平洋入流水的变动会对北冰洋异养浮游细菌乃至整个浮游生态系统产生深远影响；界定了三种不同的浮游动物群落类型，根据底栖动物拖网样品，得到了它们的数量变化、地理分布等相关信息；通过开展西北冰洋岩芯沉积物中多种替代性指标的系统研究，发现楚科奇海盆和阿尔法脊晚第四纪以来存在多个冰筏碎屑（IRD）事件，补充和验证了此前国际上的有关认识。在地质和地球物理研究方面，通过六次北冰洋科学考察获取了大量资料和沉积物样品，北极古环境与古海洋学研究获得初步成果。

中国的极地考察事业从无到有，不断壮大。我国已成为南北极所有重要国际公约的缔约国和国际组织的成员，积极参与极地全球治理，参与有关科研和保障规划的制订。特别是近10年来，中国先后参与国际极地年计划、地平线扫描、整合的北极研究计划Ⅲ、南大洋观测系统、北极气候研究多学科漂流观测计划等10多个大型国际极地计划，陆续与美国、俄罗斯、新西兰、智利、南非等10个国家及其极地主管机构签订了双边合作文件。

今后在极地考察方面，我国将继续稳步推进以建设国家南北极观测网为核心任务的“雪龙探极”重大工程；初步建成南极观测网和北极观测网，形成对南极海洋、南极陆地、北极海洋、北极站基重点区域的环境和资源实时或准实时的业务化观测能力；提升通信传输和信息管理能力，建成南极考察新站，增配固定翼飞机及配套设施，形成极地运行保障能力；搭建极地应用服务平台，实现极地标准规范、预警预报、气候变化、战略与权益、考察运行指挥等应用服务能力。通过不断完善海空天一体化立体观测系统，支撑极地考察业务体系建设，提升我国的极地国际治理能力。

超级杂交稻研究取得重大成果

2000 年，中国工程院院士袁隆平及他的研究团队研制的超级杂交稻达到了农业部制定的“中国超级稻”育种的第一期目标——连续两年在同一生态地区的多个百亩片实现亩产 700 千克，这意味着我国超级稻研究取得重大突破性成果。经过多年的努力，袁隆平及其科研团队圆满完成了中国超级稻育种计划，不仅“将中国人的饭碗牢牢端在中国人自己手上”，也为世界人民带来了福音。因在杂交水稻领域的杰出贡献，袁隆平荣获我国首届国家最高科学技术奖、2004 年世界粮食奖和以色列沃尔夫奖等 20 多项国内外大奖，其科研团队荣获 2017 年国家科学技术进步奖创新团队奖。

将中国人的饭碗
牢牢端在中国人自己手上

民以食为天，粮食安全始终是事关国计民生的头等大事。

1999 年，袁隆平领衔的科研团队培育的超级杂交稻先锋组合“两优培九”在湖南和江苏共 14 个百亩片和 1 个千亩片实现亩产 700 千克以上。2000 年共有 16 个百亩片和 4 个千亩片平均亩产 700 千克以上。经鉴定：在评定米质的 9 项指标中有 6 项达到农业部颁布的一级优质米标准，3 项达到二级优质米标准，可见“两优培九”组合不仅高产，而且质优。这完全达到了农业部制定的“中国超级稻”育种的第一期目标——连续两年在同一生态地区的多个百亩片实现亩产 700 千克。

△ 超级杂交稻

一期目标的实现，意味着我国的超级稻研究取得重大突破性成果，有力地回答了西方学者对我国粮食问题的质疑，标志着我国在世界首先研制出杂交水稻之后，在世界高产水稻育种领域又一次取得历史性突破。“我国超级杂交稻研究取得重大成果”被评为2000年中国十大科技进展新闻之一。

△ **袁隆平提出的超级稻标准株型**

自1996年农业部启动“中国超级稻育种计划”以来，从2000年实现超级稻亩产700千克的第一期目标，到每公顷18吨等一系列攻关目标，袁隆平和他的科研团队经过20多年的攻坚克难，不断刷新水稻大面积单产世界纪录。目前，我国年种植杂交水稻面积约1600万公顷，占水稻总面积的58%，贡献了近2/3的稻谷产量，每年增产的粮食可多养活7000万人口。水稻是我国最主要的粮食作物之一，随着水稻的杂种优势利用水平不断提高，增产潜力不断挖掘，单产不断取得突破，中国也一定有能力将中国人的饭碗牢牢端在中国人自己手上。

超级稻研究中国持续领跑世界

20 世纪 80 年代以来，超高产育种成为世界水稻育种研究的重点、热点和难点。日本率先于 1981 年开展了水稻超高产育种，计划在 15 年内把水稻的产量提高 50%，即由当时亩产 410 ~ 520 千克提高到 620 ~ 820 千克。1989 年，设在菲律宾马尼拉的国际水稻研究所提出超级稻（后改称“新株型稻”）育种计划：到 2000 年要把水稻的产量潜力提高 20% ~ 25%，即由亩产 660 千克提高到亩产 800 ~ 830 千克。我国农业部于 1996 年立项并启动了“中国超级稻育种计划”，分四个阶段实施：1996—2000 年为第一期，单季稻在同一生态区连续两年两个百亩示范片产量指标达到亩产 700 千克；2001—2005 年为第二期，产量指标是亩产 800 千克；2006—2015 年为第三期，产量指标是亩产 900 千克；2013—2021 年为第四期，产量指标是亩产 1000 千克。

超级稻的研究是一项指标很高、难度极大的工程，日本由于局限于形态改良，研究工作陷入困境，不得不中途搁置。国际水稻研究所的超级稻育种研究未达到预期目标。我国采取了旨在提高光合效率的形态改良与亚种间杂种优势利用相结合，并辅之以分子育种手段的综合技术路线。袁隆平率领科研团队分别于 2000 年、2004 年、2012 年、2014 年实现了中国超级稻第一期亩产 700 千克、第二期亩产 800 千克、第三期亩产 900 千克、第四期亩产 1000 千克的育种目标。中国超级稻研究的成功，用事实有力地回答了美国经济学家布朗提出的“未来谁来养活中国”的质疑。

为进一步挖掘水稻产量潜力，2012 年袁隆平提出了超级

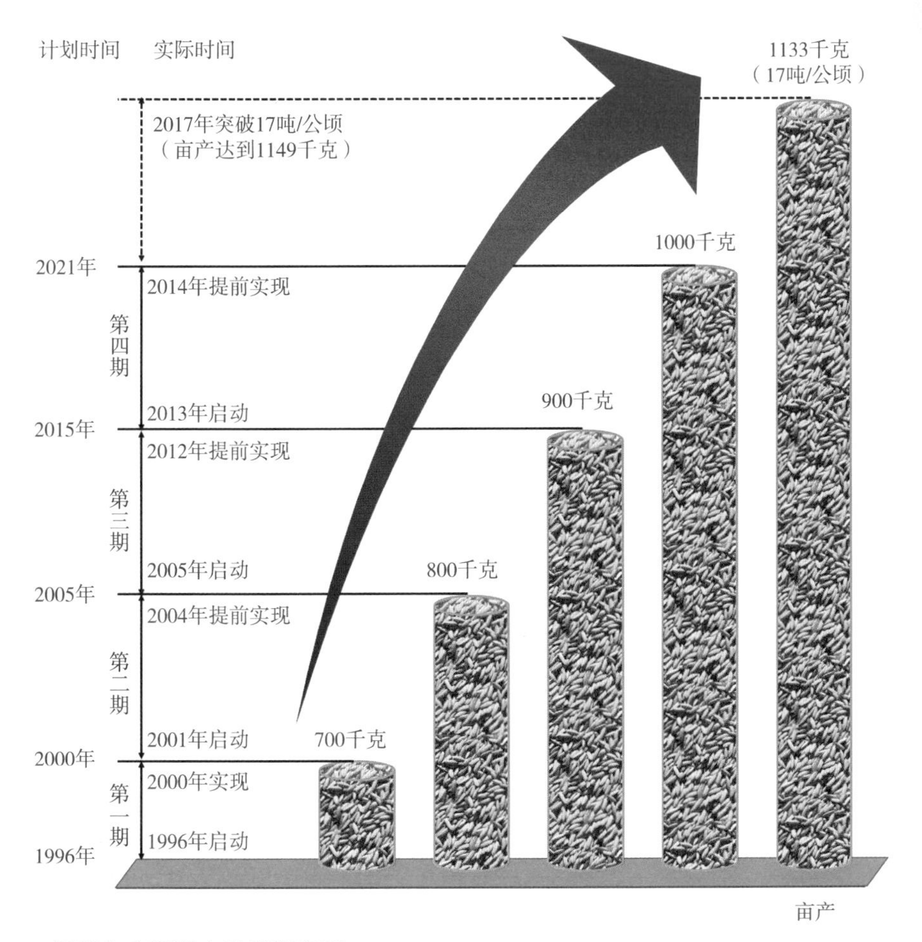

△ **超级杂交稻研究进展示意图**

杂交稻株型育种新模式，育成的超级杂交稻“超优千号”于2015—2016年突破16吨/公顷，2017年突破17吨/公顷，突破国际水稻界公认的热带地区水稻单产极限（15.9吨/公顷），中国的超级稻研究持续领跑世界。

“杂交水稻之父”半个世纪的追求

△ 安江农校青年教师袁隆平

早在19世纪中期，达尔文就曾指出：两个遗传基础不同的植物或动物进行杂交，杂交后代所表现出来的各种性状均优于杂交双亲，这种现象称为“杂交优势”。那么作为人类食物主要来源之一，特别是在人类粮食作物中占绝对比重的水稻，能否通过杂交利用这一优势呢？在经典遗传学看来，水稻是自花授粉植物，“自花授粉作物自交不衰退，因而杂交无优势”。但中国一位年轻学者的发现改变了人们的这一传统看法：1960 年，袁隆平在大田里观察到了一株“鹤立鸡群”的特殊水稻，比其他水稻生长、发育存在明显的优势。后经自交分离实验证明，它就是天然的“杂交水稻”！这个发现有力地证明了：水稻是有自然杂交的，也就是说水稻中存在雄性不育现象。后来人工杂交试验进一步证明水稻具有杂种优势。这是杂交水稻史上的第一个重大发现。从此，袁隆平就踏上了研究杂交水稻的征程。

作为自花授粉植物，一朵水稻花中包含雄蕊和雌蕊，如果

△ 1967 年袁隆平在试验田介绍雄性不育水稻

△ 杂交水稻早期研究

要使水稻在开花期内杂交成功，最好的办法就是使雄蕊处于不发育或败育状态，这样才有可能使雌蕊在有限时间内接收其他稻株的花粉。由于水稻花器小，人工授粉困难，因此在生产应用中不具有可行性。于是，寻找雄性不育系即雄蕊退化但雌蕊正常的母水稻就成了袁隆平及其科研团队的首要攻关目标。1966 年，袁隆平在《科学通报》上发表论文《水稻的雄性不孕性》，在国内首次论述水稻雄性不育性的问题，提出了水稻杂种优势利用的设想。

找到天然具有雄性不育遗传特征的水稻试验材料以后，用什么来与这些试验材料杂交呢？起初，袁隆平与他的科研小组采用了籼稻不育型与籼稻杂交、粳稻不育型与粳稻杂交、籼稻不育型与粳稻杂交，进行了3000多次试验，但都没有取得理想的结果。1970年，袁隆平改用野生稻与栽培稻远缘杂交以产生不育材料进而培育不育系的途径。他的助手李必湖和海南南红农场技术员冯克珊在南红农场收集野生稻的过程中发现了花粉败育的野生稻株（野败），为杂交水稻不育系培育打开了突破口。1972年，全国育成首批野败型不育系及保持系，1973年又筛选出恢复系，至此我国杂交水稻研究的三系配套终于成功实现，标志着我国成为世界上第一个成功利用水稻杂种优势的国家。1976年三系法杂交水稻在全国推广，亩产达到500多千克，比常规水稻增产20%。1981年，“籼型杂交水稻”荣获我国第一个国家发明奖特等奖。

三系法杂交水稻的成功震惊了全世界，被外国媒体誉为“东方魔稻”，袁隆平也赢得了极高的荣誉。1982年，国际水稻研究所所长及印度前农业部部长斯瓦米纳森博士称赞袁隆平为“杂交水稻之父”。1987年，联合国教科文组织总干事姆博称赞袁隆平取得的成果是继20世纪70年代国际培育半矮秆水稻之后的“第二次绿色革命”。

1986年，袁隆平在论文《杂交水稻的育种战略》中提出将杂交水稻的育种从选育方法上分为三系法、两系法和一系法三个发展阶段，即育种程序朝着由繁至简且效率越来越高的方向发展；从杂种优势水平的利用上分为品种间、亚种间和远缘杂种优势的利用三个发展阶段，即优势利用朝着越来越强的方向发展。为确保我国粮食安全，1987 年，“两系法杂交水稻技术研究与应用”被科技部列为国家“863 计划”生物领域 101-01-01 专题，袁隆平院士出任专题组长、责任专家，组织全国协作攻关。

1995 年，两系法杂交水稻研究获得成功，比同熟期三系杂交稻增产 5% ~ 10%。两系法杂交水稻是我国独创并拥有完全自主知识产权的重大科技成果，为保障我国以及世界粮食

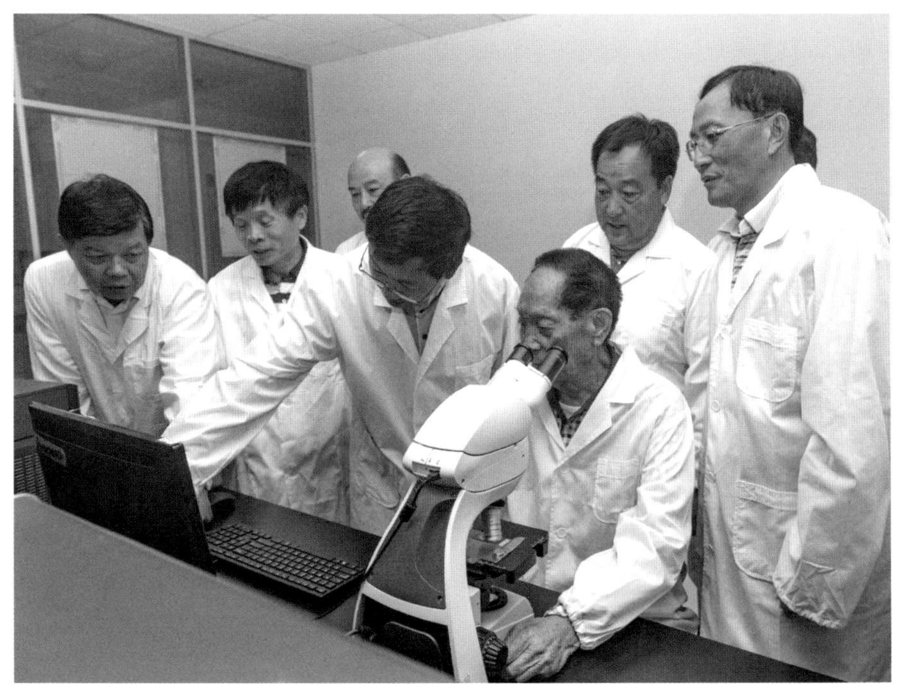

△ 袁隆平杂交水稻创新团队

安全提供了新的科技支撑，同时带动和促进了油菜、高粱、棉花、玉米、小麦等作物两系法杂种优势利用的研究与应用，开创了作物杂种优势利用新领域。其研究成功促进了我国水稻科技的进步和发展，进一步彰显了我国杂交水稻技术的研究实力和水平，确保了我国杂交水稻技术的世界领先地位。2013 年，“两系法杂交水稻技术研究与应用”荣获国家科学技术进步奖特等奖。

我国自 1976 年开始大面积推广应用杂交水稻 40 多年来，全国杂交水稻累计种植面积约 5 亿公顷，累计增产稻谷约 6500 亿千克，为确保我国粮食安全提供了重要保障，也为改革开放的实施和中国经济的腾飞奠定了坚实基础。

发展杂交水稻　造福世界人民

杂交水稻是我国首创的重大科技成果，为保障中国乃至世界粮食安全发挥了巨大作用。1980 年，杂交水稻技术作为中华人民共和国成立以来的第一项农业技术转让美国，引起了国际社会的广泛关注。20 世纪 90 年代初，联合国粮农组织（FAO）将推广杂交水稻列为世界产稻国提高粮食产量、解决粮食短缺问题的首选战略措施。

“杂交水稻覆盖全球梦”是袁隆平的伟大梦想。几十年来，

△ 袁隆平向国际友人介绍超级杂交稻

他一直致力于“发展杂交水稻、造福世界人民”，多次前往印度、孟加拉国、越南、菲律宾、美国等十多个国家指导和传授杂交水稻技术。他的目标是让中国杂交水稻覆盖全球一半的稻田，增产的粮食每年可以多养活 4 亿 ~ 5 亿人口。

在我国政府的帮助下，全球有近 40 个国家和地区开展杂交水稻研究和试种示范，其中美国、印度、越南、巴基斯坦、孟加拉国、印度尼西亚和菲律宾等国家已实现商业化生产，普遍比当地品种增产 20% 以上，有的甚至成倍增产。目前，国外杂交水稻年种植面积约 600 万公顷。

在袁隆平的倡导下,“杂交水稻外交”正成为我国农业“走出去”和服务“一带一路”倡议的一项重要内容，正成为我国科学发展、和平崛起、向世界展示大国责任的一个重要标志。

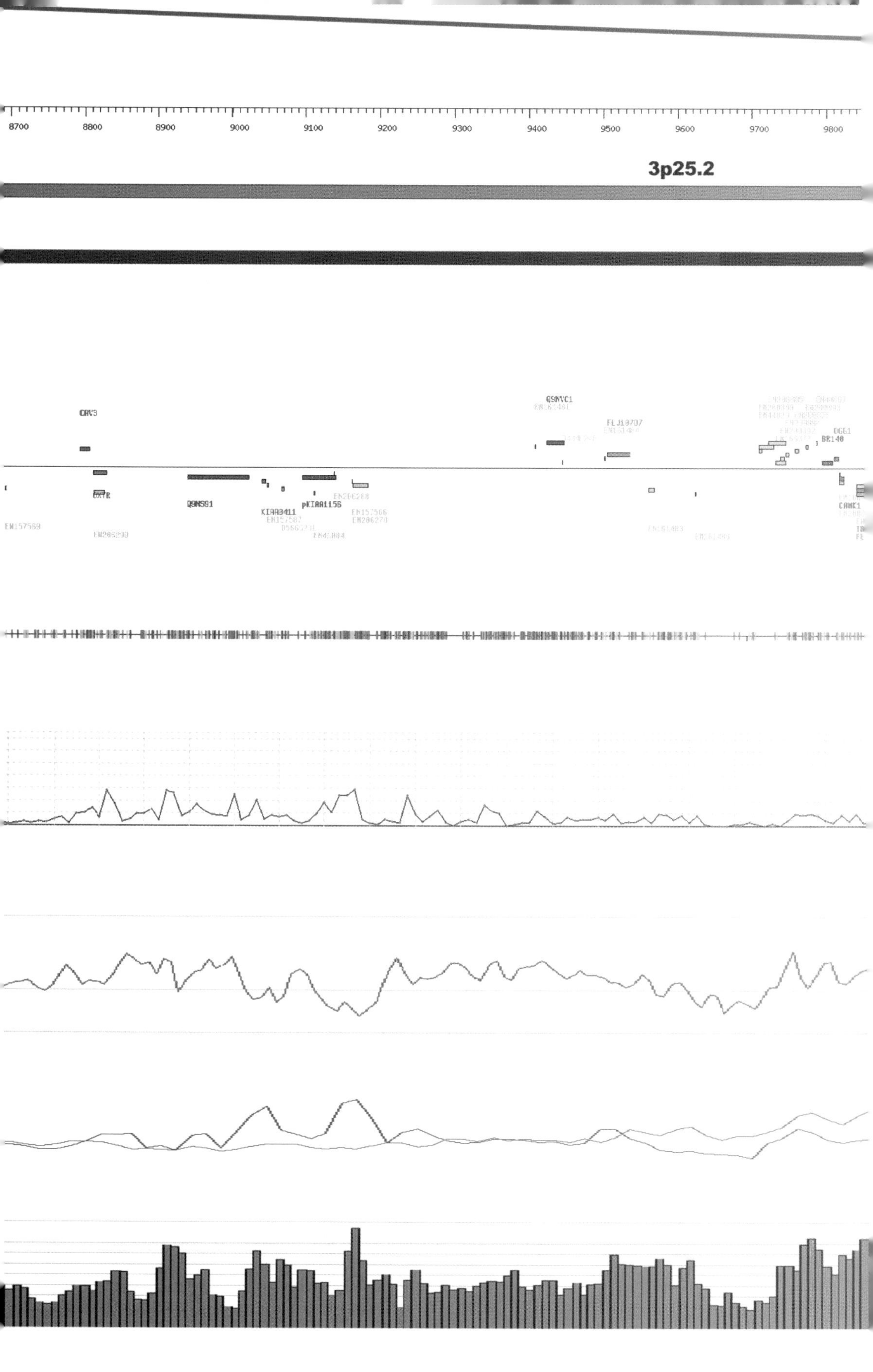

8700
8800
8900
9000
9100
9200
9300
9400
9500
9600
9700
9800
3p25.2
CAV3
OXTR
Q9NS91
KIAA0411
pKIAA1156
Q9NVC1
FLJ10707
BR140
CAMK1
EN157569
EN206230
EN157566
EN206278
EN41084

人类基因组“中国卷”绘制完成

2001年8月26日，国际“人类基因组计划”（Human Genome Project，HGP）中国部分的课题汇报及联合验收会在京召开，标志着被誉为“生命登月”的“人类基因组计划”的“中国卷”宣告完成。尽管参与最晚、时间最短，但我国科学家争分夺秒、迎难而上，比原计划提前两年率先绘制出完成图。与草图相比，完成图的覆盖率从90%提高到100%，准确率从99%提高到99.99%，其中一半以上达到100%。中国作为参与该计划唯一的发展中国家，为破译人类基因组“天书”做出了重要贡献，为中国生命科学和生物产业的发展做了意义极为重大的铺垫，成为我国基因组学研究领域的新起点和里程碑。

解读人体“基因密码”的“生命之书”

经过长达六年的全球性讨论，“人类基因组计划”（HGP）于 1990 年由美国率先启动，英国、法国、德国、日本和中国相继于 1996—1999 年加入。该计划是一项越国界、跨世纪的科学壮举，其核心内容是测定人类全基因组的长达 30 亿个

△ 1999 年 9 月 1 日，中国参与“人类基因组计划”时 16 个中心负责人合影

碱基/核苷酸的 DNA 序列，从而获得人类自身最重要的遗传信息，实现人类对自身认识的一次最重大的飞跃。它与“曼哈顿原子弹计划”和“阿波罗登月计划”，被并称为人类自然科学史上的“三大计划”，是人类文明史上最伟大的科学创举之一。

来之不易的1%人类基因组“中国卷”

HGP 这一举世瞩目的宏图，让全球科学界为之欢呼和激动。中国作为一个大国，在道义上一直对这一公益性的国际计划表示支持。但是，最有效的支持就是直接加入到这一计划之中，为这一计划贡献自己的力量。

1997 年 11 月，杨焕明、汪建、于军、刘斯奇、贺林、贺福初等为中国基因组科学的腾飞从世界各地走到了一起，相聚在中国遗传学会青年委员会第一次会议上，一起勾画出了久萦于怀的中国基因组学学科建设和生物产业发展的蓝图。1998 年 10 月，他们之中的四人落户中国科学院遗传研究所，成立了人类基因组中心。面对前所未有的机遇和挑战，杨焕明等一起准备争取参与国际“人类基因组计划”。

他们的举动得到了国家科技部、中国科学院领导的支持和国家基因组北方中心、南方中心同行的呼应，进而受到了国际主流科学家的欢迎。人类基因组中心于 1999 年 6 月 26

日正式向美国国立健康研究院（NIH）的人类基因组研究所（NHGRI）提出了中国加入 HGP 的申请，7 月 7 日，国际 HGP 网站公布了中国的申请。

为了完成这一艰巨的任务，他们还成立了有法人资格的北京华大基因研究中心（华大基因），为参与“人类基因组计划”做好了各方面的准备。

在国际顾问和朋友们的积极策应下，华大基因争取到了在 1999 年 9 月 1 日于英国召开的第五次国际人类基因组测序战略讨论会上陈述申请、争取参与的机会。在会议上，杨焕明向与会的五国基因组专家汇报了扎实的前期准备工作、翔实的课

△ 1999 年 9 月 9 日，北京华大基因研究中心成立

题计划和资金安排，提交了已经完成的近70万个碱基的测序和组装的数据，并承诺在2000年春完成所承担的任务，而且保证遵守有关数据公布的共识：即时上网，免费分享。

杨焕明的陈述说服了所有代表，使国际同行对中国充满了信心：华大基因的设备运行情况已达到国际先进水平，中国科学家已经掌握了基因组测序的全部技术关键和细节。而业已递交的数据，已使中国成为当时递交人类DNA序列数据最多的六个国家之一。大会一致通过接纳中国正式加入国际“人类基因组计划”协作组并承担3号染色体短臂近端粒区域约30厘米遗传距离的测序任务，也就是“1%项目”的由来。这不仅是中国在道义上对国际“人类基因组计划”的有力支持，更是对这一公益性研究具有实际意义的贡献。继美、英、法、德、日之后，中国成了国际“人类基因组计划”的第六个参与国，也是唯一的发展中国家。

1999年9月5日，国际“人类基因组计划”协作组公布了中国正式成为国际“人类基因组计划”的消息。人们注意到其中的一句话：“中国已成为‘人类基因组计划’最后一位贡献者。”这时距完成人类基因组工作框架图只有半年时间了。

随后，在陈竺、强伯勤、吴旻、郝柏林的四方呼吁和鼎力支持下，国家科技部、国家自然基金委和中国科学院给予了及时支持，中国基因组研究驶上了一条与国际同步的快车道。

华大基因与国家基因组北方中心、南方中心密切合作，在短短6个月时间里，走过了国外积累10年的历程，于2000

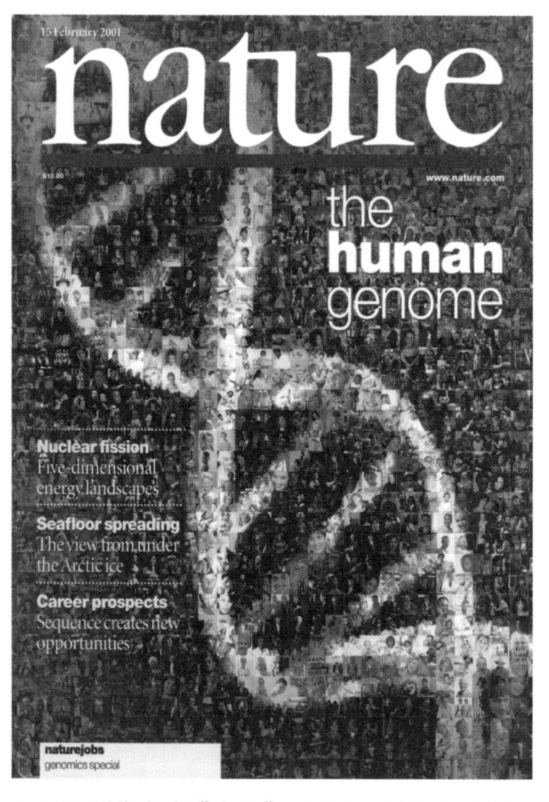

△ 国际科学杂志《自然》刊登人类基因组草图的封面设计原稿

年年初完成了约 1% 基因组序列工作框架图。2000 年 6 月 26 日，参与国际人类基因组计划的美、英、德、日、法、中六国同时联合宣布，人类基因组工作框架图已经绘制完成，这是人类历史上“值得载入史册的一天”。

时任美国总统克林顿在白宫科学庆典上发表讲话，将国际人类基因组计划誉为“解读生命的天书，人类进步的里程碑”，并在讲话中称：“我要感谢他们国家（英、日、德、法）的科学家，不仅是他们国家的，还有中国的科学家，对广泛国际合作的‘人类基因组计划’所做的贡献。”

“人类基因组计划”是人类自然科学史上最伟大的创举之一，它的意义已被包括我国在内的各国各界所认同。它所倡导的“共需、共有、共为、共享”的“HGP 精神”，已成为人类自然科学史上国际合作的楷模。

2001 年 8 月 26 日，国际“人类基因组计划”中国部分完成图提前两年高质量地绘制完成，项目正式验收、结题。

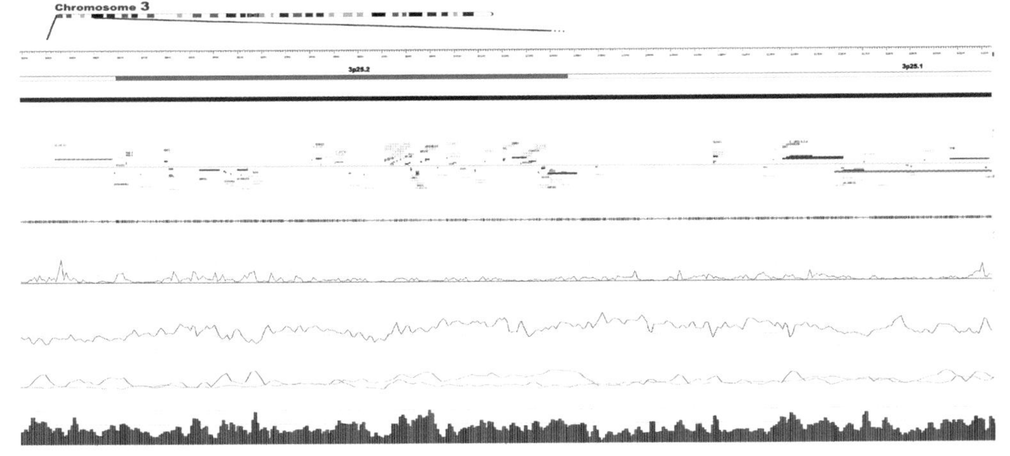

△“人类基因组计划”中国部分完成图

中国基因组研究的里程碑

江泽民同志在 2000 年 6 月 28 日对我国科学家在“人类基因组计划”中做出的贡献给予了高度的评价。他说：

“人类基因组计划”是人类科学史上的伟大科学工程……我向我国参与这一工作并做出杰出贡献的科学家和技术人员表示衷心的感谢，向国际上参与这一研究的科学家和技术人员表示热烈的祝贺。

1%人类基因组测序是我国基因组学研究的新起点。“1%项目”的完成有着重大的国际和历史意义。

第一，中国对“人类基因组计划”的贡献，不仅在于完成了1%的工作量，而且作为唯一的发展中国家的加入，改变了国际人类基因组研究的格局，提高了“人类基因组计划”国际合作的形象，中国科学家倡导的“共需、共有、共为、共享”的原则使得全球特别是发展中国家的科学家，在生命科学研究和生物技术领域处在新的同一起跑线上。

第二，“1%项目”的完成，表明了中国科学家有能力参与国际重大科技合作研究，并做出重要贡献。

第三，“1%项目”带动了中国基因组学的飞速发展，建立了华大基因等集现代生物学技术、自动化设备、工业化管理、高性能计算信息处理和团队合作精神于一体的大规模基因组信息学研究中心。

第四，“1%项目”对民众进行了一次声势浩大和深入人心的基因普及教育，为中国生命科学和生物产业的发展做了一次意义极为重大的铺垫。

1%→10%→100%

“人类基因组计划”的实施极大地促进了生命科学研究的

发展。短短几年内，人类不仅初步解码了自己的遗传信息，还获得了包括高等模式动物在内的近千个物种的全基因组数据；随后启动的国际“人类基因组单体型图（HapMap）计划”完成了第一张人类遗传多态性图谱，为广泛开展疾病的遗传研究奠定了坚实的基础；国际“千人基因组计划”和“肿瘤基因组计划”也已经付诸实施，以进一步阐明基因及其他遗传因子在生命活动以及疾病发生过程中的作用机理。生命科学研究正步步深入，向着实现疾病的预测、预防和诊疗，提高人类的健康水平和生活质量的愿景跨出新的一步。

基因组学研究的突破与飞速发展为实现中国生命科学和健康事业的辉煌提供了不可多得的历史机遇。中国人具有自己特定的遗传背景和基因多样性，了解中国人群的基因组信息是研究中国人基因与疾病、健康相关性的基础。建立中国人和亚洲人的参照基因组图谱，对中华民族的医疗卫生事业和健康产业发展有着不言而喻的重要性和必要性。

在完成“1% 项目”过程中建立的华大基因团队，进而承担了国际“人类基因组单体型图计划”的 10% 任务，完成了包括中国人在内的亚洲人群的单体型图绘制。2007 年 10 月，华大基因宣布其历时半年采用新一代测序技术，完成了全球第一个中国人基因组图谱的绘制工作，这也是第一个亚洲人的全基因组序列图谱。中国科学家采用新一代测序技术独立完成了 100% 人基因组序列图谱绘制，实现了基因组学研究的跨越性发展。

雪域神舟

建设创新型国家

党的十六大综合分析国内外发展大势，把创新作为推动经济社会发展的驱动力量，提出增强自主创新能力、建设创新型国家的重大战略思想。党的十七大明确指出，“提高自主创新能力，建设创新型国家”是国家发展战略的核心，是提高综合国力的关键，强调要坚持走中国特色自主创新道路，把增强自主创新能力贯彻到现代化建设的各个方面。

2006 年 1 月，《国家中长期科学和技术发展规划纲要（2006—2020 年）》发布，提出“自主创新、重点跨越、支撑发展、引领未来”的科技工作指导方针。

2003 年，我国第一艘载人飞船“神舟五号”发射成功，标志着我国继苏联、美国之后，成为世界上第三个独立自主完整掌握载人航天技术的国家。五年后，“神舟七号”航天员手擎国旗，迈出中国人漫步太空的第一步。

2004 年，我国第一座自主设计、自主建造、自主管理、自主运营的大型商用核电站——秦山二期核电站全面建成投产。

2005 年，世界上海拔最高、线路最长的高原冻土铁路——青藏铁路全线铺通。

2006 年，我国自主设计建造的世界上第一个全超导非圆截面托卡马克核聚变实验装置首次成功完成放电实验。

2007 年，我国首颗月球探测卫星“嫦娥一号”卫星成功发射，传回第一张月面图片，我国月球探测工程一期任务圆满完成。

2008 年，国家重大科学工程——大天区面积多目标光纤光谱天文望远镜（LAMOST）在国家天文台兴隆观测基地落成。

2008 年，中国下一代互联网示范工程（CNGI）项目历经五年建成世界规模最大的下一代互联网。

2009 年，我国科学家在世界上第一次获得完全由 iPS 细胞制备的活体小鼠。

2010 年，我国第一台自行设计、自主集成研制的“蛟龙号”深海载人潜水器的最大下潜深度达到 3759 米。

2011 年，“海洋石油 981”3000 米超深水半潜式钻井平台在上海命名交付。

2011 年，我国第一个由快中子引起核裂变反应的实验快堆成功实现并网发电。

2012 年，大亚湾反应堆中微子实验国际合作组宣布发现中微子新的振荡模式，并测得其振荡振幅，精度世界最高。

从“科学技术是第一生产力”的提出，到“科教兴国”“建设创新型国家”对这一思想的进一步深化，中国科技事业在跨越世纪的发展中迎来一次又一次跃迁，为经济社会发展做出巨大贡献，为国家综合国力和国际地位的提升提供了有力支撑。

我国第一艘载人飞船“神舟五号”发射成功

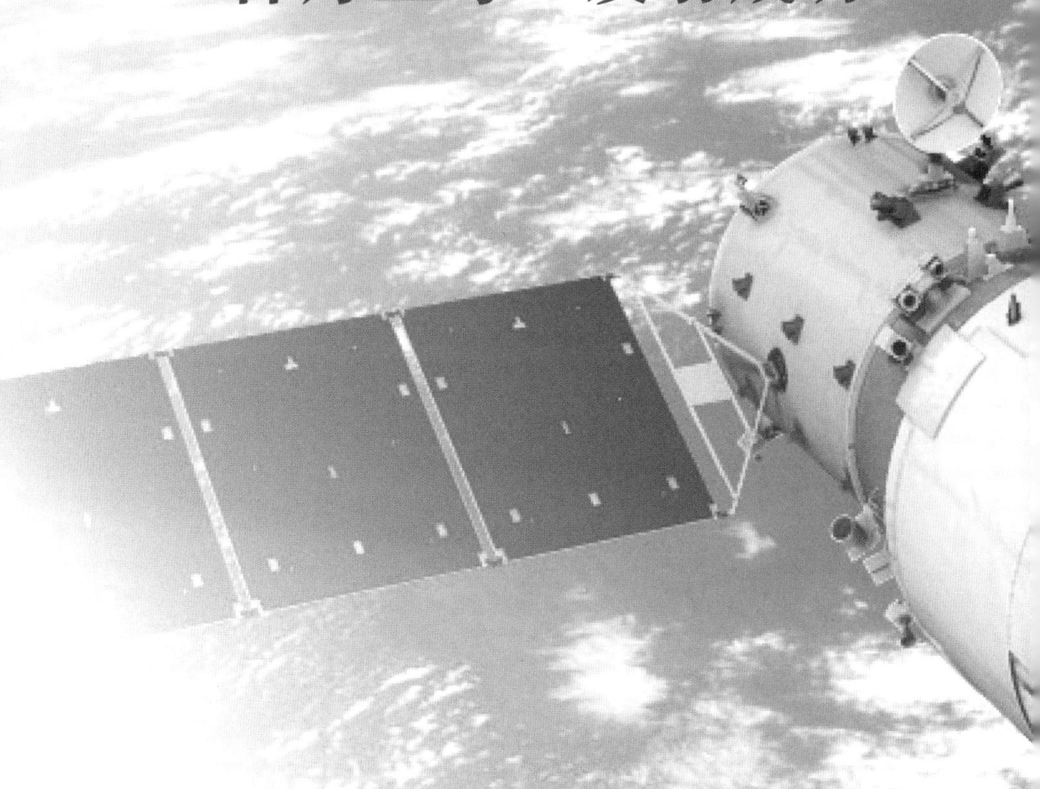

2003年10月15日，我国第一艘载人飞船“神舟五号”发射成功，中国人几千年的飞天梦想终成现实。中国成为继苏联和美国之后世界上第三个将人类送入太空的国家，由此拉开了中国人探索太空的序幕。中国载人航天工程通过一次次任务的成功不断实现新的突破和超越，取得了举世瞩目的辉煌成就，充分彰显了伟大的中国道路、中国精神和中国力量。

华夏民族终圆飞天梦想

我国古代就有嫦娥奔月的美丽传说、夸父逐日的动人神话、牛郎织女的凄美故事，以及敦煌壁画中千姿百态的飞天图景。现代宇宙航行学的奠基人、航天学和火箭理论的奠基人康斯坦丁·齐奥尔科夫斯基曾说:“地球是人类的摇篮，但人类不可能永远被束缚在摇篮里。”

20世纪50年代，中国百废待兴。1956年2月，著名科学家、中国航天事业奠基人钱学森向中央提出了《建立我国国防航空工业的意见》。同年3月，中央决定组建专门从事火箭、导弹研究的机构，中国航天事业由此起步。1986年，我国改革开放总设计师邓小平在科学家王大珩、王淦昌、杨嘉墀、陈芳允联合提出的《关于跟踪研究外国战略性高技术发展的建议》上做出“此事宜速作出决断，不宜拖延”的重要批示，“863计划”由此诞生。该计划的实施，使我国载人航天相关技术正式列入了国家重点发展计划。

1992年9月21日，经中央批准，中国载人航天工程正式启动。基于我国国情及实际考虑，工程从飞船起步，按“三步走”发展战略实施：第一步，发射载人飞船，建成初步配套的试验性载人飞船工程，开展空间应用实验；第二步，突破航天员出舱活动技术、空间飞行器的交会对接技术，发射空间实验室，解决有一定规模的、短期有人照料的空间应用问题；第三步，建造空间站，解决有较大规模的、长期有人照料的空间应用问题。中国载人航天事业由此踏上征程。

1999 年 11 月 20 日，第一艘试验飞船“神舟一号”在酒泉卫星发射中心发射升空，21 小时后，飞船成功着陆，中国载人航天工程首飞取得圆满成功。随后，相继发射了“神舟二号”“神舟三号”“神舟四号”3 艘飞船，飞船的各项性能得到不断完善，为载人航天飞行奠定了坚实的基础。

△“神舟五号”任务航天员杨利伟进入飞船前向人们挥手告别

2003 年 10 月 15 日，“神舟五号”载人飞船在酒泉卫星发射中心发射升空，飞船载着中国飞天第一人——杨利伟在太空遨游 14 圈后，安全着陆于内蒙古自治区四子王旗。中共中央、国务院、中央军委向中国首次载人飞行任务圆满成功发来贺电：“这是中华民族在攀登世界科技高峰征程中完成的一个伟大壮举。”中华民族的千年飞天夙愿一朝梦圆！

2005 年 10 月 12 日，费俊龙、聂海胜两名航天员驾乘

“神舟六号”在酒泉卫星发射中心冲破云霄。飞船在太空中飞行了 115 小时 32 分钟，成功绕地球 77 圈后安全返回，“多人多天”成功巡天，圆满实现了工程第一步任务目标。

载人航天技术接连突破

2008 年，中国载人航天事业又迈出了重大一步。2008 年 9 月 25 日，翟志刚、刘伯明和景海鹏三名航天员驾乘“神舟七号”飞船冲破夜空的寂静，一飞冲天。27 日，航天员翟志刚打开飞船轨道舱舱门，迈出中国人漫步太空的第一步，他挥舞国旗，在太空中向世界问好。此举使我国成为世界上第三个独立掌握空间出舱活动关键技术的国家。

2011 年 9 月 29 日，我国“天宫一号”空间目标飞行器成功发射。2011 年 11 月 3 日凌晨，经过捕获、缓冲、拉近、锁紧 4 个步骤，“神舟八号”飞船与“天宫一号”目标飞行器成功实现刚性连接，形成组合体，我国首次空间交会对接试验获得成功，成为世界上第三个自主掌握空间交会对接技术的国家。

2012 年 6 月，“天宫一号”和“神舟九号”先后通过自动控制和手动控制两次对接成功，航天员景海鹏、刘旺，以及中国首飞女航天员刘洋入驻“天宫一号”。

2010 年 9 月，我国空间站实施方案获中央政治局常委会审议批准实施。中国载人航天工程将迎来“空间站时代”。

△“神舟七号”航天员出舱活动

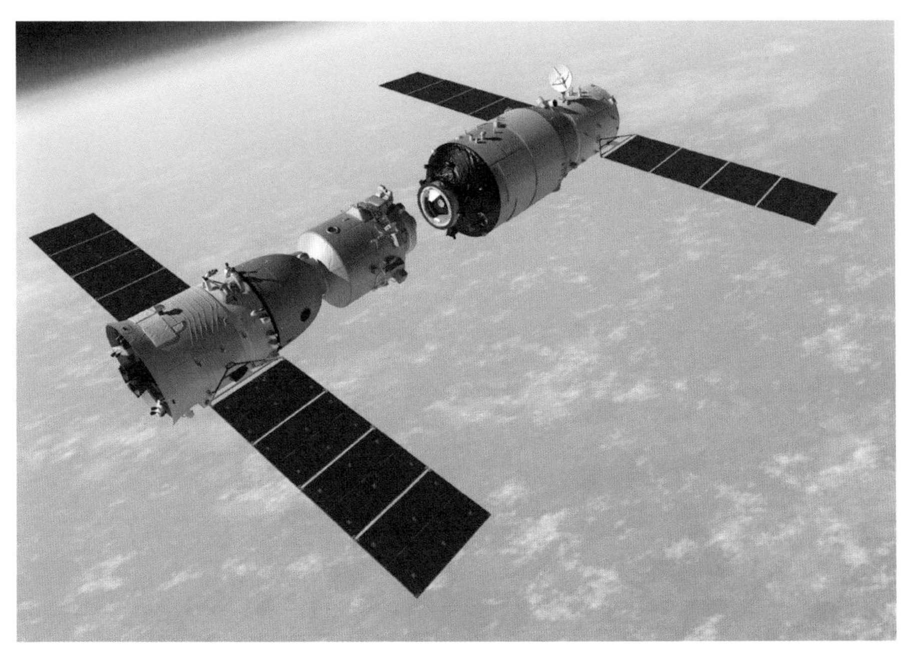

△“天宫一号”与“神舟八号”交会对接示意

我国首座国产化商用核电站
秦山二期核电站建成投产

2004 年 5 月，我国第一座自主设计、自主建造、自主管理、自主运营的大型商用核电站——秦山二期核电站全面建成投产，这是继 1991 年我国第一座核电站——秦山核电站建成之后，我国核电事业的又一突破，是我国核电建设史上的里程碑，标志着我国实现了由自主建设小型原型堆核电站到自主建设大型商用核电站的重大跨越。

自主创新才能拿到世界第一

1985 年 3 月 20 日，中国大陆首座核电站前期工作走完十几年的风雨长途，终于在秦山开工建设。它是中国核工业军民融合发展最早的试验田，也是中国改革开放的见证者、参与者。

早在 1970 年 2 月 8 日，周恩来总理在听取上海市关于上海缺电的汇报后说："从长远看，要解决上海和华东用电问题，要靠核电。"他还说过："二机部不能光是爆炸部，要搞原子能发电。""一定要以不污染国土，不危害人民为原则，建设第一个核电站的目的不仅在于发电，更重要的是通过这座核电站的研究、设计、建造、运行，培训人员，积累经验，为今后的发展打好基础。"短短几句话，就为秦山核电的发展定了调：安全、经济、自力更生。

秦山核电站从零起步，机组数量从 1 到 9，发电量从 0 到 5000 亿千瓦时，运营业绩逐渐走到了世界第一，高水平谱写了"民族核电工业振兴"的新篇章。可以说，秦山核电站的发展史就是中国核电人自力更生、自主创新的奋斗史。

秦山一期 30 万千瓦级核电机组是我国自行设计、自行建造、自己运行管理的第一座原型压水堆核电站，其建成结束了中国大陆无核电的历史，实现了“零的突破”，被誉为“国之光荣”。

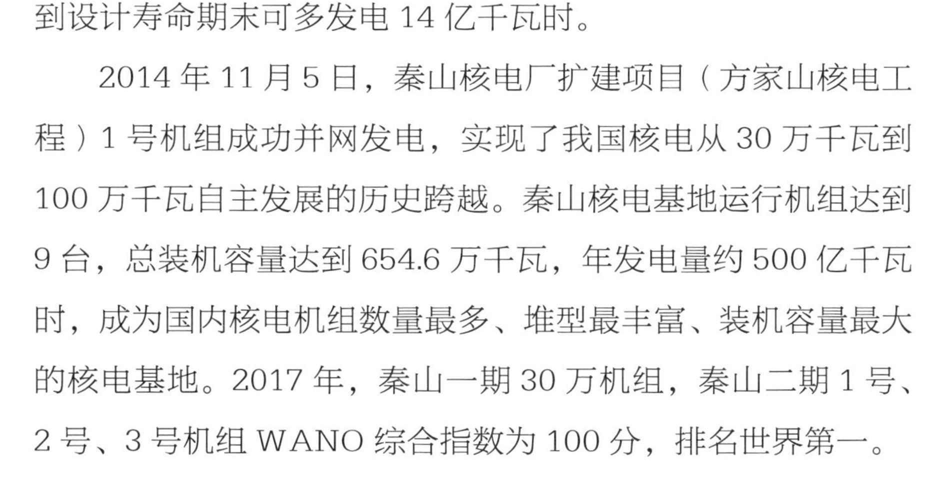

△ 秦山核电站

由于是原型堆，秦山核电站通过持续不断的技术改造和创新，使电站设备系统可靠性、机组整体安全性和经济性大幅度提高。运行20多年来几乎对电站287个系统都进行了调整和改造，平均每年完成技改项目130多项。2010年，秦山核电站将机组额定功率从310兆瓦提升到320兆瓦，每年可多发电超过1.2亿千瓦时，到设计寿命期末可多发电14亿千瓦时。

2014年11月5日，秦山核电厂扩建项目（方家山核电工程）1号机组成功并网发电，实现了我国核电从30万千瓦到100万千瓦自主发展的历史跨越。秦山核电基地运行机组达到9台，总装机容量达到654.6万千瓦，年发电量约500亿千瓦时，成为国内核电机组数量最多、堆型最丰富、装机容量最大的核电基地。2017年，秦山一期30万机组，秦山二期1号、2号、3号机组WANO综合指数为100分，排名世界第一。

秦山，不仅是我国大陆核电的发源地，同时也是我国推行核电“走出去”发展战略的发源地，实现了周恩来总理当年对核电站建设提出的“掌握技术，积累经验、锻炼队伍，培养人才，为后续核电发展打下基础”的夙愿。

从“零的突破”到“造船出海”

以秦山为“引擎”，田湾、福清、三门、海南等核电站相继发展，中国核电站可谓星罗棋布。中国核电潮犹如“蝴蝶效应”，在东南沿海强劲地显现出来。

“花”落江苏连云港的田湾核电站于 1999 年 10 月 20 日正式开工建设，一期工程建设 2 台单机容量为 106 万千瓦的俄罗斯 AES-91 型压水堆核电机组，采用了一系列重要先进设计和安全措施。

△ 田湾核电站

△ 福清核电站

△ 三门核电站

2008年11月21日，福清核电站1号机组开工建设。2008年12月26日，方家山核电工程1号机组正式开工建设。2009年4月19日，三门核电站一期工程全球首台三代核电AP1000机组开工建设。2010年4月25日和2010年11月21日，海南核电站一期工程1号机组和2号机组分别开工建设。2015年5月7日，“华龙一号”全球首堆在福建福清开工建设。2017年12月30日，霞浦示范快堆土建工程开工建设。在自主创新的道路上，在核能发展与和平利用的征程中，中国核电一路长歌，光荣绽放。

秦山裂变，不仅由一期引发了二期、三期的成功建设，实现了由原型堆到商业堆、由自主建设30万千瓦到自主建设60万千瓦、100万千瓦核电站的重大跨越，还将核电种子播到了国外。

早在秦山核电站首次成功并网发电仅仅15天后，中国就收到了国外的一个大订单——出口巴基斯坦30万千瓦核电机组。2000年6月，由中国核工业集团负责出口巴基斯坦的恰希玛核电站并网发电。恰希玛核电站被誉为“南南合作的典范，中巴友谊的丰碑”，使我国成为世界第8个具备成套出口核电机组能力的国家。

今天，在推动中国核电“自主化”的同时，中国核电“走出去”正东风劲吹。

核电发展的水平，已成为当今一个国家科技创新水平的重要标志。只有掌握核心能力，才能真正“亮剑”，赢得尊敬和

△ 巴基斯坦恰希玛核电站

未来。中国核电掌握了具有自主知识产权的三代百万千瓦级核电技术，为开拓国际核电市场创造了基本条件。

如果说，日本福岛核事故为核电发展敲响了警钟，那么成功保持世界领先的长期安全运行纪录的我国核电，如今更需要将核电的质量控制、全寿命周期核安全摆在重中之重的位置。同时进一步加强顶层设计，营造发展环境，构建起一整套更加安全合理、系统完备、科学规范、运行有效的制度和人才体系，夯实核电安全基础。

2015 年 5 月 7 日，我国自主研发的三代核电技术“华龙一号”首堆示范工程在福清核电站开工建设，标志着中国核工业在自主创新发展新阶段攀上了新的发展高峰。目前，“华龙一号”已成为国家自主创新、集成创新和机制创新的成果，已成为“一带一路”的新名片。“华龙一号”国内外4台示范工程进展有序，各关键工程节点均按期或提前实现，是全球唯一按照计划进度建设的三代压水堆核电工程。

当“华龙一号”拉开核电发展的大幕，中国核电将在清洁、高效、安全、可持续的能源发展海洋中，寻找一片更为开阔的水域，“走出去”战略将从“借船出海”迈向“造船出海”。

中国核电将一路长歌

中国核电，一路长歌。实现中国核电“零的突破”、被誉为“国之光荣”的秦山核电站，被誉为“核电国产化重大跨越”的大型商用秦山二期核电站，实现核电工程管理与国际接轨的重水堆秦山三期核电站，我国第一座采用全数字化仪控系统的核电站——江苏田湾核电站，以及在建的全球首台三代核电AP1000——浙江三门核电站，还有福建福清核电站、浙江方家山核电站、海南昌江核电站……这一座座核电站，像一个个在东南沿海跳动的音符，与大海扬波，共吟着中国核工业克难奋进的颂歌，这一座座核电站，更像矗立在海湾的一座座巍峨的丰碑，镌刻着中国核电人的丰功伟绩，成为我国华东乃至更广大地区经济和社会发展的强劲助推器。

△**“华龙一号”效果图**（中国核学会 提供）

当今，中国的核电之舟获得了前所未有的广阔空间。让天更蓝，水至清，空气更清新，带着对未来的美好憧憬和向往，中国核电人肩负起新的历史使命，在安全、清洁、高效、可持续、创新的发展海洋中，打造生态核电建设新动能。中国核电这艘能源巨轮正劈波逐风、踏浪前行。

青藏铁路全线铺通

2005 年 10 月 12 日，世界上海拔最高、线路最长的高原冻土铁路——青藏铁路全线铺通。全长 1956 千米的青藏铁路成为“世界屋脊的钢铁大道”，架起了“世界屋脊”通向世界的“金桥”。十几年来，青藏铁路科学的运输安全管理模式和现代化的技术设备运用更加成熟，成为世界高原铁路运营管理的典范。全体青藏铁路参建人员以建设世界一流高原铁路为目标，在被称为“生命禁区”的雪域高原上，战胜艰难险阻，攻克工程难题，完成了人类铁路建设史上的伟大壮举，书写了世界铁路建设史上的辉煌篇章。

铺就雪域天路

在 2001 年之前，西藏自治区是全国唯一不通铁路的省级行政区。修建青藏铁路，是我国各族人民的百年期盼，更是西藏各族人民群众的深切愿望。党中央、国务院高度重视进藏铁路建设，曾在不同时期做出安排，但进展比较曲折。

青藏铁路从西宁经格尔木至拉萨，全长 1956 千米。从 20 世纪 50 年代末开始修建西宁到格尔木段铁路，这段铁路长 814 千米，最高海拔 3700 多米，施工队伍进入高原，重点工作都已铺开，但却遇到了 20 世纪 60 年代初的三年困难时期，

▽ 唐古拉以桥代路特大桥

在物资非常缺乏的情况下，工程不得不停工。1974 年，青藏铁路西格段复工，施工队伍再上高原，于 1979 年把铁路铺到格尔木，1984 年交付正式运营。

此后，由于多年冻土技术和高原卫生保障等难题未能得到有效解决，青藏铁路停建。进入 20 世纪 90 年代后，国家再次把建设进藏铁路提上重要议事日程。我国铁路部门组织勘测设计部门进行大面积选线，深入细致地研究了青藏线、甘藏线、川藏线和滇藏线四个方案，从中选出有代表性的青藏线和滇藏线方案，进行现场考察，提出了向国务院首荐青藏铁路方案的建议，获得国家批准。2001 年 6 月 29 日，青藏铁路开工典礼正式举行，这项宏大工程建设全面展开。

青藏铁路格尔木至拉萨段全长 1142 千米，其中，海拔 4000 米以上地段有 960 千米，多年冻土地段有 550 千米，铁路经过的最高点是海拔 5072 米的唐古拉站。在党中央、国务院的正确领导下，铁路部门精心组织，国家有关部门密切配合，青藏两省区党委、政府和沿线各族群众大力支持，全体建设者和科研人员团结奋斗，顽强拼搏，攻克了一系列工程技术难题，优质高效地建成了世界一流高原铁路。

经过十多年的发展，青藏铁路加深了西藏与青海、四川、云南、甘肃、陕西等省区的联系。西藏向东可融入“成渝经济圈”，向北可融入“陕甘宁青经济圈”，向西还可以通过公路铁路连接尼泊尔等周边国家。2014 年，青藏铁路的延长线——拉萨至日喀则铁路的通车，进一步将铁路运输的优势向西藏的中西部地区推进。2016 年 5 月，由兰州与日喀则合作发往尼泊尔加德满都的公铁联运国际班列正式开通，西藏与印度、尼泊尔等多个南亚国家接壤的区域优势和地缘优势已经初步显现，铁路相关设施的进一步发展更使西藏成为辐射我国西部、中部地区，通往印度洋、南亚的物流集散地。

攻克“三大难题”

青藏铁路是世界高原最具挑战性、最富探索性的工程项目，工程建设主要面临“三大难题”的严峻挑战。广大建设者和工程技术人员依靠科学技术，展开多年冻土、高寒缺氧、生态脆弱等一系列世界级工程技术难题的联合攻关，实现了青藏铁路建设的自主创新。

冻土攻关成果显著　多年冻土是青藏铁路建设必须解决的头号工程技术难题。铁路部门借鉴国内外铁路、公路以及其他行业的一些建设经验、教训，吸收了最新研究成果，组织中国科学院、铁道第一勘测设计院、中铁西北研究院以及其他单位，联合开展多年冻土难题攻关，走出了一条有效解决多年冻土冻胀、融沉问题的新路子。一是制定勘察、设计和施工暂行规定，填补了我国没有冻土区铁路建设规范的空白。二是开展现场冻土工程试验研究。在全线冻土工程展开施工之前，现场选定 5 个不同类型的冻土工程作为试验段，进行工程措施观察试验，及时用获得的阶段性科研试验成果指导全线的设计和施工。三是创新设计思想，突破传统理念，确立了“主动降温、冷却地基、保护冻土”的设计思想，利用天然冷能保护多年冻土，这是设计思想上的一大革命。四是总结出一整套确保地下冻土不融化的工程措施，如片石气冷路基措施、碎石（片石）护坡或护道措施、通风管路基措施、热棒路基措施、路基铺设保温材料和对极不稳定的多年冻土地段采取桥梁通过等。针对不同特点的冻土地段综合采用工程措施，取得了良好效果。经过连续几年的冻融循环观测，多年冻土上限普遍抬升，路基下

△ 在青藏风雪中，职工坚持精检细修

界地温降低，路基工后变形大都在 2 厘米以内，小于设计规范允许值，已建成的路基、桥涵和隧道工程结构坚固稳定。冻土地段线路平顺，一开通列车运行就达到 100 千米 / 时的设计速度。中外多年冻土专家现场考察后认为，青藏铁路建设采取的冻土工程措施可靠，在解决冻土问题方面体现了世界先进水平，反映了最新科研成果，走在了多年冻土工程领域前列，为发展多年冻土工程技术做出了重要贡献。

卫生保障成效突出　青藏铁路沿线属于高寒缺氧地区，最低气温低于 −40℃，而且严重缺氧，有些地段属于“生命禁区”。为保证建设队伍能够上得去、站得稳、干得好，铁路部门坚持以人为本，把关爱建设者的健康摆在十分重要的位置：制定了青藏铁路卫生保障若干规定和卫生保障措施；建立三级医疗保障体系；形成健全的管理机制，从源头上确保健康人员进入高原；研制了高原制氧机，成为参建人员必备的劳保用品。从 2001 年 6 月 29 日开工建设到 2006 年 7 月 1 日通车运营，青藏铁路每年都有 2 万 ~ 3 万人的建设队伍在 4000 ~ 5000 米高海拔地方施工，累计接诊患者 53 万余人次，有效救治脑水肿 479 例、肺水肿 931 例，没有发生一例高原病死亡。中外高原医学专家现场考察后认为，青藏铁路建设的卫生保障工作，体现了中国政府以人为本的思想，对珍惜人的生命采取了非常有效的措施，对世界高原医学做出了重要贡献。

环境保护成绩优异　青藏铁路沿线海拔高、温差大，动植物的生态环境非常脆弱。青藏铁路建设认真贯彻落实保护环境的基本国策，有效实现可持续发展，依靠科技环保、法规环保和全员环保，实现了建设具有高原特色的生态环保型铁路的目标。一是贯彻落实环保法规。组织专家现场调查，依法按程序进行环境影响评价，编制了环境影响报告书（含水土保持方案），经批准后作为指导设计、施工和环境管理的依据。二是依靠科技，攻克植被保护等环保难题。在海拔 4300 米、4500 米、4700 米的高寒草原、高寒草甸地段，进行植草、植被恢复、植被再造和草皮移植试验，都获得了成功，并总结推广，开创了世界高原、高寒地区人工植草试验成功的先例。安多以南至拉萨间形成了 300 多千米“绿色长廊”。三是切实保护野生动物。组织专家深入调查研究野生动物习性，了解掌握野生动物迁徙规律，根据不同野生动物习性，在远离站场的路段设置了 3 种形式的野生动物通道共 33 处，这在我国重大工程建设项目中尚属首例。青藏铁路沿线野生动物迁徙监测数据显示，野生动物通道的使用率已经从 2004 年的 56.6％逐步上升到了 2011 年以后的 100％，区域内野生动物活动自如，呈现出一幅人与自然和谐相处的美好画卷。2008 年，青藏铁路环保工作获得了“国家环境友好工程奖”。四是采取保护江河源水质措施。施工单位在错那湖顺湖路段，用 13 万条沙石袋垒成 20 多千米护堤，有效防止了湖水污染。拉萨河特大桥施工使用旋挖钻机干法成孔，避免泥浆污染拉萨河水。尽量少用地，缩小开采石料范围，完工后及时平整，恢复地表原貌。五是开展全员环保工作。每个职工都有环保手册，对不准猎取野生动物，爱护植物、草皮、景观等都有一套严格规定，形成了人人保护生态环境的自觉行动，使各项环保措施在基层都得到了落实。经青藏两省区环保部门监测表明，青藏铁路建设对河流水质无明显影响，冻土环境未出现明显改变，沿线野生动物迁徙条件和铁路两侧自然景观未受破坏，沼泽湿地环境得到了有效保护。全国人大环资委和国家环保总局等部委现场检查后认为，青藏铁路建设是落实科学发展观的具体体现，是构建人与自然和谐的重要范例，是依法保护环境的先进典型。青藏铁路建设环境保护在国家重点工程建设项目中处于领先水平，具有示范意义。

青藏铁路建设还在攻克高原混凝土耐久性、防风沙、防雷电、防地震等工程难题，自主创新成套高原铺架技术等方面，取得了可喜成果。

运用高新技术构建安全之路

先进的技术设备成为青藏铁路运输安全的有力保障。青藏铁路公司中国铁路青藏集团有限公司管内干线全部使用分散自律式 CTC 调度集中系统，支线采用了 TDCS 列车调度指挥系统，实现了运输调度指挥和管理的远程化、信息化、智能化。

青藏铁路格拉段装设了视频监控系统，重点风区还装有俗称“顺风耳”的大风监测预警系统，在重点地段设置了 52 处大风监测点，玉珠峰至当雄间的 32 个车站安装有 184 套道岔融雪设备，保证降雪时段车站道岔能顺利转动，该系统也是首次在国内铁路线上正式使用。

青藏铁路还建立了行车、安全综合信息视频监控系统，包括供电远动控制装置，可集中处理各种运营管理信息，使行车

△ **青藏列车在藏北草原运行**

设备状态一目了然，尽在掌握。基于这些先进技术装备，格拉段的 45 个车站中有 38 个实现了无人值守，最大限度地减少了作业人员。

青藏铁路冻土区段长达 550 千米，青藏集团铁路公司结合多年冻土特点，制定了一系列科学管理制度，在重点区域建立了 76 个路基长期监测系统断面；委托科研单位建立了多年冻土长期监测系统，加强冻土区段日常检查和养护；采取片石保温隔热、辅助热棒降低地温等措施，确保多年冻土路基始终在可控状态，冻土区段列车时速可达 100 千米 / 时。

十几年来，青藏铁路集团公司的“青藏铁路运营环境监测研究”获“十一五”国家科技计划执行优秀团队奖，16 项科研成果获得中国铁道学会科学技术奖。科研成果广泛应用于安全生产、工程建设、运输服务和信息化建设等领域，有效发挥了科技创新保安全的作用。

攻克高原冻土、生态脆弱、高寒缺氧三大世界铁路建设难题的青藏铁路，十几年间一直安全运行。片石保温、热棒恒温、以桥代路等高原铁路建设技术，经受住了时间的考验，展示出中国“智”造的精益品质。同时，在科技创新的引领下，青藏集团公司加强运营管理，不断更新设备技术，总结管理经验，通过高原铁路将“中国智慧”载入世界铁路发展史册。

天路带来福音

这条被誉为“雪域天路”的铁路，不仅给我国高原冻土领域的研究带来重大成果，更重要的是推动了青藏高原地区经济社会的发展，促进了藏族文化的繁荣发展和对外交流，加强了各民族之间的融合。青藏铁路打破了制约青藏高原发展的交通“瓶颈”，成为区域经济社会发展的强大引擎，拉动了青藏两省区经济跨越式增长，给西藏实施的“特色经济发展战略”“全

△ 首趟棉农专列开行

面开放带动战略”“可持续发展战略”和青海大力实施的“一轴一带四区”发展战略带来了强大动力支撑。青藏铁路廉价、快速、安全、舒适、便捷的运输条件，提高了出青、出藏商品的价格竞争力，促进了绿色农牧业、特色藏药业、民族手工业等特色产业的发展，特色产品不断进入全国和世界市场，走进千家万户。如今，每天有数十趟高原列车奔驰在青藏铁路上，进出藏旅客日均逾万人次。每天来自全国各地的食品、建材、成品油等大宗货物源源不断地运入西藏，近千吨西藏特色产品“坐上”火车运出高原。可见这条被各族人民称为“青藏高原经济线”“团结线”“幸福线”的铁路，在西部地区的长远发展

△ 青藏列车上富有浓郁地方特色的文艺表演

中发挥了不可替代的作用。

青藏高原各民族创造了绚丽多彩的文化，尤其是藏族文化历史悠久，风格独特。青藏铁路开通运营以来，运送大量国内外游客进藏，方便藏族群众外出，进一步拓展了文化交流渠道，扩大了藏文化的认知范围，促进了西藏传统文化与现代文明的和谐发展。青藏铁路沿线车站建筑充分体现了藏民族的文化特色，各种标志、说明用汉、藏、英三种文字注释。进藏列车大量采用体现藏文化传统的祥云、荷花和黄、红、白等图形、色彩元素，让旅客在站上、车上就能更多地了解藏文化。列车广播和电视也增加了西藏文化艺术、宗教历史、风土人情的介绍内容，使旅客能够更全面、深刻地了解藏族传统文化，感受雪域高原的独特魅力。

青藏铁路运行以来，无论从科研、经济，还是民族文化交流等方面都显示了巨大而广泛的良好作用。国家“十三五”规划纲要将川藏铁路列为“十三五”规划重点项目。川藏铁路建成后，成都至拉萨的运行时间将从 48 小时缩短至 13 小时左右。预计“十四五”期间，青藏两省区铁路将形成“东接成昆、南连西藏、西达新疆、北上敦煌”的枢纽型路网结构。

岁月，像一支如椽巨笔在雪域高原写下令人惊艳的沧桑巨变。青藏铁路已经成为青藏高原与祖国各地交流沟通的纽带。在未来的路上，用雪域天路做锦绢，以民族团结为笔墨，西藏与祖国母亲共同绘制的和谐发展壮丽画卷正在徐徐展开。

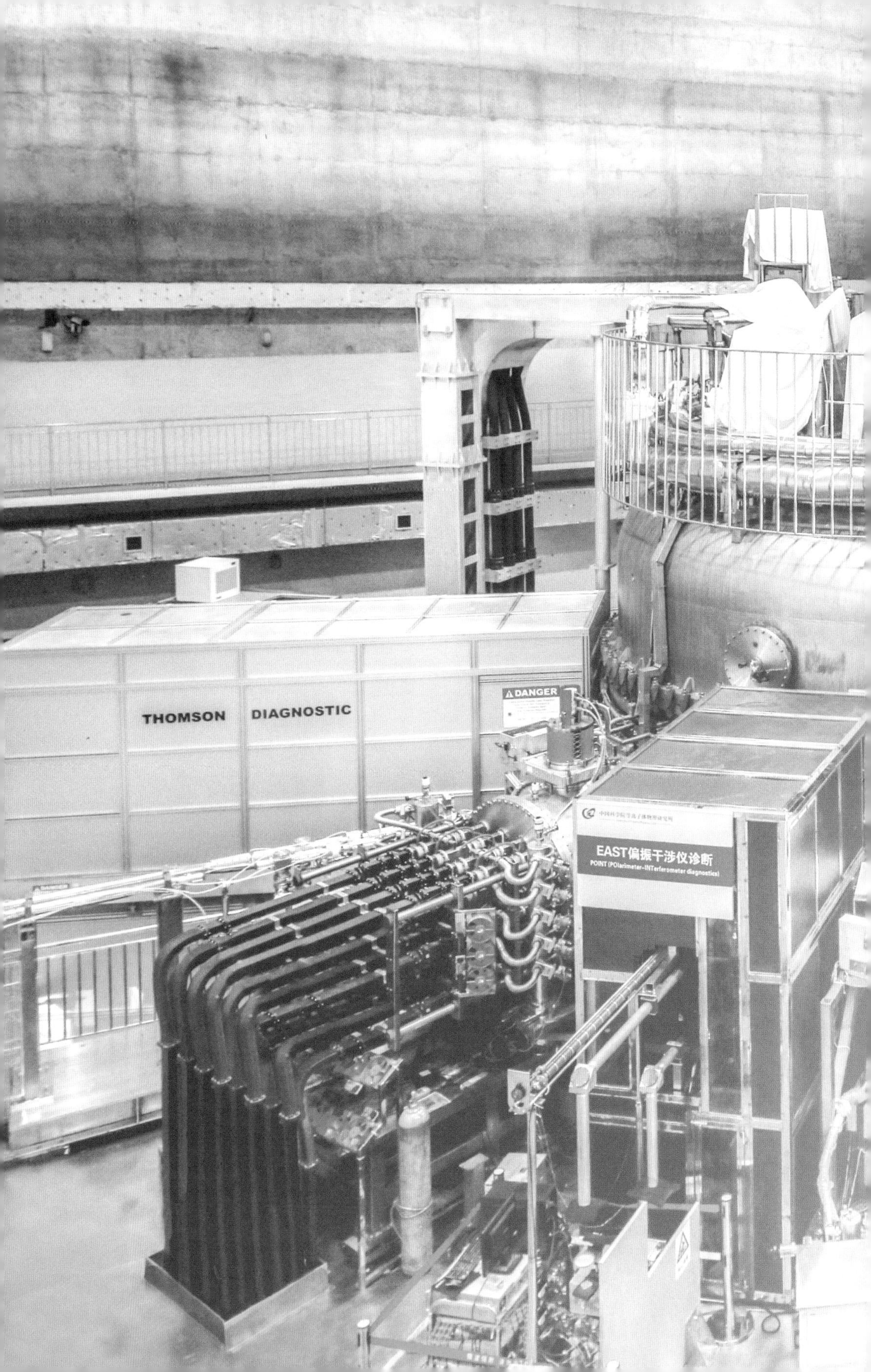
THOMSON DIAGNOSTIC
DANGER
EAST偏振干涉仪诊断
POINT (POlarimeter-INTerferometer diagnostics)

世界首个全超导托卡马克核聚变实验装置建成

2006年9月28日，由中国科学院等离子体物理研究所牵头，我国自主设计、自主建造的世界上第一个全超导非圆截面托卡马克核聚变实验装置（EAST，通称“人造太阳”）首次成功完成放电实验，获得电流200千安、时间接近3秒的高温等离子体放电。这一事件标志着世界上新一代超导托卡马克核聚变实验装置在中国首先建成并正式投入运行，是世界聚变能开发的杰出成就和重要里程碑。

探秘托卡马克

几十亿年来，太阳通过核聚变，不断地向外辐射着能量。如何模仿这一原理，建造一个源源不断提供清洁能源的“人造太阳”？托卡马克核聚变堆，就被形象地称为“人造太阳”。

说起核聚变，了解的人可能不多。实际上，我们天天见证着核聚变，太阳就是一个巨大的核聚变反应装置。在太阳的中心，在高温、高压条件下，氢原子核聚变成氦原子核，并放出大量能量。几十亿年来，太阳通过核聚变，不断地向外辐射着能量，照耀着大地。

核能是人类历史上的一项伟大发现，主要通过裂变、聚变、衰变三种方式释放能量。其中，原子弹、核电站均采用的是核裂变技术，核聚变能就是模仿太阳的原理，使两个较轻的原子核结合成一个较重的原子核，并释放巨大能量。1952 年，世界上第一颗氢弹爆炸之后，人类制造核聚变反应成为现实，虽然那只是不可控的瞬间爆炸，但点燃了人类安全利用这一巨大能量的梦想。从那时开始，全世界的科学家就一直在寻找途径，力求实现可以控制的核聚变能。全超导托卡马克实验装置，就是人类为实现这一梦想而建造的实验平台。

核聚变能为何有如此巨大的魅力？这是由于其具有无可比拟的优点。当前，全球依赖的主要能源是煤、石油、天然气等化石能源，这些传统能源不仅会造成污染，而且终有被耗尽的一天。核聚变的燃料氘在海水中大量存在，每升海水中含30毫克氘，完全聚变所释放的能量，相当于燃烧340升汽油。地球上仅海水中就含有45万亿吨氘，足够人类使用上百亿年，比太阳的寿命还要长。聚变需要的另一种燃料是锂，地球上锂的储量充足，可谓取之不尽、用之不竭。

“东方超环”点燃希望之光

托卡马克（Tokamak）是一环形装置，外面缠绕着线圈，通电时内部会产生强大的螺旋型磁场，来约束聚变燃料构成的高温等离子体，创造聚变反应条件，并实现人类对聚变反应的控制。它的名字Tokamak来源于环形（toroidal）、真空室（kamera）、磁（magnet）、线圈（kotushka）。这一装置，最早由苏联库尔恰托夫研究所的阿齐莫维齐等人于20世纪50年代发明。近年来，中国科学院等离子体研究所先后建造了中小型托卡马克HT-6B和HT-6M，以及超导托卡马克“合肥超环”（HT-7）和全超导托卡马克“东方超环”（EAST）。

值得一提的是，“东方超环”是世界上第一个建成并正式

△ **超导线圈**

投入运行的全超导托卡马克实验装置。EAST集全超导和非圆截面两大特点于一身，具有主动冷却结构，能产生稳态的、具有先进运行模式的等离子体，此前世界上尚无成功建造的先例。EAST 的建成运行，标志着我国磁约束核聚变研究水平进入国际先进行列。

作为国家大科学工程项目，EAST 于 1998 年立项，建设历时 8 年，2006 年 9 月 28 日在合肥首次放电成功。EAST 的成功运行受到国内外专家的高度评价，他们称赞“EAST 是世界聚变工程的非凡业绩，是世界聚变能开发的杰出成就和重要里程碑”。

“人造太阳”产生核聚变能，温度和持续时间是关键。根据设计，EAST 产生等离子体最长时间可达 1000 秒，温度将超过令人难以想象的 5000 万℃。2012 年，EAST 获得 411

秒 2000 万℃等离子体，并获得稳定重复超过 30 秒的高约束等离子体放电，创造了 2 项托卡马克运行世界纪录。

2015 年，中国新一代“人造太阳”实验装置 EAST 辅助加热系统，在合肥科学岛顺利通过国家重大科技基础设施验收。这标志着“东方超环”完成重大升级改造，已具备了挑战国际磁约束聚变最前沿研究课题的能力。

△ EAST 装置主机

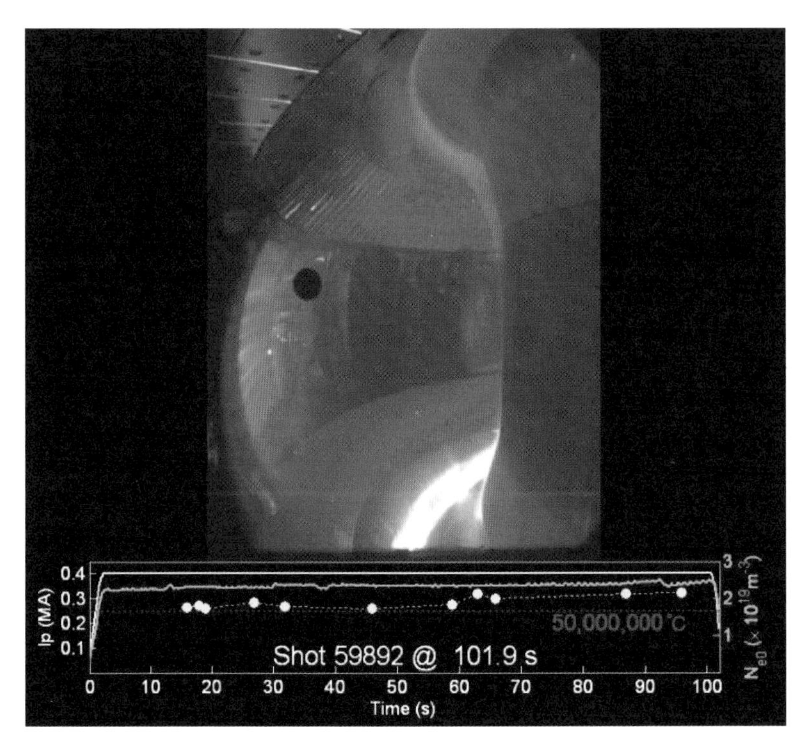

△ 5000 万℃ 102 秒等离子体放电

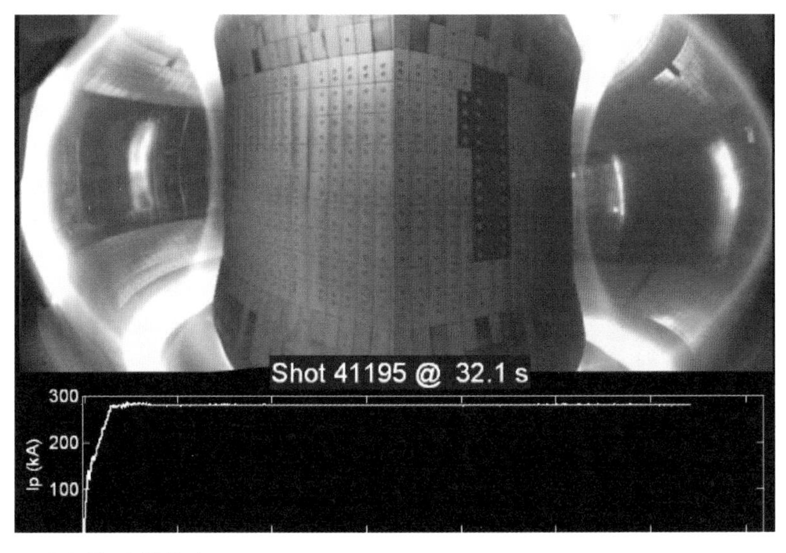

△ 32 秒 H 模放电

2016 年，EAST 实现电子温度超过 5000 万℃持续时间 102 秒的超高温长脉冲等离子体放电。

EAST 是未来十年国际上有能力在高参数条件下开展长脉冲聚变等离子体物理和工程技术研究的实验平台之一，同时也是面向国内外开放的核聚变实验平台和研究中心。依托 EAST，等离子体所与国际上主要的聚变研究机构以及国内相关高校及科研院所都有密切的合作关系。“全超导非圆截面托卡马克核聚变实验装置（EAST）的研制”荣获 2008 年国家

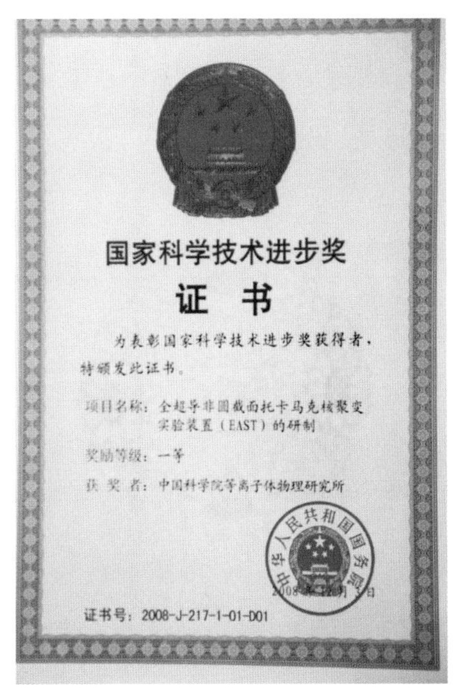
国家科学技术进步奖

证　书

为表彰国家科学技术进步奖获得者，特颁发此证书。

项目名称：全超导非圆截面托卡马克核聚变实验装置（EAST）的研制

奖励等级：一等

获 奖 者：中国科学院等离子体物理研究所

中华人民共和国国务院

证书号：2008-J-217-1-01-D01

△“全超导非圆截面托卡马克核聚变实验装置（EAST）的研制”项目获 2008 年国家科学技术进步奖一等奖

国家科学技术进步奖

证　书

为表彰国家科学技术进步奖获得者，特颁发此证书。

获 奖 者：中国科学院合肥物质科学研究院超导托卡马克创新团队

中华人民共和国国务院

2013 年 12 月 25 日

证书号：2013-J-207-1-01

△ 中国科学院合肥物质科学研究院超导托卡马克创新团队获 2013 年国家科学技术进步奖

科学技术进步奖一等奖。等离子体所超导托卡马克创新团队荣获 2013 年国家科学技术进步奖框架下的创新团队奖。

规划建设我国未来聚变工程实验堆

以实现聚变能源为目标的中国聚变工程实验堆（CFETR）设计与建设是我国聚变能研发必不可少的一环，我国科学家在国际热核聚变实验堆（ITER）计划建设的同时已经开始规划建设 CFETR。等离子体所立足开展“以我为主”的国际合作，联合国内相关单位在科技部支持下已经完成 CFETR 总体设计方案，并通过国际专家组评估，认为我国具备了建设世界首个聚变电站的能力。同时，等离子体所已经开展 CFETR 预研。

CFETR 项目的建设将是未来一个创新型产业和高新技术的聚集。项目建设中将会带动系列相关高新技术产业的蓬勃发展，衍生出一批可应用于国民经济发展的产业链。自主发展出的关键聚变工程技术将促进超导、低温、电源、材料等方面的技术应用于航天、国防、军工、医疗等行业。

国家的大力支持和中国科学家的努力，促使中国核聚变实力不断提升，从 30 年前的模仿跟随到 10 年前的并跑，到如今的超越领先，在国际上不断发出中国聚变的声音。基础和优势已经推动我国在高温等离子体物理实验及核聚变工程技术研究领域处于国际领先水平。CFETR 的建设将促使我国引领未来世界聚变能研究，早日实现聚变能发电，率先为人类科技发展贡献更多中国智慧。

我国月球探测工程一期任务圆满完成

2007 年 10 月 24 日，“长征三号”甲运载火箭在西昌卫星发射中心成功发射了我国首颗月球探测卫星——“嫦娥一号”卫星。11 月 26 日，“嫦娥一号”卫星成功传回第一张月面图片，我国月球探测工程一期任务圆满完成。月球探测工程的成功，成为继发射人造地球卫星、载人航天飞行取得成功之后，我国航天事业发展的第三座里程碑。

HA 15I
haulotte

“嫦娥一号” 迈向月球的第一步

人类的航天活动可以分为三个部分：卫星应用、载人航天和深空探测。深空探测指探测器在不以地球为主要引力场，而是以其他天体为主要引力场的空间运行。人类进行深空探测的第一站，就是距离地球最近的天体——月球。我国的月球探测工程，拥有一个源自古代传说的浪漫名字——“嫦娥工程”。

根据《国家中长期科学和技术发展规划纲要（2006—

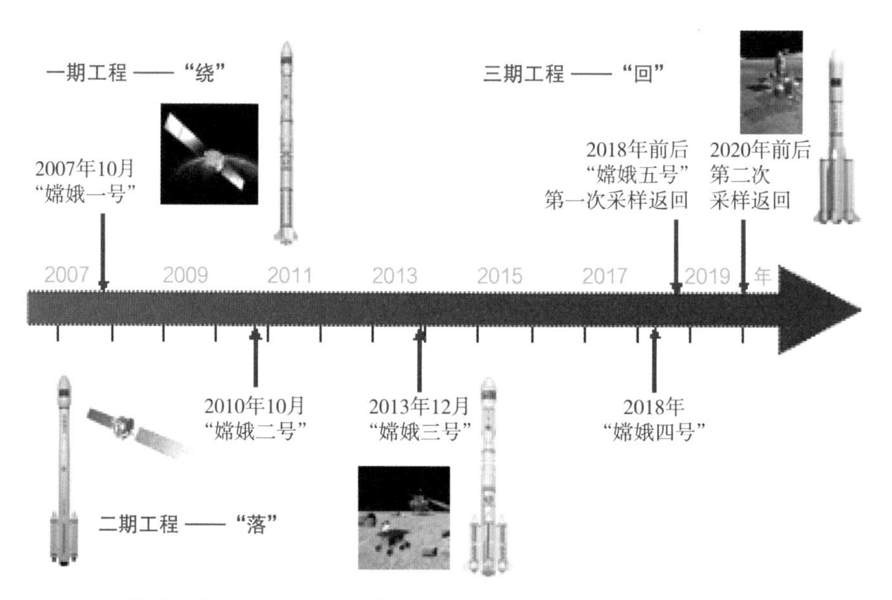

△ 探月工程总体规划（2020 年前）

2020 年）》，探月工程作为国家重大科技专项的标志性工程，规划了“绕、落、回”三步走目标，分为探月工程一期、二期和三期实施。

2004 年 1 月，国家批准探月工程一期——绕月探测工程正式实施，目标是实现环绕月球探测，先后安排了“嫦娥一号”及备份星两次任务。

从 2004 年开始，绕月探测工程在不到四年的时间里，迈出了四大步。从开局、攻坚、决战到决胜，工程各系统全力以赴、密切合作，圆满完成了卫星发射任务，“嫦娥一号”卫星成功进入环月工作轨道。2007 年 11 月 26 日，“嫦娥一号”卫星传回第一幅月球图片数据，标志着探月工程一期任

△ 2007 年 10 月 24 日“嫦娥一号”成功发射

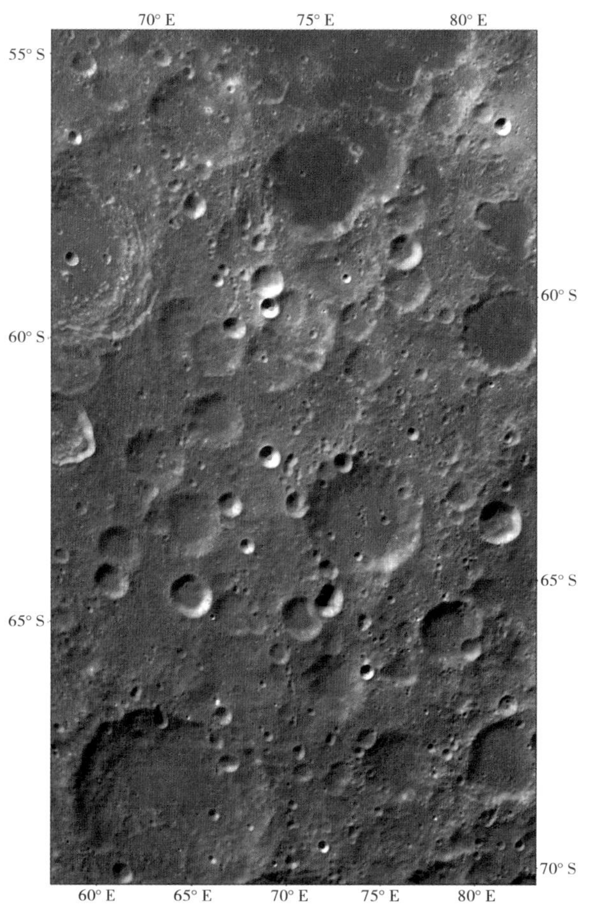

△ 我国第一幅月面图像

务圆满完成。“嫦娥一号”卫星在轨有效探测16个月，于2009年3月1日受控撞月，为工程画上圆满的句号。探月工程一期首次实现我国自主研制的卫星进入月球轨道，并获取了120米分辨率的全月影像图以及铀元素含量分布图等。

在绕月探测工程实施的几年里，工程各系统充分发扬“两弹一星”精神和载人航天精神，精心组织，刻苦攻关，圆满完成了工程任务。在工程实施过程中，绕月探测工程队伍里形成了极富特色的探月文化。这些理念、作风和要求，既有中国航天文化的典型特征，又有月球探测工程的鲜明特色，既明确了绕月探测工程必须坚持的指导方针，又体现了绕月探测工程队伍的思想品质和精神风貌，反映出绕月探测工程队伍过硬的工作方法和素质。

从探月到深空探测

2008 年 2 月，国家批准探月工程二期立项。主要目标是实现在月面软着陆，开展月面就位探测与自动巡视勘察，安排了“嫦娥三号”“嫦娥四号”（备份）两次任务。鉴于二期工程关键技术多、技术跨度大、实施难度高，将“嫦娥一号”备份星命名为“嫦娥二号”，纳入二期工程，作为先导任务。

2010 年 10 月 1 日，“嫦娥二号”成功发射，在轨探测 6 个月后，飞赴日地拉格朗日 L2 点进行环绕探测，之后对图塔蒂斯小行星进行飞掠探测，成为我国首颗绕太阳飞行的人造小行星，创造了中国航天器的最远飞行纪录。

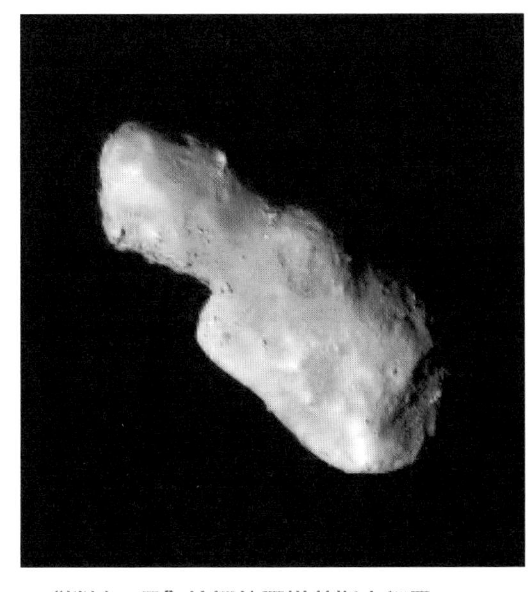
△“嫦娥二号”拍摄的图塔蒂斯小行星

2011 年 1 月，国家批准探月工程三期立项，标志着探月工程“绕、落、回”三步走最后一步正式启动，目标是实现月面采样返回，安排了“嫦娥五号”“嫦娥六号”（备份）两次任务。

实施月球与深空探测工程，是党中央、国务院着眼于我国社会主义现代化建设全局，把握世界科技发展大势，推动我国航天事业发展，促进科技进步，建设创新型国家，提高综合国力，推动人类文明进程，做出的一项重大战略决策。

在实施探月工程的同时，我国开展了深空探测论证。国防科工局于 2010 年开始组织深空探测工程论证，于 2011 年年底形成了《我国 2030 年前深空探测工程总体实施方案》。

创新驱动　利国利民

带动科学技术发展进步　工程的成功实施，突破了月球环绕、软着陆、巡视勘察、高速再入返回、深空测控通信与遥操作、运载火箭多窗口窄宽度发射等多项月球与深空探测领域关键技术，整体达到国际无人月球软着陆和巡视探测先进水平，其中全自主避障着陆、月夜生存等技术处于国际领先水平。

工程获取了大量原始科学数据，为月球及天文研究提供了宝贵的第一手基础信息。通过对这些科学数据的长期研究和不断深化应用，取得了一批原创性科学发现，在国际上产生了重要影响，并带动了科学界对日地月乃至更远空间的科学认知，推动了空间科学的发展和新兴学科的建立。

工程的成功实施，实现了我国航天器研制、特种大型试验验证、深空测控通信能力的全面提升，带动了信息、微机电、动力、新材料、新能源等一批新技术进步，加速了产业化进程，引领了空间技术的创新发展。

促进国民经济和社会发展 工程突破了多项关键技术，形成了一批先进试验方法和特种试验设施，已在月球和深空探测后续任务和其他航天工程中得到广泛应用，并可推广到其他相关领域，如建设了国际先进的深空测控网，可广泛应用于航天器的行星际测控通信。低温制冷接收机继续应用于月球与深空探测，并通过技术创新衍生了斯特林换能器和低温冰箱等新产品。工程取得的部分成果转化为直接经济效益，如“嫦娥三号”着陆缓冲技术转化应用于桥梁撞击防护、公路拦石网、重大灾害空投救援等领域。工程取得的显著品牌效应，吸引了社会上许多企业关注、参与并支持工程。工程全系统形成了数百项专利、逾千篇论文，成果丰硕，经济效益和社会效益十分显著。

提供宝贵的管理经验借鉴 工程形成了一套巨系统的项目管理方法，建立了完善高效的组织体系、产品保证体系、质量管理体系、技术管理体系和卓有成效的重大工程独立评估机制、科学与工程紧密对接的工作机制等，取得了指标不降、进度不拖、经费不超的良好效果，为月球与深空探测后续任务和其他航天工程的发展奠定了坚实基础，也为国家其他重大科技工程的实施提供了宝贵借鉴。

凝聚培养杰出的人才队伍 通过工程的实施，凝聚和培养了一大批优秀的工程技术、科学研究和工程管理青年人才，形成了专业齐备、经验丰富、结构合理的创新型人才队伍。许多已成长为其他航天工程和型号的两总和中坚力量、国际航天和空间科学研究领域的杰出人才，为月球与深空探测工程和其他航天工程的发展奠定了坚实基础。

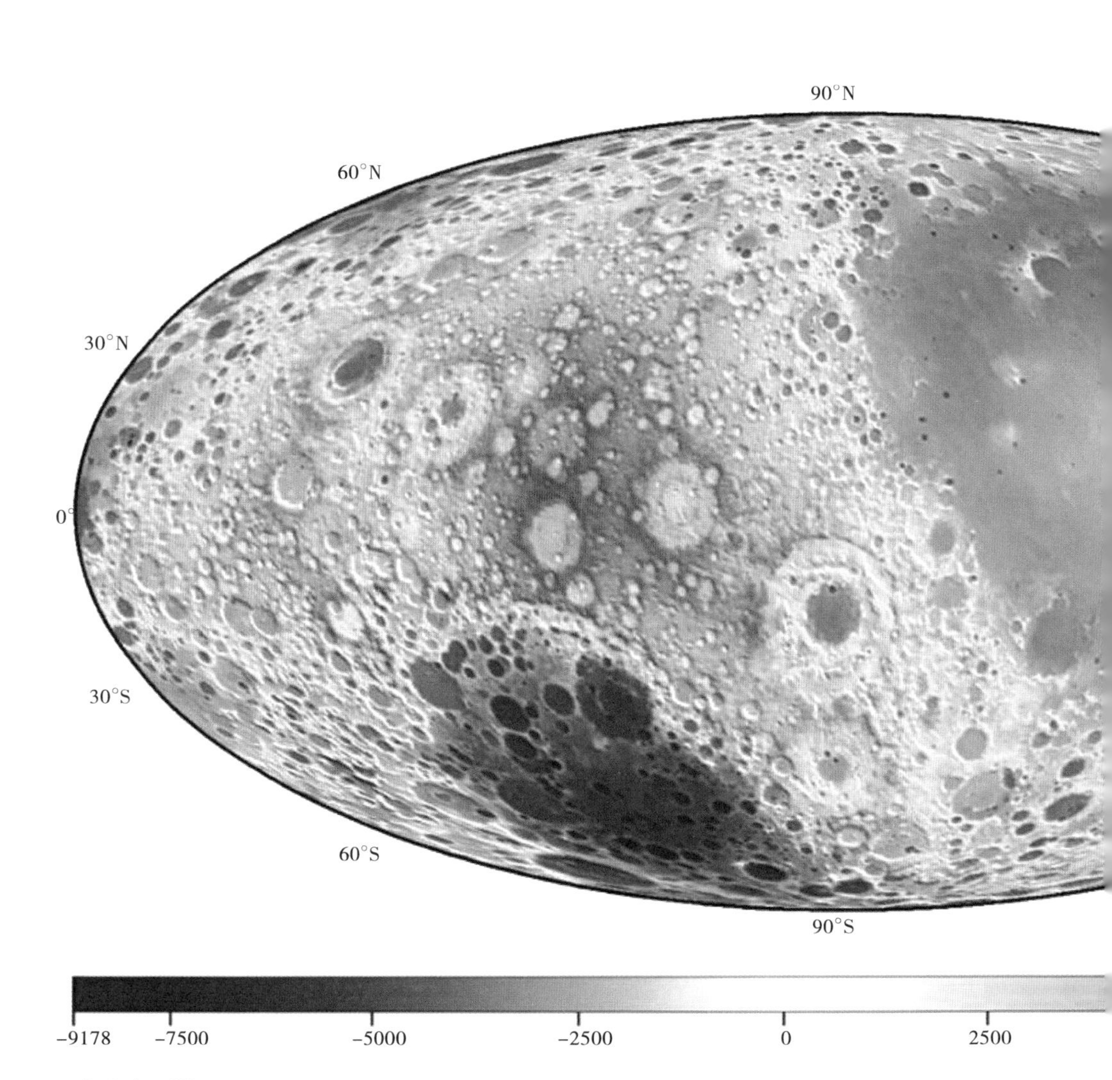

△ 全月高程图

提升综合国力和国际影响力 工程的成功实施，树立了我国航天事业发展又一座新的里程碑，为我国从“航天大国”向“航天强国”迈进踏出了坚实的一步，进一步展示和提高了我国的经济实力、科技实力和民族凝聚力，是中华民族为人类探索利用太空做出的又一卓越贡献。同时，在国际上，我国扩大了影响力和话语权，获得了国际社会的高度评价，吸引了欧盟和俄罗斯等国积极参与，形成了由“跟跑、并跑”向“领跑”的态势。月球探测成为我国最具潜在领导力的航天领域，正在走向国际月球与深空探测的舞台中央。

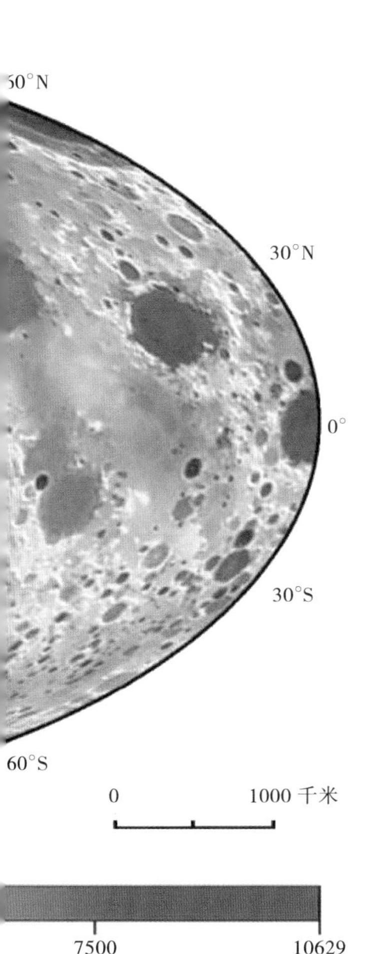

进入 21 世纪以来，世界各航天大国在月球及深空探测领域竞争日趋激烈，各航天大国纷纷抢占航天发展制高点。未来的深空探测事业任重而道远。我们要抓住机遇、创新发展；打破惯性思维，探索民营资本进入的机制，扩大社会参与度；加强国际政策、布局等战略研究，以构建人类命运共同体的理念为指导，推动国际大科学计划和大科学工程，为人类的月球与深空探测事业贡献中国智慧和中国方案。

六篇 走向自立自强

创新驱动发展

创新是引领发展的第一动力

实现高水平科技自立自强

进入新时代，以习近平同志为核心的党中央高度重视科技事业发展，高瞻远瞩，崭新擘画，以建设世界科技强国为目标，对实施创新驱动发展战略做出顶层设计和系统部署，将科技体制改革向纵深推进，我国科技事业取得一系列实质性突破和标志性成果，科技发展实现巨大跨越，站上新的历史方位。

党的十八大提出，科技创新是提高社会生产力和综合国力的战略支撑，必须摆在国家发展全局的核心位置；要大力推进创新驱动发展战略，要以全球视野谋划和推动创新发展，要牢牢把握新时期科技改革发展的战略任务，促进科技与经济结合。

2015 年，中央深化改革领导小组发布实施《深化科技体制改革实施方案》，在建立技术创新市场导向机制、改革国家科技计划管理、创建国家实验室、改革创新人才培养及评价和激励机制、加快科技成果使用、处置和收益管理改革、打造区域性创新平台等方面做出系列部署，提出 143 项重大改革任务。

2016 年 5 月,《国家创新驱动发展战略纲要》发布，提出科技创新“三步走”的战略目标：到 2020 年进入创新型国家行列；到 2030 年跻身创新型国家前列；到 2050 年建成世界科技创新强国。

党的十九大提出，创新是引领发展的第一动力，是建设现代化经济体系的战略支撑。2020 年 9 月，科技创新坚持“四个面向”的战略部署进一步明确：坚持面向世界科技前沿、面向经济主战场、面向国家重大需求、面向人民生命健康，不断向科学技术广度和深度进军。

党的二十大提出，加快建设教育强国、科技强国、人才强国。加快实施创新驱动发展战略，加快实现高水平科技自立自强，以国家战略需求为导向，集聚力量进行原创性引领性科技攻关，坚决打赢关键核心技术攻坚战，加快实施一批具有战略性全局性前瞻性的国家重大科技项目，增强自主创新能力。

党的十八大以来，科技体制机制改革进一步深化，研发投入持续增加，创新活力竞相迸发，重大成果不断涌现，体系建设逐步完善。我国科技事业发展迎来“第二个科学的春天”，实现了历史性、整体性、格局性重大变化，科技实力从量的积累迈向质的飞跃、从点的突破迈向系统能力提升，科技创新取得新的历史性成就，为经济社会发展做出巨大贡献。

创新驱动发展

党的十八大明确提出，科技创新是提高社会生产力和综合国力的战略支撑，必须摆在国家发展全局的核心位置。

2016 年，《国家创新驱动发展战略纲要》发布，提出科技创新“三步走”的战略目标：到 2020 年进入创新型国家行列；到 2030 年跻身创新型国家前列；到 2050 年建成世界科技创新强国。

通过深入实施创新驱动发展战略，我国的创新能力和效率得到全面提升。创新驱动实质是人才驱动，人才是创新的第一资源。我国深入实施人才强国战略，推进人才发展体制机制改革，加强人才队伍建设，科技人才队伍迅速壮大，科技人才创新能力和国际影响力明显提升，引领创新发展的作用日益凸显。

科技事业发展进入新时代，我国科技工作者在基础研究、前沿技术等领域屡创佳绩，硕果累累。

2012 年，北斗卫星导航系统正式向我国及亚太地区提供区域服务。

2013 年，我国科学家成功观测到量子反常霍尔效应。

2013年，“神舟十号”飞船实现我国首次载人航天应用性飞行，中国载人航天工程进入空间站建设阶段。

2013年，“玉兔”月球车在月球开始工作。

2014年，“南水北调”中线一期工程正式通水。

2015年，屠呦呦获得诺贝尔生理学或医学奖。这是中国本土科学家首次获得诺贝尔科学奖项。

2015年，我国科学家首次在实验中发现外尔费米子。

2016年，使用我国自主知识产权芯片的“神威·太湖之光”超级计算机系统，登顶全球超级计算机500强榜单。此后，我国超级计算机连续刷新运算速度的世界纪录。

2016年，具有我国自主知识产权的500米口径球面射电望远镜“中国天眼”落成启用。

2016年，“探索一号”科学考察船完成我国首次综合性万米深渊科学考察。

2017年，我国研制的世界首颗量子科学实验卫星“墨子号”交付使用。

2017年，国产大型客机C919完成首飞。

2017年，暗物质粒子探测卫星“悟空”发布首批探测成果。

我国科技创新从过去以“跟跑”为主，逐步过渡到“跟跑、并跑、领跑”并存的历史新阶段。

“中国盾”为世界拓展地下空间

2014年5月10日，习近平总书记视察中铁工程装备集团。他走进盾构机狭小的控制室，详细询问盾构机工作情况。在这次视察中，习近平总书记做出“三个转变”重要指示：“推动中国制造向中国创造转变、推动中国速度向中国质量转变、推动中国产品向中国品牌转变。”2017年4月24日，国务院对国家发展改革委《关于设立“中国品牌日”的请示》做出批复，将5月10日设立为“中国品牌日”。

党的十八大以来，我国从进口盾构机到批量出口盾构机，实现了盾构装备的逆袭。我国自主设计制造的盾构机已进入五大洲20多个国家和地区，拥有世界第一的市场占有量。勇往直前为世界拓展地下空间的“中国盾”，以中国设计、中国创造、中国标准和中国质量，打造了真正的中国品牌！

CREC
中国中铁
CREC
中国中铁

盾构机，专业名称为全断面隧道掘进机，是集机械、电器、液压、传感、信息等多项现代技术于一体的高科技隧道施工装备。盾构机广泛应用于市政地铁、铁路公路、综合管廊、国防设施、水利水电、矿山隧道等领域，是一个国家科技水平和装备实力重要的标志性产品，有“工程机械之王”的美誉。

每台盾构机都是一个庞然大物，最短几十米，最长100多米，重量以“吨”为单位计算。盾构机从生产车间下线后，厂家会将其拆装，运到施工现场，然后组装调试，一切都确保无误，盾构机才能始发工作。

盾构机沿隧洞轴线向前推进，对土壤进行开挖切削，挖掘出来的土碴被输送到后方。盾构机圆柱体组件的壳体即护盾，对挖掘出的还未衬砌的隧洞段起着临时支撑的作用，承受周围土层

的压力，有时还承受地下水压以及将地下水挡在外面。挖掘、排土、拼装隧道衬砌等作业，都在护盾的掩护下进行。盾构机只能前进不能后退。盾构机完成掘进出洞，工人们再将其拆装运走。

盾构机的设计灵感来自船蛆。船蛆是一种软体动物，穴居在木制船舶里，能分泌一种液体涂在孔壁上形成保护壳，以抵抗木板潮湿后发生的膨胀。18 世纪末，英国人在修建横穿泰晤士河的隧道时，遇到非常棘手的工程问题。在英国工作的法国工程师布鲁诺尔受船蛆钻洞的启发，提出了盾构掘进隧道的原理。1823 年，布鲁诺尔制成了世界上第一台盾构机。

盾构机是人类历史上隧道施工的一大技术突破，19 世纪末至 20 世纪中叶，盾构技术相继传入美国、法国、德国、日本等国，并得到不同程度的发展。

从无到有　造中国盾构机

中国在很长一段时间里，主要使用从国外引进的盾构机进行隧道施工。于 1996 年年底全面开工的西康铁路建设工程，是我国首个使用大型盾构机进行隧道施工的工程项目。

西康铁路是一条当时桥隧比非常高的铁路，其中位于长安县和柞水县交界处的秦岭隧道，两线并行，全长 18.46 千米，最大埋深 1.6 千米，隧道两端高差 155 米。隧道长度为当时国内第一、世界第六。

这里地处北秦岭中低山区，地质构造复杂，地质灾害严重，断层、涌水、岩爆等难题，一个个涌现在施工者面前。为了保障安全、缩短工期，我国花费 7 亿多元，从德国维尔特公司采购了 2 台硬岩掘进机。采用硬岩掘进机施工的隧道实现了无爆破、无振动、无粉尘快速掘进，创造了月掘进 531 米和日掘进 40.5 米两项全国铁路隧道施工速度的最高纪录，比采用传统人工钻爆法施工的隧道提前 10 个月贯通。西康铁路秦岭隧道施工，如果用常规施工工法，需 10 多年才能打通，而使用进口掘进机，仅用 2 年多便全线贯通。

当时施工时，先由德方人员操作设备掘进 400 米，之后由中方人员操作，德方人员在旁边指导。一般情况下，掘进

100 米之内德方负责保修，掘进 100 米之后出现问题，德方维修需要收费且费用非常高。由于中方不掌握核心技术，每当出现问题，只能停工，等待德方人员来维修。德方人员维修设备时，不希望中方人员在场，会找各种理由将中方人员支开。中方人员离开几分钟时间，德方人员就将问题解决。这对中方人员来说，是一个极大的刺激。中国，需要有自己的盾构机！

1999 年 9 月，隧道工程局与铁道部脱钩，更名为中铁隧道集团有限公司，归属中国中铁股份有限公司。2001 年 5 月，实行公司制改造后，中铁隧道集团有限公司组建了以该公司为核心，集勘测设计、建筑施工、科研开发、机械制造四大功能为一体的中铁隧道集团，盾构机研发项目被提上工作日程。

盾构机研发涵盖机械、力学、液压、电气等数十个技术领域，精密零部件多达几万个，单单一个控制系统就有 2000 多个控制点。盾构机属于定制产品，每台盾构机都需要根据地质情况进行有针对性的个性化研发，尤其是刀盘和刀具，有时花费一两个月时间，也找不到最佳方案。

从 2002 年开始，科技部将盾构机研发项目列入“863 计划”，连续多年支持盾构机研发，对盾构机国产化和产业化起到了积极的推动作用。

2007 年，中铁隧道集团在盾构机关键核心技术方面取得突破，研制出具有自主知识产权的控制系统模拟检测试验平台并投入使用。2008 年 4 月，中铁隧道集团历经 8 年时间、投入大量人力财力研制的国内首台具有自主知识产权的复合式土压平衡盾构机“中铁一号”成功下线，填补了我国在复合盾构机制造领域的重大空白，打破了外国盾构机“一统天下”的局面，真正实现了我国复合盾构机的从无到有。2009 年 2 月 6 日，“中铁一号”在天津始发。

△ 我国首台复合式土压平衡盾构机“中铁一号”下线

从有到优　创中国品牌

“盾”的本身就代表着坚韧、刚毅，无论是盾构机自主研发的扶持者，还是自主研发的参与者，都始终充满必胜的信心，以振兴民族工业为己任，一往无前、义无反顾。

中国虽然有了自己的盾构机，但当时不少业主和施工单位对国产盾构机的质量还是半信半疑。从小心翼翼地试用，到与进口设备并用，再到使用国产盾构机多于使用进口设备甚至取代进口设备，国产盾构机用过硬的质量取得了业内信任，打开了市场局面。

2012 年，郑州市政府计划在中州大道与红砖路交叉路口修建一条地下人行隧道，如果按照传统的“开膛破肚”施工办法，势必会对地面交通和周边环境造成影响。矩形盾构机能够避免在施工中对城市地面“开膛破肚”，但当国外公司听说要研发超大断面矩形盾构机，认为是根本不可能完成的任务。

不依靠任何人，走自主研发之路！我国研发团队迎难而上，经过几个月的艰苦鏖战，突破了矩形断面低扰动多刀盘协同开挖系统设计技术等多项国际难题，首次提出了多刀盘拓扑分析、层距参数化、动静结合的构型设计方法，首创了双螺旋出渣互馈与掌子面平衡顶推技术。2013 年 12 月，这台长

10.12 米、高 7.27 米的超大断面矩形盾构机胜利下线，国产盾构机向“中国设计、中国制造”迈出了坚实的一步！

2015 年，中铁装备研制出具有自主知识产权的硬岩掘进机，推动我国在这一领域进入世界第一方阵。

△ 直径 8.03 米全断面硬岩掘进机

2017 年，中铁装备自主研发的超大直径泥水平衡盾构机“中铁 297 号”成功下穿北京机场快轨，实现了最大沉降不到 1 毫米，宣告我国精度最高的隧道盾构施工圆满成功。

2017 年 8 月 1 日，由中铁装备自主研制的中国最大直径敞开式岩石隧道掘进机“彩云号”成功下线，应用于亚洲第一铁路长隧——大瑞铁路高黎贡山隧道。

△ 超大直径泥水平衡盾构机“中铁 297 号”

设备开挖直径达到 9.03 米，整机长度约 230 米，整机重量约 1900 吨，填补了国内 9 米以上大直径硬岩掘进机的空白。

大理至瑞丽铁路是国家《中长期铁路网规划》中完善路网布局和国家实施西部大开发战略的重要举措，是一条贯通滇西，走向南亚、东南亚的战略之路，更是一条事关国家"一带一路"重要倡议、重塑南方古丝绸之路、促进滇西地区跨越发展的交通大动脉，对进一步凸显云南面向东南亚、南亚开放的桥梁和纽带作用，对促进沿线地区经济社会发展，推动周边国家实现跨境合作、互通互联，具有十分重大的意义。

高黎贡山隧道是大瑞铁路重点控制性工程，全长 34.5 千米，地形、地质条件极为复杂，具有"三高"（高地热、高地应力、高地震烈度）、"四活跃"（活跃的新构造运动、活跃的地热水环境、活跃的外动力地质条件、活跃的岸坡浅表改造过程）等特征，最大埋深 1155 米，穿越 19 条断层，几乎囊括了隧道施工的所有不良地质和重大风险。同时，大自然鬼斧神工下所形成的高黎贡山，还被称为"物种基因库、自然博物馆、天然植物园、南北动植物交汇的走廊"，情况之复杂全国罕见，施工难度在世界隧道修建史上首屈一指。

2017 年 11 月 24 日进入导洞施工的国外老牌掘进机"罗宾斯"，盾构机直径 6.39 米，截至 2018 年 4 月 22 日累计掘进 943 米，中间"卡壳"两次。而 2018 年 2 月 1 日才在主洞始发的"彩云号"，仅在进场 2 个月的调试磨合期就已挺

△ 在“彩云号”巨大的刀盘上，一只以橙、黄、蓝、绿、紫五色绘出的巨幅孔雀展翅欲飞

进 583 米，从未停机，取得了日最高掘进 38.23 米的好成绩，成功穿越第一个地层交接涌水带。事实证明，“彩云号”的工作效率远比“罗宾斯”高得多，适应性、稳定性也比“罗宾斯”好得多。“彩云号”的成功研发和投入使用，改写了中国铁路长大隧道项目机械化施工长期受制于人的历史。

2018 年 2 月，中铁装备自主设计制造的“中铁 314 号”直接式泥水平衡盾构机破壁而出，顺利完成迄今为止南宁市地铁项目里程最长、埋深最大的隧道掘进任务，标志着我国已全面掌握直接式泥水平衡盾构机核心制造技术。同月，中铁装备制造的小直径联络通道专用盾构机在宁波市轨道交通 3 号线建设中成功应用，18 天即完成了长度 17.04 米联络通道的施工掘进，实现地铁 6 米级区间狭小空间联络通道全机械化施工的重大技术突破。

2018 年 9 月 29 日，国内最大直径 15.8 米泥水平衡盾构机“春风号”下线。“春风号”突破了一系列关键技术，实现了“中国造”大直径盾构机的设计制造迈向国际化、高端化，填补了我国直径 15 米级别大直径泥水平衡盾构机领域的空白，标志着我国大直径泥水平衡盾构机研制技术达到了世界领先水平。

△ 国内最大直径 15.8 米泥水平衡盾构机“春风号”

走出国门　为世界拓展地下空间

2012 年 6 月，“中铁号”盾构机中标马来西亚吉隆坡的地铁建设项目，这是中铁装备出口海外的第一单，标志着在海外市场取得了突破性进展。

2013 年 11 月，中铁装备成功收购德国维尔特硬岩掘进机及竖井钻机知识产权、品牌使用权和相关业务。维尔特，这个曾经在修建西康铁路秦岭隧道时给中方强烈刺激的知名品牌，在十余年后选择与中国品牌强强联合。

2016 年 1 月 24 日，中铁装备研制的世界最小直径硬岩掘进机下线，设备开挖直径 3.53 米，采用小刀间距设计和刀具非线性布置设计、不良地质条件的支护系统等先进技术，应用于黎巴嫩大贝鲁特供水隧道和输送管线建设项目。在使用过程中，这台设备最高日进尺达到 48 米，远高于行业内同类设备的掘进速度。“小块头”迸发出大能量，“跑”出了中国速度，“跑”出了行业新标杆。2019 年，引水隧洞项目投入使用，基本解决该地区的用水问题，约 160 万人口从中受益。

2016 年 7 月 17 日，我国研发的世界首台马蹄形盾构机成功下线。这台设备外轮廓高 10.95 米、宽 11.9 米，整机长 110 米，重 1300 吨。与传统的盾构机相比，马蹄形盾构机不

△ 世界最小直径 3.53 米双护盾硬岩掘进机

△ 世界首台马蹄形盾构机

仅是断面的“变形”，更实现了工法、技术的“变形”。该盾构机能有效减少 10% ～ 15% 的开挖面积，可最大限度提高隧道空间利用率。作为全球首创的隧道新型开挖模式，马蹄形盾构法施工，在规避塌方塌陷风险的同时，施工效率又极高，其最大掘进速度达 60 毫米 / 分，每月可掘进 200 ～ 300 米，有效地缩短了施工工期。2018 年 1 月，这台马蹄形盾构机安全、顺利贯通长达 3056 米的蒙华铁路白城隧道，标志着我国大断面马蹄形盾构机整机技术已达到世界领先水平。

2018 年 7 月，中铁装备自主研制应用于迪拜 DS233/2-深埋雨水隧洞项目的两台大直径盾构机在华隧基地下线，该设备开挖直径 11.05 米，总长约 85 米，整机重量约 2000 吨，这是目前我国出口海外的最大直径土压平衡盾构机。迪拜

△ 我国出口迪拜的两台土压平衡盾构机

DS233/2-深埋雨水隧洞为迪拜城市地下排水系统工程，建成后将承载迪拜世界中心、世界博览会展馆及周边地区的雨水收集和排洪任务。同年 10 月，首台出口卡塔尔多哈的“中铁 681 号”土压平衡盾构机下线。该设备将应用于多哈排水隧洞项目，项目建成后，将有效提高多哈城市雨水收集处理能力。

2019 年 1 月，我国出口非洲的首台盾构机“中铁 665 号”下线。该设备将用于阿尔及利亚阿尔及尔地铁延伸线的工程建设，项目隧道全长 9565 米，包括 9 个地铁车站和 10 个通风竖井，隧道建成通车后将极大地提升机场的旅客吞吐能力，大大缩短阿尔及尔市区至机场的通行时间。

△ **我国出口非洲的首台盾构机**

△ 出口意大利的大直径 10.03 米土压平衡盾构机

△ 出口丹麦的两台土压平衡盾构机

△ 出口欧洲核心区、应用于法国巴黎地铁 16 号线项目的盾构机

△ 出口波兰的超大直径 13.46 米泥水平衡盾构机

2019 年 6 月 22 日，我国出口意大利的大直径 10.03 米土压平衡盾构机下线。这是我国高端隧道掘进装备首次应用于欧盟国家。

2019 年 8 月 21 日，出口丹麦的两台土压平衡盾构机下线。

2019 年 12 月 4 日，出口欧洲核心区、应用于法国巴黎地铁 16 号线项目的盾构机下线。

2020 年 6 月 17 日，出口波兰的超大直径 13.46 米泥水平衡盾构机下线。

2020 年 6 月 18 日，出口澳大利亚的直径 11.09 米硬岩掘进机下线。

2021年9月22日，全球最大直径15.08米硬岩掘进机“高加索号”投入使用。

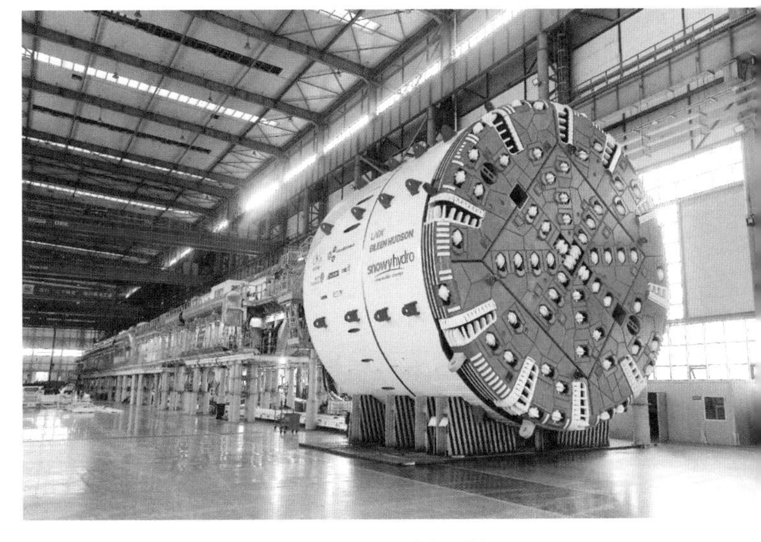

△ 出口澳大利亚的直径11.09米硬岩掘进机

△ 全球最大直径15.08米硬岩掘进机“高加索号”投入使用

从洋盾构机“一统天下”，到中国盾构机实现从无到有、从有到优，以“大型装备、施工技术、精细管理、中国标准、中国品牌”整体方案走出国门，这是一个历史性的跨越。21世纪被称作“地下空间大开发的世纪”，“中国盾”将面向全球输出优质的产品与服务，树立起中国品牌的良好形象，为世界拓展广袤而深邃的地下空间。

“南水北调”架起新时代“人间天河”

“南水北调”工程是我国实施的一项战略性水利工程，分东、中、西三条线路，工程规划的干线总长度达 4350 千米，规划区涉及人口 4.38 亿人，年调水规模 448 亿米^3。

党的十八大以来，南水北调东线、中线一期主体工程建成通水，已累计调水近 500 亿米^3，直接受益人口达 1.4 亿人。这项我国最大的水利工程，被誉为新时代的“人间天河”。

“南水北调”工程是缓解我国北方水资源短缺的战略性基础设施，分东、中、西三条线路进行规划，东线工程起点位于江苏扬州江都水利枢纽，供水区域涉及江苏、山东、安徽、河北、天津5个省（市）；中线工程起点位于汉江中上游丹江口水库，供水区域为河南、河北、北京、天津4个省（市）；西线工程的供水目标主要是解决青海、甘肃、宁夏、内蒙古、陕西、山西6省（区）的缺水问题。

“南水北调”工程方案构想始于1952年毛泽东主席视察黄河时。在历经分析比较50多种规划方案后，2002年，国务院批复同意《“南水北调”工程总体规划》。“南水北调”工程规划区涉及人口4.38亿人，年调水规模448亿米^3。工程规

划的干线总长度达 4350 千米。目前已建成的东线、中线一期工程干线总长为 2899 千米，沿线 6 省（市）一级配套支渠约 2700 千米。

跨流域调水工程

目前，世界上已有超过 40 多个国家和地区建成了 350 多项调水工程，年调水规模超过 5000 亿米 ^{3}，约相当于中国长江多年平均径流量的一半。世界上的大型河流和湖泊，如非洲

的尼罗河，南美洲的亚马孙河，北美洲的五大湖、密西西比河和科罗拉多河，欧洲的多瑙河，亚洲的底格里斯河、幼发拉底河、印度河、恒河，大洋洲的墨累－达令河等，都有调水工程的踪影。

中国在很早以前就开挖沟渠引水灌溉，开凿运河运送货物发展贸易，这便是早期的调水工程。

据史料记载，前 486 年修建的引长江水入淮河的邗沟工程，是中国最早的跨流域调水工程，在很长一段时间内成为中国东部平原地区的水上运输大动脉。前 361 年开挖的鸿沟，沟通了黄河与淮河，成为黄淮间的主要水运交通线路。始建于前 256 年的都江堰水利枢纽灌溉成都平原，成就了四川“天府之

国”的美誉。前214年修建的灵渠，连接了长江与珠江水系，构成了遍布华东、华南的水运网。而1400多年前开凿的京杭大运河，更形成了连接海河、黄河、淮河、长江及钱塘江等多条河流的跨流域调水工程，对中国南北地区之间的经济、文化发展与交流，特别是对沿线地区工农业经济的发展起了巨大作用。

1949年新中国成立后，特别是1978年改革开放以来，为解决缺水城市和地区的水资源紧张状况，除“南水北调”工程，还修建了20多项大型调水工程，如天津“引滦入津”、广东“东深供水”、山东“引黄济青”、甘肃“引大入秦”、山西“引黄入晋”、辽宁“引碧入连”、吉林“引松入长”、江苏“江水北调”等重要的调水工程。这些调水工程的建设，均为受水区提供了稳定可靠的水源，在推动区域经济发展、促进社会安定团结和改善生态环境等方面发挥着非常重要的作用，有力地支撑着社会和经济的快速发展。

“南水北调”　千里水脉

“南水北调”工程是党中央、国务院决策兴建的旨在缓解我国北方地区水资源严重短缺、优化水资源跨区域配置、改善生态环境、实现经济社会可持续发展的战略性基础设施。

工程分别在长江下游、中游、上游规划了 3 个调水区，形成了东线、中线、西线 3 条调水线路，联系长江、淮河、黄河、海河 4 大流域，工程全部实施后将构成我国中部地区水资源“四横三纵、南北调配、东西互济”的总体格局。

根据“南水北调”工程总体规划，3 条调水线路的年调水总规模为 448 亿米^3，其中东线 148 亿米^3，中线 130 亿米^3，西线 170 亿米^3。根据实际情况，3 条线路分期实施建设。

目前实施完成的是东线、中线一期工程。东线一期工程调水主干线全长 1466.5 千米，其主要任务是从长江下游调水到山东半岛和鲁北地区，补充山东、江苏、安徽等输水沿线地区的城市生活、工业和环境用水，兼顾农业、航运和其他用水，

多年平均抽江水量为 87.66 亿米 ^{3}。中线一期工程输水干线全长 1432.49 千米，其中总干渠（含北京段）1277.21 千米，天津干渠 155.28 千米。其主要任务是向华北平原包括北京、天津在内的 19 个大中城市及 100 多个县（市）提供生活、工业用水，兼顾生态和农业用水，多年平均年调水量为 95 亿米 ^{3}。

世界上最大的调水工程

“南水北调”工程是迄今为止世界上最大的调水工程，兼有公益性和经营性的超大型项目集群，工程建设和管理技术难度大，不仅涉及一般水利工程的水库、大坝、渠道、水闸，低扬程、大流量泵站，超长、超大洞径输水隧洞，压力输水管道，超大型渡槽、倒虹吸、暗涵（渠）、PCCP 等，还涉及膨胀土渠段处理，超大型水泵站和输水隧洞设计施工，超长距离调水，无调蓄条件下多闸门联合调度，新老混凝土结合的重力坝加高，多层交叉负荷地下地上施工，复杂情况下的调度系统信息处理等，在设计、建设、运行等方面，面临诸多挑战，许多硬技术和软科学都是世界级的，是水利学科与多个边缘学科联合研究的前沿领域。

这里有着许多世界和国内之最：世界距离最长的调水工程，受益人口最多的调水工程；东线泵站群工程是世界上规模

△ 中线惠南庄泵站

最大的泵站群；中线北京段西四环暗涵工程是世界首次大管径输水隧洞近距离穿越地铁下部；中线湍河渡槽工程是世界规模最大的 U 型输水渡槽工程。

中线穿黄工程隧洞面对诸多工程技术和管理方面难题的严峻挑战，国务院原南水北调办组织工程项目法人、运行管理单位、有关科研院所、高等院校等单位开展了包括国家重大科研项目在内的多项目、多层次、多专业、多领域的科学研究和技术应用工作。如：膨胀土地段渠道破坏机理及处理技术，膨胀土渠道边坡的处理措施、施工控制、关键技术；丹江口水库大坝加高过程中新老坝体结合处理技术，高水头作用下坝基帷幕灌浆技术；中线穿黄隧洞工程的隧洞结构，破坏机理及盾构施工技术、风险控制；渠道工程机械化施工技术；东线低扬程大流量水泵选型和制造技术；超大口径预应力钢筒混凝土管的制造、安装技术；北方地区冬季冰期输水安全以及长距离调水的自动化管理技术；梯级泵站（群）优化运行关键技术；河－渠－湖－库运行调控技术；苏鲁省际工程水量调控技术；水质差异的影响评价及应对措施；工程运行绩效管理技术；工程运行期维修养护新材料与新技术；工程运行预警和应急决策支持技术等。内容涉及水工结构、工程施工、水工材料、水力机械、水力学、水资源、管理、环境等诸多

△ 东线泗洪泵站

△ 中线沙河渡槽

△ 2016 年中线穿黄工程北岸竖井施工

△ 丹江口大坝

专业和领域。通过科技攻关和重大关键技术问题研究，及时解决了工程建设管理亟须解决的重大和典型工程建筑物的设计、结构、材料、施工技术与工艺、设备等技术难题，保证了工程建设质量、安全和进度，提高了工程建设的技术和管理水平，推动了相关科学的新进展，充分发挥了综合效益。

科技突破　成果斐然

“南水北调”工程科技工作取得了新产品、新材料、新工艺、新装置、计算机软件等大量科技成果，完成了“南水北调”专用技术标准21项（如丹江口水利枢纽混凝土坝加高施工技术规定与质量标准、渠道混凝土衬砌机械化施工技术规程、渠道混凝土衬砌机械化施工质量评定验收标准等），申请并获得国内专利上百项（如重力坝加高后新老混凝土结合面防裂方法、长斜坡振动滑模成型机、电动滚筒混凝土衬砌机、电化学沉积方法修复混凝土裂缝的装置等），大部分科研成果已应用到工程设计与施工中，对工程质量和进度起到了保障作用。

数十项科技研究成果获得了国家与省部级科技奖，如大型渠道混凝土机械化衬砌成型技术与设备获得国家科技进步奖二等奖；低扬程水泵选型关键技术及应用研究获水利部大禹水利科学技术奖二等奖；淮安四站泵送混凝土防裂方法研究与应用获水利部大禹水利科学技术奖三等奖；PCCP输水阻力试验研

△ 架设中的中线沙河渡槽

△ 丹江口大坝加高混凝土浇筑

究获水利部大禹水利科学技术奖三等奖；中线一期工程长距离调配与运行获教育部科技进步奖一等奖等。

为适应黄河游荡性河流与淤土地基条件的特点，“南水北调”中线穿黄工程开创性地设计了具有内、外两层衬砌的两条长 4250 米的隧洞，内径 7 米，外层为厚 0.4 米拼装式管片结构衬砌，内层为厚 0.45 米钢筋混凝土预应力衬砌，两层衬砌之间采用透水垫层隔开，内、外衬砌分别承受内、外水的压力。这种结构形式在国内外均属先例，也是国内首例用盾构方式穿越黄河的工程。中线穿黄双线隧洞全线贯通，开创了我国水利水电工程水底隧洞长距离软土施工新纪录。

东线一期工程和中线一期工程分别于 2013 年 12 月和

△ 泵站设备调试

2014 年 12 月正式通水。截至目前，工程累计调水超过 500 亿米^3，直接受益人口超过 1.4 亿人，已成为京津冀豫鲁地区受水区大中型城市的供水“生命线”，不仅保障了北方人民饮水安全，还从根本上改变了北方受水区的供水格局，供水保证程度大幅提升，水质、饮用口感大为改善，已发挥了巨大的社会、经济和生态效益。“南水北调”工程被誉为新时代的“人间天河”，工程将在很大程度上提高北方地区的水资源承载能力，遏制并改善日益恶化的生态环境，对保障北方地区经济社会的可持续发展、促进生态文明建设和“美丽中国”目标的实现，具有十分重大的意义。

△ **中线穿黄工程**

“中国天眼”聆听宇宙弦音

2016 年 9 月 25 日，500 米口径球面射电望远镜（FAST）在贵州省平塘县的喀斯特洼坑中落成，开始接收来自宇宙深处的电磁波。FAST 作为国之重器，是国家科教领导小组审议确定的国家九大科技基础设施之一。

FAST 被誉为“中国天眼”，是具有我国自主知识产权、世界最大单口径、最灵敏的射电望远镜。它的落成启用，对我国在科学前沿实现重大原创突破、加快创新驱动发展具有重要意义。

“中国天眼”从 2021 年起向全世界科学家开放。现在，“中国天眼”成为全球唯一的，也是人类共同拥有的——瞭望宇宙的巨目。

仰望星空　脚踏实地

宇宙演化、生命起源、物质结构、意识本质，是人类探索的永恒课题。“在万籁俱静的夜晚，当我们仰望天空时，仍不免会问：我们是谁？我们从哪里来？我们是否孤独？”这是南仁东早年在《来自太空的召唤》中写下的文字，应该也是这位未来“中国天眼”缔造者无数次凝望夜空时，在自己内心的发问。

1993 年，国际无线电科学联盟大会召开，与会专家关于全球电信号环境恶化以及建设大型望远镜的讨论，让南仁东萌发了在中国建造超大口径射电望远镜的想法。他说：“别人都有自己的大设备，我们没有，我挺想试一试。”就是这句话，开启了“中国天眼”从预研究到落成启用 22 年的艰辛历程。

这个雄心勃勃的科学计划，从预研究开始，就伴随着来自各方的质疑和担忧：有对可行性的疑虑；有对风险的担忧；也有善意的规劝——搞大科学工程，风险大，耗时长，写不了文章，出不了成果，得不偿失。但南仁东义无反顾，踏上了这条注定充满艰辛的不平凡的探索之路。

在项目预研究阶段，经费有限，南仁东为节约经费，在市内办事从不打车，全靠自行车代步；去外地出差尽可能坐绿皮火车，在火车上过夜，下了火车就去办事，办完事当天乘火车返回，宁可自己奔波劳累，也要节省下交通、住宿费用。为了实现最佳建设目标，他在贵州喀斯特地貌地区跋山涉水，为未来的望远镜选址，甚至险些在选址途中发生意外。

当项目终于正式启动，面临的困难与挑战接踵而至：关键技术无先例可循，关键材料须自主攻关，核心技术遭遇封锁……南仁东和他所带领的团队硬是在重重困难中披荆斩棘闯出一条胜利之路。2016 年 9 月 25 日，具有我国自主知识产权的 500 米口径球面射电望远镜“中国天眼”落成启用。

习近平总书记发来贺信指出：

浩瀚星空，广袤苍穹，自古以来寄托着人类的科学憧憬。天文学是孕育重大原创发现的前沿科学，也是推动科技进步和创新的战略制高点。500 米口径球面射电望远镜被誉为“中国天眼”，是具有我国自主知识产权、世界最大单口径、最灵敏的射电望远镜。它的落成启用，对我国在科学前沿实现重大原创突破、加快创新驱动发展具有重要意义。

国外媒体如此报道这项重大科技事件：“中国的巨型射电望远镜，是其远大科学雄心的象征。”“中国终于进入了观天时代，它将持续领先世界 20 年。”

△ 2010 年南仁东考察危岩

△ 2011 年南仁东现场踏勘

△ 2013 年南仁东在圈梁合龙时检查塔零件

△ 2014 年摄于大窝凼基地

△ 2015 年索网合龙时南仁东（右三）与工人合影

被寄予厚望的“中国天眼”不负所托，在调试阶段就陆续发现新脉冲星，运行以来已发现数百颗脉冲星，成为国际瞩目的宇宙观测利器。2020 年 12 月，在美国的大型射电望远镜坍塌后，中国宣布:“中国天眼”从 2021 年起向全世界科学家开放。现在,“中国天眼”成为全球唯一的，也是人类共同拥有的——瞭望宇宙的巨目。

春雨催醒期待的嫩绿，
夏露折射万物的欢歌，
秋风编织七色锦缎，
冬日下生命乐章延续着它的优雅。
大窝凼时刻让我们发现、给我们惊喜。
感官安宁，万籁无声。
美丽的宇宙太空，
以它的神秘和绚丽，
召唤我们踏过平庸，
进入它无垠的广袤。

这是南仁东写于“中国天眼”建设阶段的诗作。“中国天眼”落成后一年，南仁东永远地离开了他热爱的这份事业。他进入了宇宙的无垠广袤，化作太空中那颗“南仁东星”，与他为之付出生命中三分之一光阴的“中国天眼”遥相守望。

“中国天眼” 国之重器

被誉为“中国天眼”的 FAST 于 2016 年 9 月落成启用。它是由中国科学院国家天文台主导建设的、我国拥有自主知识产权的世界最大单口径射电望远镜。如今，它已经聆听到来自遥远宇宙中脉冲星婴儿心跳般的声音。

在建设过程中，以 FAST 工程首席科学家南仁东为首的科研团队逢山开路、遇水搭桥，从立项、选址到开挖，到第一个环梁

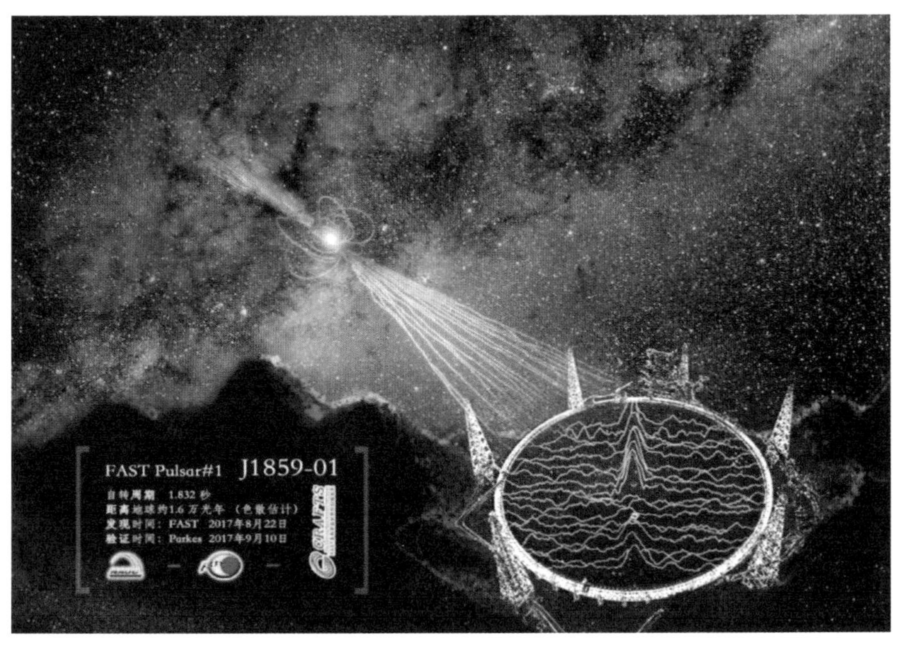

△ FAST 观测脉冲星示意图

结构搭建，再到铺上索网，团队从始至终坚持了 22 年，最后建成了这一世界上最大的 500 米单口径射电望远镜。FAST 究竟有多大呢？如果把它看作一口盛满水的锅，全世界每个人都可以分 4 瓶水，够所有人喝一天。由此也可以想象，我国科研团队建造它的难度有多大。

FAST 的反射面被形象地称为“天眼”的视网膜。解剖其结构可见 500 米口径的钢梁架在 50 根巨大的钢柱上，一张 6670 根钢索编织的索网挂在环梁上，上面铺着 4450 块反射面单元，下面装有 2225 根下拉索，固定在地面促动器上。通过这些促动器拽拉下拉索，就可以控制索网的形状，一会儿是球面，一会儿是抛面，从而进行天文信号的收集和观测。

FAST 作为世界最大的单口径望远镜，将在未来 20 ~ 30 年保持世界一流地位。FAST 选择独一无二的贵州天然喀斯特洼地台址，应用主动反射面技术在地面改正球差，加之轻型索拖动馈源支撑将万吨平台降至几十吨，这三大自主创新优势，使其突破了望远镜的百米工程极限，开创了建造巨型射电望远镜的新模式。

敢为人先　筑造“天眼”

为了给“天眼”找到独一无二的台址，南仁东无数次往返于北京和贵州之间，带着 300 多幅卫星遥感图，用双脚丈量了贵州大山的每个角落。最终他选定贵州天然喀斯特巨型洼地作为望远镜台址，使得望远镜建设得以突破百米极限。

建设“天眼”是一项前无古人的大工程，在这段曲折的道路上，南仁东顶着压力，风雨兼程。他全面指导 FAST 工程建设，主持攻克索疲劳、动光缆等一系列技术难题，为 FAST 工程顺利完成做出了卓越贡献。

2017 年 9 月 15 日，72 岁的南仁东永远地闭上了双眼，我们在星空的这一端，而他在星空的那一端。“人是要做一点事情的”，南仁东“踏踏实实做点事情”的精神会一直激励着 FAST 团队，激励着每个人。

△ 2014 年 12 月 1 日，南仁东在圈梁上检查工作

“天眼”调试　让“眼珠”动起来

一般来说，巨型望远镜调试都会涉及天文、测量、控制、电子学、机械、结构等众多学科领域，是一项强交叉学科的应用性研究，因此国际上传统大射电望远镜的调试周期很少短于4年。FAST开创了建造巨型射电望远镜的新模式，其调试工作也更具挑战性。

FAST有两个主要系统，即反射面系统和馈源支撑系统。反射面系统的主要作用是精准地形成抛物面，这样才可以将天体发出来的平行光尽可能高效地汇聚到焦点上。馈源支撑系统要将接收机控制到焦点的位置，并保证接收机的正确姿态，以最大的效率收集抛物面汇集的电磁波信号。

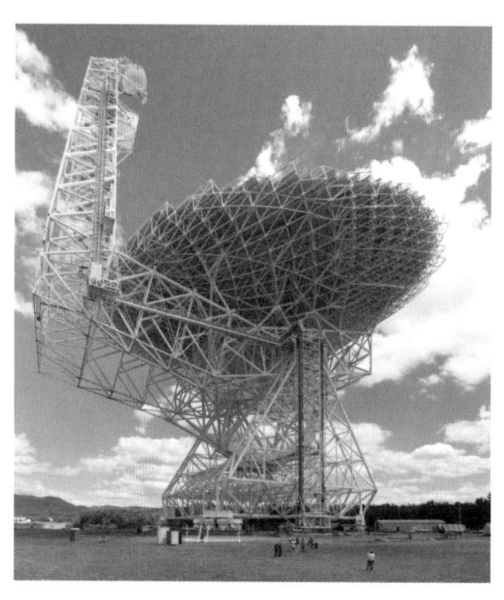

△ FAST与传统望远镜的对比

优点：	代价：
超高灵敏度	系统构成复杂
灵活的指向	设备故障影响

FAST巨大的接收面积注定了它有其他望远镜无法比拟的优势，即超高的灵敏度。与此

同时，相对于其他望远镜而言，它的系统构成更加复杂。一般望远镜只有俯仰轴和自转轴两套驱动控制系统，而 FAST 仅反射面控制就需要 2200 多台促动器协同动作，并且索网把 2200 多台促动器连在一起，形成了一个复杂的耦合控制系统，可以说是“牵一发动全身”。任何一台促动器出现问题后的维修工作，都会影响 FAST 的有效观测时长。

为了提高整个系统对设备故障的容忍度，调试团队研发了一套非常有趣的主动安全评估系统，这个系统可以实时读取促动器的位置信息，并将其输入力学模型，实时地进行力学仿真计算。也就是说，索网怎么动作，计算机的索网模型就怎么动作，从而可以计算出所有索力并进行安全评估。

这是实时力学仿真技术在安全评估领域的首次成功应用。力学仿真相比于传感器可靠得多，它是数学工具，就像 1+1 永远会等于 2，简单可靠，非常适用于 FAST 这个复杂的控制系统。

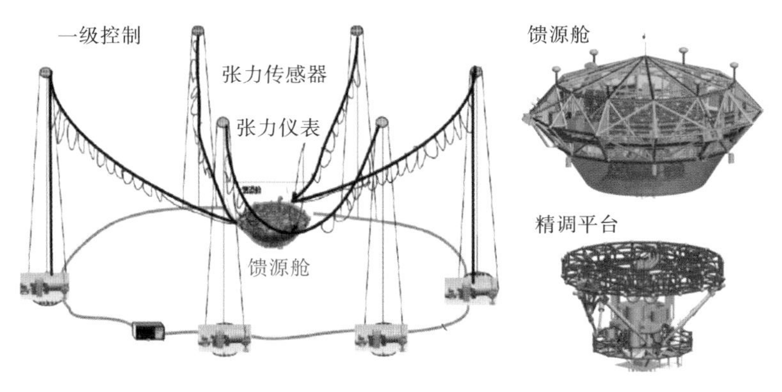

△ 馈源支撑控制系统原理图

馈源支撑系统也同样不简单。它的控制主要分两级。

第一级是通过 6 根几百米的绳子对 30 吨的馈源舱实现的概略控制，要在 140 米高空、200 多米的尺度范围内，把馈源舱定位精度控制在 48 毫米以内。

第二级是通过舱内的 AB 轴（万向轴）和 Stewart 平台实现接收机二级精确定位，对安装在馈源舱内的接收机相位中心进行二次精调，最终需要实现的控制精度要达到 10 毫米以内。同时，如果馈源舱在风、雨等动力载荷下产生晃动，二次精调平台还可以起到消振的作用。

尽管 FAST 做了 3 米、10 米、30 米和 50 米的模型试验，但是动力学试验很难实现完整的相似性。因此，不管调试团队做多少试验，都不能说明 600 米尺度下会不会有问题。

经过调试团队近半年的努力，发展的实时力学仿真技术大幅提升了望远镜对设备故障的容忍度，馈源支撑系统也实现了系统集成，最终于 2017 年 8 月 27 日第一次完成了反射面和馈源支撑的协同动作，首次实现了对特定目标的跟踪观测，并稳定地获取了目标源射电信号。这意味着天眼的“眼珠”可以转动了！

此后，“中国天眼”便可以克服地球的自转，对天体目标源进行跟踪观测。要知道，望远镜的灵敏度不仅与其接收面积有关，还与望远镜的跟踪时间有关。就像人的眼睛一样，只是扫视一下，我们只能看个大概的轮廓，如果想看清细节，就需要对着目标仔细地端详一段时间。其实，这也是 FAST 最重

△ FAST 俯视图

要的一个功能，只有能跟踪，“天眼”才能充分发挥它的最优性能。南仁东曾说过，不能跟踪就不能叫 FAST，可见他对望远镜跟踪功能的重视和期待！

相比于国际上现有的大型射电望远镜，FAST 是一架非传统的巨型射电望远镜，工作方式更加特殊，其调试工作也没有成熟的经验可供参考，而且系统构成更加复杂、安全风险大。FAST 团队能在短期内实现望远镜的全部功能性调试，完成了最困难、最有风险的调试环节，其进度已经超过国际一般惯例及同行预期。

精抠细节 擦亮“天眼”

望远镜的性能不只是其灵敏度、指向精度等硬性指标，还包括可靠性、稳定性等软性指标。简而言之，望远镜系统偶尔能达到最优性能和长期稳定地达到最优性能完全是两个概念，也是完全不同的难度系数。而 FAST 团队的目标是要做一台性能优异、同时又让科学家觉得十分好用的望远镜，这个目标

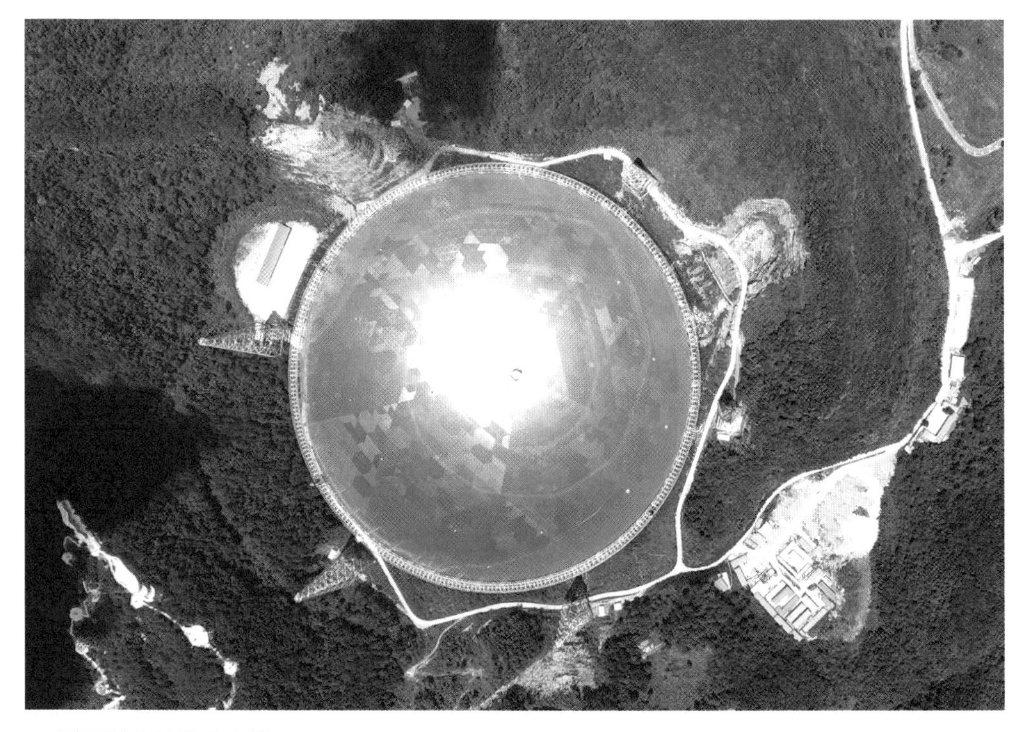

△ 测量基准站的分布情况

从一开始就没有动摇过。

望远镜性能的实现主要是控制精度的实现。FAST 直径 500 米，但要实现毫米级的多目标、大范围、高动态性能的控制精度，是前所未有的。FAST 精准的控制包含两个方面：一是控制反射面系统形成尽量完美的抛物面；二是控制馈源支撑系统使馈源接收机尽可能接近焦点位置，并保持正确的姿态。

精确的控制离不开精准的测量，反射面系统和馈源支撑系统均以激光全站仪作为测量手段。FAST 反射面内均匀地布设了 24 个测量基准站组成的基准网，第一步要做的，也是最关键的，就是精确测量 24 个基准站的绝对位置信息。

为了消除光路折射的影响，调试团队研发了一套双靶互瞄模式的对向观测技术，较准确地估计折光的影响并进行修正。

为了克服温度、湿度等自然难题，科研团队研发了一套基准网的自动化监测系统，把基准网测量周期由至少半个月缩短至 10 分钟以内，这样就可以克服温度、湿度及基墩变形周期的限制，最终将望远镜测量基准网的精度提升至 1 毫米以内。

随着调试工作的精雕细琢、测量精度的不断提升，望远镜的性能得到明显改善。“中国天眼”的视力越来越好，从而大幅提升望远镜的巡天效率，观测时将会获得射电源更精确的定位图像，发现更多的脉冲星，并能观测宇宙中不同距离不同方向的中性氢 1.4 吉赫谱线，以更好地探索宇宙历史，甚至搜寻可能存在的外星文明。

初心不改　未来可期

2018 年 4 月 18 日，通过与美国国家航空航天局的费米伽马射线卫星合作，FAST 首次发现毫秒脉冲星 J0318+0253（周期 5.19 毫秒）并获得国际认证，这是中美科学装置首次在地面和太空、射电与高能波段合作完成的天文学发现，也是 FAST 继发现脉冲星之后的另一重要成果。截至 2023 年 1 月，FAST 已发现 700 余颗脉冲星。科研团队在 FAST 上安装多

△ 多波束（“中国天眼”的瞳孔）安装现场

波束接收机后，未来可做多科学目标同时巡天，即在一次扫描中，同时获取脉冲星、天体谱线、快速射电暴等数据进行分析。这一独创的技术与方法，有助于我们发现更多奇异种类的脉冲星，例如，脉冲星黑洞双星系统，使人类有可能在更加极端的引力条件下，检验爱因斯坦相对论，同时使人类有可能第一次精确测量到黑洞的质量。

“中国天眼”已成为我国当之无愧的国之重器，未来还将开展巡视宇宙中的中性氢、研究宇宙大尺度物理学、主导国际低频甚长基线干涉测量网、获得天体超精细结构、探测星际分子、搜索可能的星际通信信号等工作。

“为下一代科学家建一台好用的望远镜”，这是以南仁东为代表的 FAST 科研团队不变的初心。为了实现这个美好的愿景，FAST 还有很长的路要走。

先进材料助推制造升级

2017年6月22日，习近平总书记考察山西钢科碳材料有限公司时指出："新材料产业是战略性、基础性产业，也是高技术竞争的关键领域，我们要奋起直追、迎头赶上。"

时隔三年，2020年5月12日，总书记在考察太钢不锈钢精密带钢有限公司时，拿起一片厚度仅0.02毫米的"手撕钢"，称赞说："百炼钢做成了绕指柔。"他强调，产品和技术是企业安身立命之本。希望企业在科技创新上再接再厉、勇攀高峰，在支撑先进制造业发展方面迈出新的更大步伐。

"手撕钢"的问世，将我国不锈钢箔材的制作工艺提高到世界领先水平，为中国制造提供了高端基础材料。依靠这一拳头产品，太钢不锈钢精密带钢有限公司取得快速发展，2021年利润创建厂以来新高。以太钢集团为代表，中国传统产业实现深刻转型，迈向高质量发展之路。

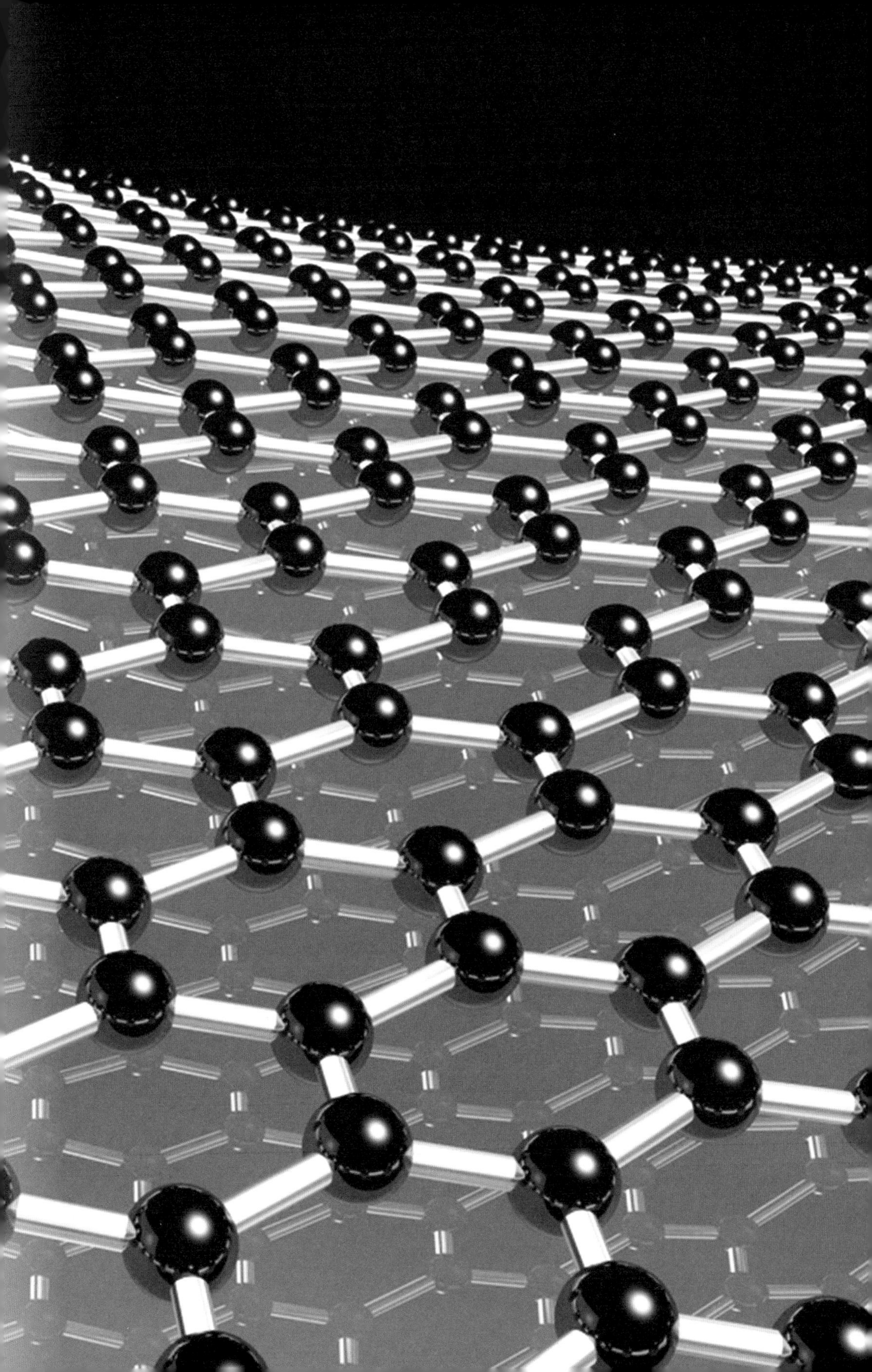

比打印纸还要薄，用手就能轻松撕开的“手撕钢”，曾经是国外少数企业的垄断产品。2018 年，由中国宝武太钢集团生产的厚度为 0.02 毫米的不锈钢成为当时世界最薄不锈钢。习近平总书记考察太钢时曾赞其曰：“百炼钢做成了绕指柔。”总书记考察 3 个月后，太钢集团再创佳绩，成功轧出 0.015 毫米的超薄不锈钢箔材。2021 年 5 月，太钢集团“手撕钢”又实现 0.07 毫米超平不锈钢精密带材、无纹理表面不锈钢精密带钢两项新产品全球首发。

“手撕钢”的问世，将我国不锈钢箔材的制作工艺提高到世界领先水平，成功打破国外贸易垄断和技术封锁，为中国

△ 比打印纸还要薄的“手撕钢”

制造提供了高端基础材料，为国际超薄不锈精密带钢研发指引了新的方向。

向“卡脖子”难题发起挑战

“手撕钢”，顾名思义，指用手就能撕开的钢，这是对厚度小于 0.05 毫米不锈钢精密带钢的形象的叫法，它的专业名称是“不锈钢箔材”。“手撕钢”用途广泛，它是航空航天、高端电子、新能源等诸多尖端领域的关键基础材料。

“手撕钢”生产技术质量指标严、工艺控制难度大，长期被日本、德国等国的少数企业垄断，他们主要生产窄幅手撕钢，宽度为 350 ~ 400 毫米。以 OLED 用掩模板为例，我国长期依赖进口，每年进口总额超过百亿元。

面对这一“卡脖子”难题，太钢集团迎难而上，决心突破国外的技术封锁。在项目启动阶段，大家也有不同程度的担忧：国外技术专家都解不了的难题我们能行吗？国内没有任何经验可以借鉴怎么办？化解担忧最有效的方式就是坚定信心，坚持实践。研发团队的每一位成员紧盯高端市场需求和客户技术要求，以满足客户需求为目标，对标进口高端材料找差距，着力解决生产难点，一次次改善了箔材的厚度、宽度、硬度，一次次扭转了被人“卡脖子”的被动局面。

攻坚克难　百炼成钢

△ 攻克“手撕钢”研发难关

太钢集团“手撕钢”研发项目从 2016 年立项，到 2018 年实现 0.02 毫米 ×640 毫米宽幅不锈钢箔材的世界首发，研发过程可谓困难重重。由 0.8 毫米厚度的普通钢材，一次次往薄轧，每往薄轧制 0.01 毫米，辊系就要重新配比一次。20 个轧辊，加上锥度、凸度等变量因素，研发团队的成员在上万种辊系的配比中不断摸索。平均每两天，团队就要面对一次试验失败，尤其是轧制环节的断带问题。不同于厚板断带一分为二，薄板一断带，就会碎成粉末，只能由瘦小的职工爬进 0.4 米高的备件，用手抠、用手抓，把大家的攻关心血清理出来。

没有克服不了的难题，没有搬不走的大山。两年间，研发团队先后攻克175个设备难题、452个工艺难题，经历了700多次失败，最终攻克了钢质纯净度、产线工艺、控制水平、高等级表面精度、产品性能五大核心工艺技术难题，成功研制出世界最宽640毫米、最薄0.02毫米的不锈钢箔材，并实现优质量产，使太钢集团成为世界上唯一可批量生产宽幅软态不锈钢箔材产品的企业。

再接再厉　勇攀高峰

凭借着品种高端和质量领先的优势，“手撕钢”赢得了国内外客户的认可，源源不断地运往欧美市场。2020年5月12日，习近平总书记在太钢集团生产“手撕钢”的精密带钢公司视察时指出，产品和技术是企业安身立命之本。希望企业在科技创新上再接再厉、勇攀高峰，在支撑先进制造业发展方面迈出新的更大步伐。

2020年8月，经过技术攻关，太钢集团“手撕钢”突破设备极限，实现了厚度从0.02毫米到0.015毫米的跨越，填补了国内空白，打破了国外企业的全球技术垄断，改变了不锈钢箔材市场格局。2021年5月，太钢集团“手撕钢”又实现0.07毫米超平不锈钢精密带材、无纹理表面不锈钢精密带钢两项新产品全球首发，带动了超导、微孔加工等一系列表面深加工重大工艺技术的发展。如今，太钢集团可生产厚度从 0.015 毫米到 0.5 毫米、宽幅从 3 毫米到 650 毫米的不锈钢精密带钢产品，并瞄准氢燃料电池、5G 手机、柔性显示屏等新兴领域用钢需求，不断开发培育新产品，高效推进规模化生产。

太钢集团“手撕钢”超平、超薄、超硬、超光滑的性能和应用领域带动了高端制造原材料的变革。在全力稳固现有国内外市场的同时，太钢集团不断提高在不锈钢精密带材，特别是箔材领域的话语权和影响力。在国内，先后与国内知名企业合作，拓展精密箔材在重点行业的应用；深耕新能源领域，开发柔性太阳能电池衬底用钢、氢燃料电堆双极板等高端产品；折叠柔性显示屏用系列产品已与国内多家知名企业建立合作关系；5G 电子行业无磁新材料正在加速推进。在海外市场，稳

▽ 超平、超薄、超硬、超光滑的“手撕钢”

定现有韩国、巴西、墨西哥等汽车波纹管市场，同步开发印度市场，出口韩国等的药芯焊丝用精密带材销量大幅增长；电热管及汽车关键零部件用产品开发取得实质性进展。

“再接再厉、勇攀高峰”，习近平总书记的勉励，成为太钢集团持续向世界级行业难题发起冲锋的精神力量。通过国家“科改示范行动”试点建设，太钢集团打造了一支自主创新突击队，积极服务国家重大战略需求，推动企业在“十四五”期间实现规模跨越式增长，成为世界不锈钢特殊精密带钢行业引领者。

百炼而成的“手撕钢”，是中国传统工业企业技术和产品迭代升级的缩影，以太钢集团为代表的中国传统产业，正在历经蜕变，实现深刻转型，迈向高质量发展之路。

“复兴号”跑出中国发展加速度

2017 年 6 月 25 日，由中国铁路总公司牵头研制、具有完全自主知识产权、达到世界先进水平的中国标准动车组被命名为“复兴号”。2022 年 1 月 6 日，身披“瑞雪迎春”涂装的奥运版“复兴号”智能动车组亮相京张高铁，成为世界瞩目的焦点。从“复兴号”被命名，到在京沪高铁、京津城际铁路、京张高铁、成渝高铁实现时速 350 千米商业运营，短短几年时间，“复兴号”以最直观的方式向世界展示了“中国速度”，为经济社会发展注入了强劲动力。

砥砺奋进　中国高铁建设发展日新月异

20 世纪 90 年代，为打破“经济发展受制于交通瓶颈、群众出行受困于一票难求”的局面，铁路部门组织开展了高铁基础理论和关键技术研究，实施了对既有铁路的大规模改造。

1997—2007 年，中国铁路完成六次既有线大提速，繁忙干线提速区段最高运营时速达到 200 千米。2003 年 10 月 12 日，全长 405 千米、最高时速 200 千米的秦皇岛至沈阳客运专线

▽ **京沪高铁动车组在动车运用所内蓄势待发**（京沪高速铁路股份有限公司 / 提供）

投入运营，为高速铁路建设进行了有益探索和技术人才准备。

2004 年 1 月，国务院批准新中国成立后的第一个《中长期铁路网规划》，提出规划建设“四纵四横”快速铁路客运通道，其中客运专线 1.2 万千米以上。2008 年 10 月，国务院批准《中长期铁路网规划（调整）》，提出建设客运专线 1.6 万千米。2016 年 7 月，国务院批准新的《中长期铁路网规划》，提出规划建设“八纵八横”高速铁路网。2019 年 9 月、2021 年 2 月，党中央、国务院先后印发《交通强国建设纲要》《国家综合立体交通网规划纲要》，对建设发达完善的高铁网进行了系统优化布局，为高铁建设发展提供了规划指引。

在国家强有力的顶层设计规划的引领下，中国高铁建设发展日新月异，取得了举世瞩目的成就。

2008 年 8 月，我国第一条设计时速 350 千米，穿越松软土地区的京津城际高速铁路开通运营。

2010 年 2 月，世界上首条修建在大面积湿陷性黄土地区的郑州至西安高速铁路开通运营。

2011 年 6 月，世界上运营列车试验速度最高（时速达 486.1 千米）的北京至上海高速铁路开通运营。

2012 年 12 月，世界上运营里程最长，跨越温带亚热带、多种地形地质区域和众多水系的北京至广州高速铁路全线贯通。

2013 年 12 月，连接长江三角洲、台湾海峡西岸和珠江三角洲的杭州至宁波至深圳的东南沿海高速铁路全线贯通。

2014 年 12 月，世界上一次建设里程最长，穿越沙漠地带和大风区的兰州至乌鲁木齐高速铁路开通运营。

2015 年 12 月，世界上首条穿越热带滨海地区的环岛高铁——海南环岛高速铁路全线贯通。

2016 年 12 月，横贯东西、经过省份最多的上海至昆明高速铁路全线贯通。

2017 年 12 月，中国首条穿越地理和气候南北分界线——秦岭的西安至成都高速铁路开通运营。

2018 年 9 月，连接香港和内地的广州至深圳至香港高速铁路全线贯通，香港进入全国高速铁路网。

2019 年 12 月，中国第一条采用自主研发的北斗卫星导航系统、设计时速 350 千米的智能化高速铁路——北京至张家口高速铁路开通运营。

2020 年 12 月，拥有 71 项智能技术的北京至雄安新区高速铁路开通运营。

2021 年 1 月，东北地区重要进出关通道——北京至哈尔滨高速铁路全线贯通。

2022 年 6 月 20 日，中国第一条桥隧比超过 90%、穿越复杂险峻山区的郑州至重庆高速铁路全线开通运营。

到 2022 年年底，全国高铁营业里程达到 4.2 万千米。中国成为世界上高铁建设里程最长、运行速度最高、运营场景最丰富、对自然环境适应性最强的国家。如今，从林海雪原到江南水乡，从大漠戈壁到东海之滨，我国高铁跨越大江大河、穿越崇山峻岭、通达四面八方，“四纵四横”高铁网已经形成，“八纵八横”高铁网加密成型，已覆盖全国 94.9% 的 50 万以上人口城市，为广大人民群众创造着美好生活新时空。

▽ **哈大高铁沈阳至大连段通过首场暴风雪考验**（杨永乾 / 摄）

△ 海南东环高铁动车在海南陵水黎族自治县海边飞驰（罗春晓／摄）

▽“和谐号”动车组列车飞驰在京津城际铁路的高架桥上（原瑞伦／摄）

创新超越 “复兴号”家族惊艳亮相

我国自2000年开始组织高速动车组研制开发，先后自主设计研制了“先锋号”“中华之星”等动车组，并上线进行了大量试验。2006年以来，在对世界先进动车组制造技术引进消化吸收再创新的基础上，批量生产并投入运营了“和谐号”动车组。

从2012年开始，我国全面启动中国标准动车组研制工作。在研发实践中，确定了自主化、简统化、互联互通、技术先进

及自主知识产权等顶层目标，提出了动车组动力配置、网络系统架构、车体尺寸等关键技术参数，发布了中国标准动车组技术条件，组织制定了动车组技术方案，明确了开展动车组关键技术攻关的基本路径，确保了研发工作顺利实现预期目标。

2015—2016 年，中国标准动车组先后完成了型式试验、科学研究试验、运用考核。2017 年 6 月 25 日，中国标准动车组被命名为“复兴号”，6 月 26 日在京沪高铁双向首发，9 月 21 日在京沪高铁实现时速 350 千米商业运营，之后不断扩大运营范围。2021 年 6 月，拉萨至林芝铁路开通运营，“复兴号”高原内电双源动车组开进西藏、开到拉萨，历史性地实现了“复兴号”对 31 个省（区、市）的全覆盖。目前，我国已经形成涵盖时速 160 ~ 350 千米不同速度等级，能够适应高原、高寒、风沙等各种运营环境的“复兴号”系列产品，主要性能指标达到世界一流水平。

运营速度方面，目前在京沪高铁、京津城际铁路、京张高铁、成渝高铁等 1910 千米高铁线路上，“复兴号”以时速 350 千米运营，我国成为世界上唯一实现高铁时速 350 千米商业运营的国家，树立起世界高铁商业化运营新标杆。

安全性方面，“复兴号”车体为整体承载结构，具有高强度、高耐撞性和轻量化特点；整车设置智能化感知系统，特别是在智能型“复兴号”动车组部署 2700 余项监测点，开发了自我感知、健康管理、故障诊断等列车运行在途监测技术，实现了对列车运行状态的全方位监测和实时诊断。

△ **京张高铁“复兴号”智能动车组整装待发**（孙立君／摄）

节能环保方面，“复兴号”车体头型进一步优化，有效降低了持续运行的能耗和噪声；与“和谐号”动车组相比，“复兴号”运行阻力降低 12.3%，时速 350 千米条件下人均百千米能耗下降 17%，车内外噪声分别降低 1 ～ 3 分贝和 0 ～ 3 分贝。

舒适性方面，“复兴号”动车组采用减振性能良好的高速转向架，车体振动加速度小、振幅低、噪声弱，平稳性指标达到国际优级标准，较好地解决了列车空气动力学、轮轨关系、车体气密强度等技术难题，提高了列车进出隧道、高速交会时的安全性和乘客舒适度。车厢内部空调系统新风达到 16 米^3/ 人 · 时，比其他国家高 7% ～ 60%；车体宽，空间大，横截面积达到 11.2 米^2，比其他国家多 14.3%，为旅客提供了宽敞舒适的旅行环境。

△“复兴号”内部设施（陈涛／摄）

可靠性方面，适应我国地域广阔、环境复杂和动车组长距离、高强度运行需求，“复兴号”整车设计寿命由 20 年提升至 30 年，主要结构部件按 1500 万千米进行考核，整车按 60 万千米进行运用考核，远高于欧洲一般 20 万千米的考核要求，为世界上最高等级的考核标准。

优异的性能让“复兴号”受到广大旅客的青睐，截至 2021 年年底，全国铁路配备“复兴号”系列动车组 1191 组，累计安全运行 13.58 亿千米，运送旅客 13.7 亿人次，“坐着高铁看中国”成为人民群众享受美好旅行生活的真实写照，以“复兴号”为代表的中国高铁成为一张亮丽的国家名片。

自强自立　高铁技术体系“中国标准”构建形成

谁制定标准，谁就拥有话语权；谁掌握标准，谁就掌握主动权。铁路部门高度重视高铁技术标准体系建设，经过多年的探索实践，形成了涵盖高铁工程建设、装备制造、运营管理三大领域的成套高铁技术体系，高铁技术水平总体进入世界先进行列，部分领域达到世界领先水平，迈出了从“追赶”到“领跑”的关键一步。

高铁工程建造领域　我国坚持走自主创新道路，成功掌握了世界级大跨度高铁桥梁建造技术，在桥梁设计理论、新型材料研发、桥梁建造技术、大型施工机械装备等方面取得一系列创新成果，修建了沪苏通铁路长江大桥、五峰山长江大桥2座主跨超千米和武汉天兴洲大桥等6座主跨超500米的世界级大跨度高铁桥梁，实现了从“桥梁大国”向“桥梁强国”的转变；成功掌握了复杂地质条件下长大隧道工程建造技术，建成了广深港高铁狮子洋隧道、西成高铁秦岭隧道群等100多座10千米以上的长大高铁隧道，高铁隧道施工技术达到世界领先水平；成功掌握了高铁路基和轨道设计、施工等关键技术，满足了高铁轨道高平顺、高稳定性和少维护的需要。

△ **沪苏通铁路长江大桥**（单新元 / 摄）

高铁技术装备领域 “复兴号”拥有完全自主知识产权、达到世界先进水平，在全部 254 项重要标准中，中国标准占 84%。适应我国高铁成网运营对通信信号和牵引供电技术的特殊要求，我国自主研发 CTCS-3 级列车控制系统，建成了高铁供电调度控制系统（SCADA），使高铁网具备功能强大、安全可靠的中枢神经系统和电力供应系统。与此同时，北斗导航、5G、大数据等先进技术在高铁得到成功应用。

高铁运营管理领域 我国全面掌握了复杂路网条件下高铁运营管理成套技术，解决了不同动车组编组、不同速度、长大距离和跨线运行等运输组织难题，实现了繁忙高铁干线和城际铁路列车高密度、公交化开行，高峰期发车间隔仅为 4 ~ 5 分钟。

随着我国高速铁路快速发展，我国在世界铁路的地位不断提升，我国专家担任了国际铁路联盟亚太区主席、国际电工委员会副主席、国际标准化组织铁路应用技术委员会主席等领导职务。目前，“一带一路”标志性项目雅万高铁正在顺利推进，有力推动了我国铁路标准走出去。在国际标准化组织铁路应用技术委员会开展的 40 项标准制定工作中，我国主持 9 项、参与 31 项；在国际电工委员会开展的 99 项标准制定工作中，我国主持 13 项、参与 48 项；在国际铁路联盟开展的 606 项标准制定工作中，我国主持 26 项、参与 21 项。我国还与俄罗斯等 21 个“一带一路”沿线国家签署标准化互认合作协议，中国铁路在世界铁路的影响力不断提升，使世界对铁路发展、高铁发展有了新的认识，促进了基于中国标准、中国方案的国际铁路合作，为实现我国高水平对外开放，推动高质量共建“一带一路”发挥了积极作用。

△“复兴号”动车组列车驶向郑州东站（王玮 / 摄）

领跑世界　中国高铁将继续阔步前行

习近平总书记对我国高铁技术创新成就给予高度评价，从指出"'复兴号'奔驰在祖国广袤的大地上"，到强调"'复兴号'高速列车迈出从追赶到领跑的关键一步"，再到称赞"高铁已成为中国装备制造一张亮丽的名片"，为高铁发展提供了强大动力。2021年1月19日，习近平总书记乘坐京张高铁在太子城站考察时强调，我国自主创新的一个成功范例就是高铁，从无到有，从引进、消化、吸收再创新到自主创新，现在已经领跑世界，要总结经验，继续努力，争取在"十四五"期间有更大发展。

"十四五"和今后一个时期，铁路部门将认真落实国家创新驱动发展战略和"交通强国"建设部署，强化国铁集团创新主体和领军企业作用，集中力量推动高铁关键技术自主攻关和产业化应用。全面打造世界领先、中国标准的智能高铁系统，推动运营高铁智能化升级，让更多旅客享受到更高品质的旅行生活；深入实施"CR450科技创新工程"，通过研发更高速度、更加安全、更加环保、更加节能、更加智能的"复兴号"动车组新产品，不断巩固我国高铁技术领跑世界的地位。2023年6月28日，由我国自主研发的复兴号高速综合检测列车，在福厦高铁湄洲湾跨海大桥以单列时速453千米、相对交会时速891千米运行；6月29日，试验列车在福厦高铁海尾隧道以单列时速 420 千米、相对交会时速 840 千米运行。两次试验各项指标表现良好，标志着 CR450 动车组研制取得阶段性成果，为 CR450 科技创新工程的顺利实施打下了坚实基础。

根据《中华人民共和国国民经济和社会发展第十四个五年规划和 2035 年远景目标纲要》，到 2025 年，全国铁路营业里程将达到 17 万千米左右，其中高铁 5 万千米左右，届时，铁路基本覆盖城区 20 万以上人口城市，高铁覆盖 98% 城区 50 万以上人口城市，这张世界上最现代化的铁路网和最发达的高铁网将遍布祖国大地，通达更多城市和地区、抵达百姓身边；到 2035 年，全国铁路营业里程将达到 20 万千米左右，其中高铁 7 万千米左右，率先建成发达完善的现代化铁路网，形成相邻大中城市间 1 ~ 4 小时交通圈，城市群内 0.5 ~ 2 小时交通圈，为基本实现社会主义现代化提供强大运输保障。

展望未来，以“复兴号”为代表的中国高铁将更充分、更全面地为国民经济和社会发展赋能，跑出中国发展加速度，向党和人民交出一份优异的铁路答卷。

▽ **从北京开往天津的C2001次“复兴号”中国标准动车组驶入天津市区**（杨宝森/摄）

NW

创新是引领发展的第一动力

党的十九大明确提出，创新是引领发展的第一动力，是建设现代化经济体系的战略支撑。

2020 年 9 月，科技创新坚持“四个面向”的战略部署进一步明确：坚持面向世界科技前沿、面向经济主战场、面向国家重大需求、面向人民生命健康，不断向科学技术广度和深度进军。

瞄准世界科技前沿，强化基础研究，实现前瞻性基础研究、引领性原创成果重大突破。加强应用基础研究，拓展实施国家重大科技项目，突出关键共性技术、前沿引领技术、现代工程技术、颠覆性技术创新，为建设科技强国、质量强国、航天强国、网络强国、交通强国、数字中国、智慧社会提供有力支撑。加强国家创新体系建设，强化战略科技力量。深化科技体制改革，建立以企业为主体、市场为导向、产学研深度融合的技术创新体系，加强对中小企业创新的支持，促进科技成果转化。倡导创新文化，强化知识产权创造、保护、运用。培养造就一大批具有国际水平的战略科技人才、科技领军人才、青年科技人才和高水平创新团队。

在“四个面向”的引领下，我国科技事业一次次迎来突破，一次次刷新人类探索的极限。

2018 年，“松科”2 井顺利完井，“地壳一号”万米钻机完钻井深 7018 米，刷新了我国大陆科学钻探的纪录。

2018 年，我国科学家成功突破克隆灵长类动物的世界难题。

2018年，国产大型水陆两栖飞机“鲲龙”AG600实现水上首飞。

2018年，港珠澳大桥正式通车运营。

2019年，“嫦娥四号”实现人类探测器首次月背软着陆。

2019年，我国科学家研制成功面向人工通用智能的新型类脑计算芯片“天机芯”。

2020年，“北斗三号”全球卫星导航系统正式开通。

2020年，我国无人潜水器“海斗一号”和载人潜水器“奋斗者号”相继创造深潜新纪录。

2020年，“嫦娥五号”探测器完成我国首次地外天体采样任务。

2020年，量子计算原型机“九章”实现“高斯玻色取样”任务的快速求解。

2020年，我国新一代可控核聚变研究装置“中国环流器二号M”建成放电。

2021年，我国科学家发布异源四倍体野生稻快速从头驯化的新策略。

2021年，“天问一号”探测器成功着陆火星。

2021年，太阳探测卫星“羲和号”成功发射。

2021年，“神舟”系列载人飞船相继发射成功，顺利将航天员送入太空，中国空间站步入有人长期驻留时代。

我国科技事业取得一系列实质性突破和标志性成果，科技发展实现巨大跨越，站上新的历史方位。

装备制造业挺起制造强国的脊梁

2017 年 12 月 12 日，党的十九大闭幕后，习近平总书记首次考察调研就来到徐工集团重型机械有限公司。他在考察时指出：“装备制造业是制造业的脊梁，要加大投入、加强研发、加快发展，努力占领世界制高点、掌控技术话语权，使我国成为现代装备制造业大国。”

2022 年 6 月 4 日，徐工集团蝉联全球工程机械行业前三强，连续三年入围“世界品牌 500 强”企业。如今，移动式起重机、水平定向钻市场占有率稳居全球第一，塔式起重机市场占有率跃升至全球第二，道路机械、随车起重机市场占有率进位至全球第三，成套桩工机械、混凝土机械市场占有率稳居全球第一阵营，这是中国装备制造业向祖国交出的一份闪光答卷。

XDE110
徐工重卡
GT

2022年早春的齐鲁大地上，一场挑战全球极限高度的风电吊装工程正在紧张有序地进行：一台机舱重达118吨的4.5兆瓦风电机组，在徐工集团XGC15000A起重机钢铁“臂膀”的托举下稳稳落位。这台风电机组叶轮直径156米，吊装就位高度达到创纪录的170米。这次胜利吊装，使XGC15000A成为全球第一台实现这一安装高度的风电施工起重机。它昂首傲立、直指蓝天，举重若轻、圜转有致，在距离地面近200米的空中，完成了一场力与美的极致呈现。

在挑战极限高度风电吊装之前，徐工起重机已经完成了数次高难度吊装任务，积累了宝贵的成功经验。其中最为人们所津津乐道的，就是吊火箭。

运载火箭是由多级火箭组成的航天运输工具，内含大量燃料，内部结构复杂，成本造价极高。在吊装和运输过程中稍有闪失，就可能导致火箭内部结构受损、航天任务功亏一篑。因此，将火箭平稳地立在发射架上，是航天任务中非常关键的一环。徐工起重机以其卓越的安全保障性和微动性，在数次火箭吊装任务中发挥了至关重要的作用，成为中国航天“高光时刻”的参与者和见证者。

作为中国装备制造业的典型代表，徐工集团（以下简称

▽ 徐工全地面起重机 XCA220 和 XCA130L7 合作完成“谷神星”运载火箭吊装任务

徐工）的历史可追溯到79年前的八路军鲁南第八兵工厂。从做土手雷到生产出我国第一台汽车起重机，再到制造出“世界第一吊”4000吨履带式起重机，从白手起家到营业收入在全球工程机械行业中稳居第三位，在世界产业格局中牢牢占据“领头羊”地位，徐工这个从诞生之初就流淌着红色血液的民族企业，用征服工程机械行业“娄山关”“腊子口”的决心和勇气，屡克难关，闯出中国装备制造业从“跟跑”“并跑”到“领跑”的蝶变之路。

匠心正道铸就“根”与“魂”

徐工的前身是八路军鲁南第八兵工厂，这里是新中国第一台汽车起重机、第一台蒸汽压路机的诞生地。作为排头兵企业，徐工创造了中国工程机械业界公认的“六最”：历史最悠久、规模最大、主机产品线和关键零部件最齐全、创新能力最强、出口总量最大、国际化程度最高。

作为中国工程机械产业的奠基者、开拓者以及领导者的徐工，始终坚守“匠心正道”，历经近80载仍然不忘初心，永远传承着红色基因，不断强化着国企党的领导，矢志不渝地坚守着实业，始终认为铸造“国之重器”责无旁贷、义不容辞。

徐工坚守匠心正道，在新中国成立后艰苦创业时如此，在

△ 1943 年，徐工前身——华兴铁工厂（后改编为鲁南第八兵工厂）在抗日烽火中诞生

△ 1957 年，徐工成功试制中国第一台塔机，正式进军工程机械产业

△ 1960 年，徐工成功研发中国首台 10 吨蒸汽压路机

△ 1963 年，徐工研发中国第一台汽车起机诞生

△ 1975 年，徐工成功试制 16 吨全液压汽车起重机专用底盘，填补了我国中大吨位起重机专用底盘的空白

△ 1975 年，徐工第一台 ZL40 装载机试制成功奠定了我国装载机行业的基础

△ 2013 年 7 月，徐工“世界第一吊”XGC88000 首吊成功

△ 2019 年 10 月，徐工 XGC88000 在沙特完成首秀，圆满打响征战海外、逐鹿全球第一枪

△ 2021 年 5 月，两台徐工千吨级履带起重机在越南大显身手

△ 2022 年 6 月，全球最大塔式起重机 XGT15000-600S 在徐工下线

△ 2022 年 7 月 26 日，全球最大旋挖钻机 XR1600E 在徐工基础智能制造新基地下线

改革开放大潮中勇闯新路时如此，在新时代砥砺奋进时亦如此。在低谷时能够不轻言放弃，苦修内功，在顺境时能够勇于开拓，锐意进取。

正是因为坚守着“根”和“魂”，与国家建设发展同步前行、同频共振，徐工才能够不断更新迭代、凤凰涅槃，才能够逐渐成长为“航空母舰”级企业，真正担当起振兴中国工程机械产业的大任。

改革创新闯出发展路

徐工是改革的产物，又在改革中不断成长。1989 年，徐工率先开展集团化探索，作为全国集团化改革样板组建成立。也正是从这时起，徐工开启了改革的大门，之后的道路虽然也曾面临艰辛曲折，但这扇大门始终坚定敞开，迎来累累硕果。

集团成立之初，资产不良和人心不齐是法人实体母公司时任领导班子面临的最大难题。当时集团报表上的资产负债率超过 90%，且优质资产不多，有的单位拖欠职工工资几个月甚至超过一年，以至于当时徐州市政府也在多次研究徐工集团核心企业徐工重型的破产事宜；与此同时，多年积习的老国企弊病，如人浮于事、管理混乱、经营无序等情况严重。

鉴于此，在徐工集团成立后不久，国家通过江苏省政府把集团下属企业的国有资产进行了授权经营。其后不久，徐州市委也把组织人事权全部下放给徐工集团。至此，在徐工集团的企业经营中，法人实体母公司、授权经营、干部任免权实现统一。三者结合，为企业后来将人力、产品、资产和市场资源进行充分有效的整合打下了坚实基础，也形成了徐工集团与众不同的竞争优势。

更为大刀阔斧的改革，始于 1999 年。1999 年 2 月，徐工集团党委发布《关于发扬艰苦奋斗、勤俭节约、密切联系群众的优良作风，加强干部队伍建设的意见》，其中特别提出要集中抓好“七项专项治理”。与“七项专项治理”配套，集团深入推进用工、人事和工资三项制度改革，进一步建立了充满活力、适应市场竞争的内部机制。

正如徐工集团工程机械股份有限公司党委书记、董事长王民所说:“直到今天，我们一直注重抓从严治党、从严治企，作风正，人心齐，企业才能企稳。”着眼于人的改革为徐工带来一股清新的风，振奋了士气，成为企业新一轮全面改革的坚实基础和重要推动力。

步入改革发展期的徐工，极富前瞻性地推行高技术含量、高附加值、高可靠性、大吨位“三高一大”产品战略，现在已经成为徐工王牌产品之一的起重机，就是在这一时期向当年被外资品牌垄断的汽车起重机、向被德美日少数企业垄断的全地面起重机核心技术、向千吨级超级起重机的攻关发起冲刺的。

△ 2000 年，中国首次自主研发 K 系列汽车起重机产品，开启了我国起重机系列化自主研发的新篇章

△ 2002 年，徐工成功研发中国第一台拥有自主知识产权的 25 吨全地面起重机，拉开了中国全地面起重机自主发展的序幕

△ 2010 年，徐工成功研发 800 吨、1000 吨、1200 吨千吨级全地面起重机，中国成为继德国和美国之后，第三个有能力研发制造千吨级全地面起重机的国家

2003 年，徐工率先成为中国工程机械行业首家营业收入、销售收入双超百亿元的集团。

2011 年，徐工开启名为“汉风计划”的新的改革行动。“汉风计划”意即振举大汉雄风，全面提升徐工在全国、全球行业的竞争位置，核心是事业部制改革，实施“大船变舰队”的全新发展模式。

徐工的事业部制改革颇有成效。起重机械事业部“一大带动众小”，将履带吊、塔吊市场规模做到了国内第一和前三。挖掘机械事业部负责的产品，其国内市场份额与外资品牌旗鼓

△ 2012 年，当时世界最大吨位全地面起重机 XCA5000 亮相上海宝马展

相当，成为国内行业前两强；徐工土石方机械市场规模跻身国内行业第一。此外，徐工还通过四大平台（金融平台、二手车交易平台、工程承接平台和专业人力资源平台）重构、大手笔跨国并购和实施海外工厂及研发布局，拓展了国际化发展格局。这些成为徐工 2012 年营业收入跨上 1000 亿元台阶、海外收入突破 23 亿美元的关键支撑。在这一时期，徐工成为中国工程机械行业唯一千亿级企业。

卧薪尝胆度过寒冬期

自 2011 年下半年起，国内工程机械行业进入“五年锐降期”，这期间的 2014 年、2015 年，行业更是面临断崖式锐降，2015 年最低点时市场容量萎缩到仅有 2011 年高点时的 28%，行业上千家企业被压缩到了不足原市场 1/3 的狭小空间内，大多数企业都在收缩调整，行业的发展举步维艰。

身处行业寒冬，一些企业撑不下去了，脱离工程机械主业，进入当时炙手可热的房地产行业。而徐工却始终坚定不移地扎根于主业，不等不靠，将命运牢牢把握在自己手中。正如徐工集团工程机械股份有限公司董事长王民所说：“我们不过更加专注一些，坚守工程机械主业，坚守改革和创新的大方向，不被其他利益所诱惑，这样才能历经风雨的洗礼仍不断向前。”

行业“五年锐降期”是徐工在不断调整转型中走向“有质量、有效益、有规模、可持续”的蜕变过程，也是徐工在坚守创新中以“三去一降一补”力推供给侧结构改革、迈向“三高一可”高质量发展模式的淬炼过程。在最艰难的 2015 年，徐工班子带头降薪 22% 以上，中层干部自主降薪 8%。然而徐工这五年研发费占主营收入比重却不降反升，甚至比之前“十年黄金期”研发费在主营收入中的占比还高。

在工程机械行业低谷期，徐工调整结构，苦练内功，形成了“一二三三四四”战略指导思想体系，提出了“技术领先、用不毁，做成工艺品”的产品理念，五载卧薪尝胆，不但守住了主业，而且厚积薄发、逆风飞扬，在2017年迎来关键转折点，实现高质量、高速度增长。

“一二三三四四”战略

牢牢抓住转型升级一条主线；

国际化和技术创新两大战略重点；

“三个更加注重”即更加注重经济增长的质量和效益，更加注重体系运行的效率和务实，更加注重产品技术的先进性和可靠性；

“三个全面”即全面对标行业最先进企业和产品，全面推出新思维、新招数和新业态，全面提升企业资产质量、赢利能力和核心竞争力；

国际化、精益化、补短板、可持续“四大经营理念”；

高质量、高效率、高效益、可持续“三高一可”发展理念。

创新驱动跃向更高峰

2017年12月，习近平总书记在考察徐工时特别指出：“装备制造业是制造业的脊梁，要加大投入、加强研发、加快发展，努力占领世界制高点、掌控技术话语权，使我国成为现代装备制造业大国。”

制造业是国民经济的基础，中国要成为制造强国，最关键的是要在领先技术上进行创新突破。被人“卡脖子”的滋味是不好受的，只有破解掉“空心化”、智能化这两大世界级课题，中国工程机械才能真正站上“世界之巅”。

对于创新，徐工的自我要求是：时刻牢记打造世界级强大民族品牌的使命担当，始终做中国工程机械自主创新、集成创新的开拓者和领先者。

中国的工程机械市场已进入一个关键转折阶段，从产品规模的初级竞争走向品牌和品质在世界范围内的高级竞争。真正的强者不是简单地以规模取胜，而是以技术、质量和大吨位产品取胜，这是徐工多年坚持“珠峰登顶”的内涵所在。

从引进、消化到自主创新，徐工一步一个清晰的脚印。

2018年4月2日，我国自主研制的最大吨位、有着“神州第一挖”之称的700吨液压挖掘机在徐工成功下线，一举打破了外资品牌在大型成套矿业机械领域长期垄断的格局。这一超大型液压挖掘机的设计研发，集科技化、智能化、人性化于一体，拥有多项自主知识产权，实现了关键核心技术的集中应用突破，标志着中国成为世界上继德国、日本、美国后，第四个具备 700 吨级以上液压挖掘机研发制造能力的国家。

△“神州第一挖”700 吨液压挖掘机

同年5月，亚洲自动化程度最高、行程最长的冷拔机在徐工液压件公司新厂区建成，新建的冷拔线，最大冷拔长度可达18米，不仅可满足徐工所有大吨位起重机油缸的制造需求，还可对500吨级以上挖掘机薄壁油缸实现自制，为徐工核心零部件牢牢掌握市场主动权提供坚强支撑。

“啃下工程机械领域最后10%技术难题”，是徐工的信念与坚持。徐工在核心技术创新上拥有有效授权专利7200余件、发明专利1700余件，PCT国际专利75件获国外授权。2018年，徐工主持制定的首个国际标准成功发布，真正登上了国际标准制定的舞台。

如今，徐工两大拳头产品起重机、土石方机械主营收入双双过百亿，其中一批重大创新产品核心技术攻关已走在世界前沿。4000吨履带式起重机、2000吨级全地面起重机、700吨液压挖掘机、39吨压路机、550马力[①]矿用平地机、12吨级装载机、XR550D旋挖钻机等填补了100多项国内空白，全面替代进口。“卡脖子”核心零部件360吨挖掘机液压油缸不仅是徐工主机的关键零部件，还替代日本企业批量装备澳大利亚力拓公司，以工作时长超过10000小时跻身这一领域世界顶尖产品行列，受到客户的高度赞扬。徐工加快突破的高端液压阀、新型电控变速箱，打破跨国公司垄断实现自主可控。

① 1马力约等于0.74千瓦。为便于理解，本书使用行业通用单位。下同。

徐工全面落地智能制造战略规划，从 7 家试点企业着手打造智能工厂和智能化徐工，成功打造了国内首个工业互联网大数据平台“徐工工业云”；在智能制造、两化融合、服务型制造、工业互联网应用、双创平台建设领域被国家评为示范试点企业；徐工信息技术公司成长为国家工业互联网领域前三强，在新三板挂牌上市，成为国内首家挂牌的工业互联网平台公司。徐工，精准地走出一条适合自己及产业发展的智能制造新道路。

△ 2021 年 8 月，江苏省苏州市，徐工成套化的无人集群装备首次出现在全国最高等级路面的养护施工现场

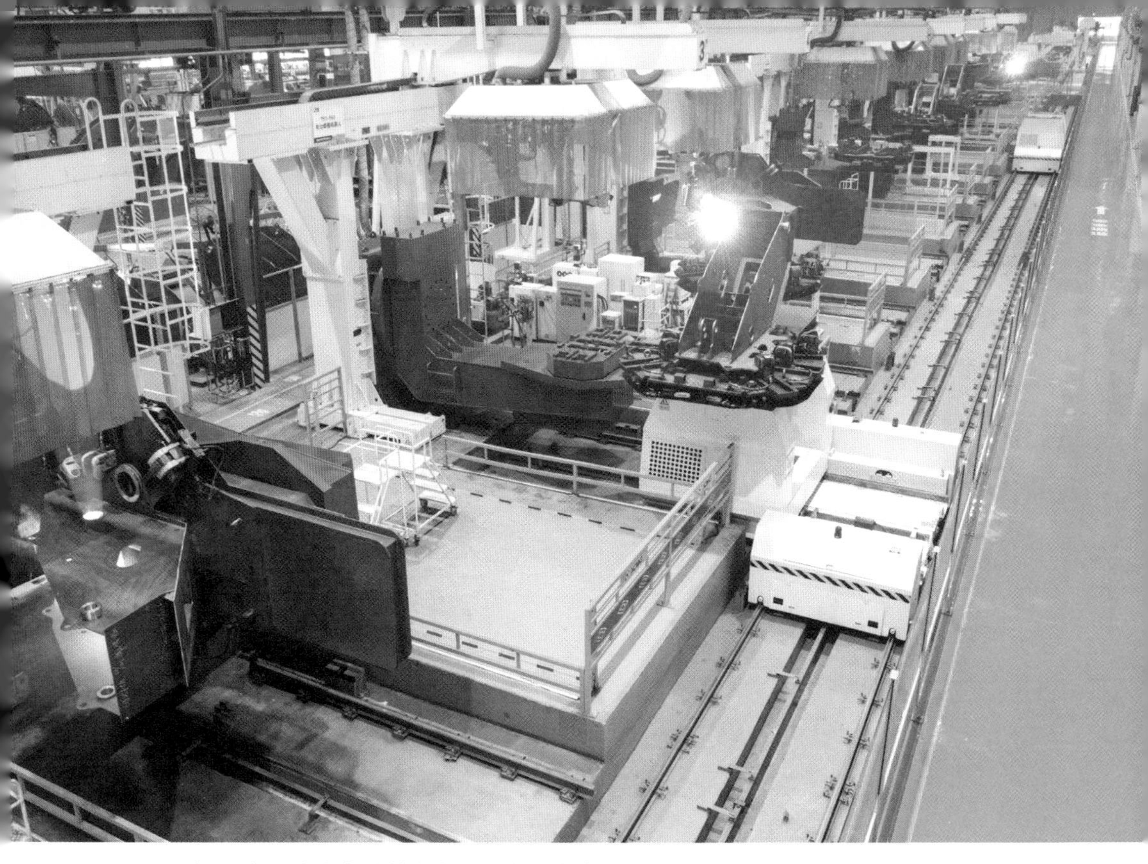

△ 2018 年，徐工建成全球首条起重机转台智能焊接生产线

▽ 2021 年 11 月，在全球最大的 5G 起重机智慧园区内，“全球首创超级起重机五车联吊”震撼亮相

放眼全球拓展大格局

徐工有两大支撑战略，一是技术创新，二是国际化。在徐工“国际化、精益化、补短板、可持续”的四大经营理念中，国际化排在第一位。

过去很长一段时间，中国工程机械产品很难打进高端市场，但随着全球经济放缓，以及中国制造科技含量的不断提高，国际客户纷纷向中国工程机械抛出了橄榄枝。澳大利亚必和必拓与徐工的合作，就是个典型案例。2017 年 5 月签订 GR3505 矿用平地机合作协议以后，徐工对平地机改进次数达

▽ 中国出口最大吨级全地面起重机 QAY650

△ 徐工 260 台起重机出口俄罗斯

1000 次以上，前后整改产品方案 30 多项、技术改进 70 余项，对重载灯具、驾驶室增压系统等进行特殊配置设计，并对全周期可靠性、整机及零部件生命周期等做了优化设计，全力提升设备生命周期的可用率。徐工还成立专项工作组多次实地考察测绘，实施定制化设计和生产。2018 年年初，徐工首批大型矿用设备成功发抵澳大利亚，并开始作业，现场作业表现赢得了客户高度赞誉。

徐工在德国、巴西、美国、印度、奥地利等拥有全球 15 个大型制造基地和散件组装工厂（KD 工厂），外籍职工 3500 多名，产品出口 187 个国家，海外收入占比 35%。徐工积极开展跨国并购，目前已经并购了 3 家欧洲企业，在欧洲年营业规模超过 6 亿欧元。其中，德国施维英公司是欧美发达市场混凝土机械的第一品牌，这个被徐工并购时濒临破产的德国老牌企业连续两年实现全面赢利，2017 年利润同比增长达 88%。

2017 年，徐工在非洲、南美洲、亚洲等海外市场实现出口营业收入翻番。徐工在“一带一路”沿线主要国家市场达到了世界行业前三的领先地位，向西亚、北非和中亚等的出口稳居行业第一位，总投资 3 亿美元建设的巴西工厂，使徐工跻身当地三大工程机械主流品牌之一，在乌兹别克斯坦建立的合资工厂使该国重大工程施工中几乎全部采用徐工装备。在“一带一路”沿线国家，徐工实际投资超过 30 亿元人民币，产品覆盖沿线 62 个国家（占比 97%），销售额占比达 73%，在其中 35 国实现出口占有率第一，在哈萨克斯坦、乌兹别克斯坦，徐工品牌占有率超过 60%。

△ 徐工 230 台起重机械驶向“一带一路”沿线国家

绿色发展绘就新蓝图

习近平总书记指出："推动形成绿色发展方式和生活方式，是发展观的一场深刻革命。""减排不是减生产力，也不是不排放，而是要走生态优先、绿色低碳发展道路，在经济发展中促进绿色转型、在绿色转型中实现更大发展。"

作为基础建设的核心力量、实体经济的制造根基，工程机械产业是推动绿色发展，实现"碳达峰、碳中和"的关键领域。徐工率先发布行业首个《碳达峰碳中和行动规划纲要》，积极践行绿色发展理念，主动扛起建设生态文明的责任与担当，以绿色、低碳、可持续发展引领行业高质量发展。

绿色低碳，科技先行。于 2021 年获评中国专利金奖的风电臂翻转方法及起重机专利，正是徐工践行绿色发展的集中体现。这项专利实现风电建设运输、时间成本降低 25% 以上，仅 2020 年就创造经济效益 49 亿元。

一批"五独领先"技术为产品运用深度赋能。自 2016 年 G 一代起重机上市以来，徐工先后推出多款拥有轻量化技术、新型节能液压系统等新型技术的产品，应用结构轻量化设计等技术，材料性能利用更合理更充分，整机性能提升5% ~ 15%。

通过应用徐工专有新型节能液压系统，融合发动机智能控制技术，徐工实现节油 15% 以上。配合行业首创、全球最前沿的起重机能量回收技术，实现行驶制动、起升变幅系统能量回收与利用，综合工况平均油耗降低 15%；突破传统的起重机智能臂架技术节省作业时间 20% 以上。

推动绿色发展，提高企业能源利用效率是重中之重。通过两化融合管理体系建设，徐工起重机生产效率提高 50.8%，运营成本降低 23.8%，产品研制周期缩短 36.7%。仅以涂装工序为例，通过建设智能化零部件涂装线，涂料利用率由 51% 提升至 65% 以上，达到行业先进水平。

徐工投入 3500 万元安装 VOCs 废气处理设备，处理率达 96% 以上。同时，在厂区建设 8.5 兆瓦分布式光伏电站项目，光伏发电量占总用电量的 11.8%。

△ VOCs 废气处理设备

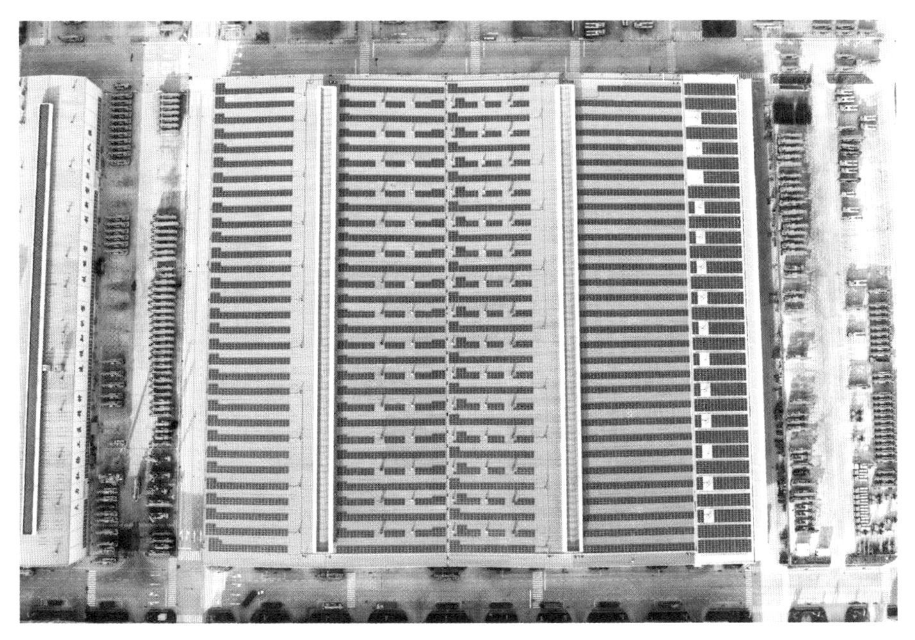

△ 厂区厂房上的光伏电池

△ 全球首款新能源混动起重机 XCT25EV

在起重机再制造领域，徐工于2015年就已通过国家再制造试点工作验收，被列入国家《再制造产品目录》，持续开展绿色工艺、绿色精益制造、绿色研发、绿色再制造等项目54个，在研发、制造、营销、管理等领域探索绿色可持续发展，并开展组织架构变革，成立后市场保障中心，加大资源投入与整体规划，推进备件、再制造、二手车后市场等业务一体化运营。

《2030年前碳达峰行动方案》要求“新型电力系统加快构建”，风电作为可再生清洁能源的重要组成部分，成为实现碳达峰的主力军。

助力清洁能源发展，徐工“擎风二号”XCA1600面世2年多的时间里售出超60台，累计吊装风机近5000台，产生清洁电力近150亿千瓦时，基本满足1500多万个家庭一年用电量。

代表中国超级起重机技术创新成果的XCA1800、XCC2000奔赴风电场，将再次刷新全球风电安装新高度，为中国新能源建设的伟大蓝图擎起坚实臂膀，为全球可持续发展贡献中国力量。

装备制造业是国之重器、兴国脊梁。振兴实体经济，实现中华民族伟大复兴的中国梦，需要造就更多更强能够掌控技术话语权、占领世界行业制高点的创新型领军企业。徐工从战火纷飞的峥嵘岁月中走来，从白手起家到成为世界工程机械行业的“领头羊”，始终坚守“担大任、行大道、成大器”的价值追求，越是困难，越是迸发出万众一心、团结奋斗的强大力量，转危为机，逆势突破，在艰难险阻中历炼成钢。新时代新征程，徐工上下大力弘扬“登顶精神”：一根筋坚守、一种激情创造、一份清醒奋斗，对党忠诚、为国争光，登顶全球工程机械产业珠峰！这样一种精神文化特质，哺育了一代代大国工匠，铸就了大国重器制造文化和中国工业的核心灵魂，也必将真正挺起中国作为世界工业制造强国的脊梁。

△ 全球最大吨位全地面起重机 XCA1800 助力风电建设

散裂中子源探索物质结构

2018 年 8 月 23 日，国家重大科技基础设施中国散裂中子源项目顺利通过国家验收，投入正式运行。中国散裂中子源被誉为“超级显微镜”，是国际公认的与同步辐射光源优势互补的大型综合性研究平台。中子虽然小到以肉眼无法识别，但散裂中子源却是个由各种高、精、尖设备组成的庞然大物，散裂中子源的建设，考验的是综合国力。

中国散裂中子源在材料科学技术、生命科学、物理、化学化工、资源环境、新能源等诸多领域具有广泛应用前景，将为我国产生高水平的科研成果提供有力支撑，为解决国家可持续发展和国家安全战略的许多“瓶颈”问题提供先进平台。

超级显微镜

在显微镜发明以前，人类主要靠肉眼观察周围世界，还没有办法观察细胞，甚至还不知道细胞的存在。当时对于生物的研究只停留在动物和植物的形态、内部结构或生活方式等方面。显微镜把一个全新的世界展现在人类的视野里。人们第一次看到了许多“新”的微小动物和植物，以及从人体组织到植物纤维等各种致密物体的内部构造。显微镜的发明大大扩展了人类的视野，也把生物学带进了细胞的时代。

在 20 世纪 30 年代，科学家又发明了电子显微镜。电子显微镜利用电子与物质进行散射和衍射等相互作用所产生的信号来测定微区域晶体结构、精细组织、化学成分、化学键和电子分布情况等。与光学显微镜相比，电子显微镜用能量更高的电子束代替可见光，用电磁透镜取代光学透镜，并使用荧光屏等装置显示肉眼不可见的电子束图像，因而具有更高的放大率和分辨率。

光学显微镜的最大放大倍率约为 3000 倍，最高分辨率为 0.1 微米，而现代电子显微镜最大放大倍率超过 300 万倍，分辨率达 0.1 纳米，能直接观察到某些重金属晶体中排列的原子点阵和生物细胞中的分子。近年来，科学家又利用兆电子伏能量的电子束，开展在原子尺度下高时间分辨成像的研究。

与光学显微镜用可见光作为“探针”不同，电子显微镜用电子束作为“探针”对样品进行观测。在电子显微镜中，加在电子枪上的电压通常为10万伏量级，电子的能量约为10万电子伏，其波长小于0.1纳米，即与原子的尺度相当。从结构上看，电子显微镜也可以说是一种紧凑型的低能电子加速器。

在20世纪30年代，科学家发明的粒子加速器，不仅可研究分子和原子层次，还可以研究原子核的结构、组成原子核的质子和中子结构，夸克、轻子和传递相互作用的媒介粒子等

△ **北京正负电子对撞机鸟瞰**

“基本粒子”。这些粒子加速器的规模往往巨大，用于探索物质深层次的微观结构，因此被称为“超级显微镜”。

以中子为“探针”的中国散裂中子源

中子也可以作为“探针”，各种中子源也是研究物质微观结构的有力手段。中子不带电、能量低、具有磁矩、穿透性强、无破坏性，能清晰地分辨轻元素、同位素和近邻元素，用以研究在原子、分子尺度上各种物质的微观结构和运动规律，告诉我们原子、分子在哪里，在做什么，不仅可探索物质静态微观结构，还能研究其动力学机制。

中子源与同步辐射光源互为补充，已经成为基础科学研究和新材料研发的重要平台。美国、英国和日本都有散裂中子源，我国在广东省东莞市也建设了中国散裂中子源（CSNS），为相关领域的研究提供高性能的平台。

我们知道，中子和质子都是原子核的组成部分。有什么办法可以让中子从原子核里“跑”出来，用作研究物质微观结构的“探针”吗？加速器可以提供好办法，那就是把质子束加速到 1 吉电子伏左右的高能量，去轰击重金属的靶，与靶原子核产生散裂反应，把原子核里的中子“打”出来。这个过程就像把一个球重重地扔进一个装着许多小球的篮子里，使篮里的球

△ **中国散裂中子源**

飞散出来那样。

中国散裂中子源主要由 1 台负氢离子直线加速器、1 台快循环质子同步加速器、2 条束流输运线、1 个靶站和 3 台谱仪及相应的配套设施组成。负氢离子源产生的束流在直线加速器里被加速到 80 兆电子伏，经过中能束流输运线注入快循环同步加速器。在同步加速器的入口安装了一台剥离膜装置，可以把负氢离子中的电子剥离掉而转换成质子。质子在同步加速器进行积累，并加速到最终能量 1.6 吉电子伏，每秒可进行 25 次这样的循环。质子束通过高能束流输运线送到靶站，轰击钨

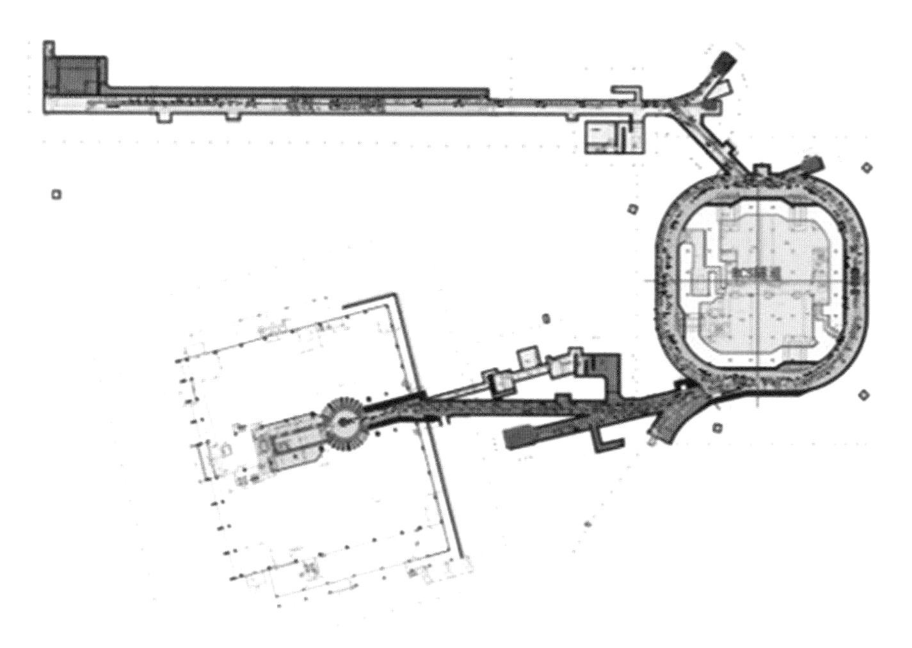

△ 中国散裂中子源布局图

△ 快循环质子同步加速器

△ 负氢离子直线加速器

△ 散裂靶站

靶产生散裂中子。在靶站内部安装了慢化器，可以把散裂反应产生的快中子减速为慢中子，再通过中子导管引到各台谱仪，供用户开展实验研究。

中国散裂中子源具有安装 20 台中子束线和谱仪的能力，在工程的第一阶段，建设了 3 台谱仪，分别是高通量粉末衍射谱仪、多功能反射谱仪和小角散射谱仪。在“十四五”期间，中国散裂中子源将新增 11 台谱仪和实验终端，可帮助更多科学家开展研究。

中国散裂中子源建成后，为生命科学、材料科学、物理学、化学、纳米科学、环境科学、地球科学和医药学等领域的前沿探索提供先进的研究手段，有望使我国在量子调控、基因和蛋白质工程、高温超导机理和稀土永磁材料等重要研究方向上取得突破，为国家重大战略需求提供有力的支撑。

深部探测叩启地球之门

“入地”与“上天”“下海”一样，是人类探索自然、认识自然和利用自然的一大壮举。虽然我国的深地探测起步较晚，但却在短短数年间取得了超越之前数十年的成绩。

2014 年 4 月，“松科”2 井正式开钻，我国在“向地球深部进军”的道路上迈出了坚实的一步。2018 年 5 月，“松科”2 井顺利完井，“地壳一号”万米钻机完钻井深 7018 米，刷新了我国大陆科学钻探的纪录。“松科”2 井成为我国最深的科学钻井，也是全球第一口钻穿白垩纪陆相地层的大陆科学钻探井。

向地球深部进军

地球深部探测，关乎人类生存、地球管理与可持续发展。越来越多的证据表明，我们在地球表层看到的现象，根在深部，缺少对深部的了解，就无法理解地球系统。越是大范围、长尺度，越是如此。深部物质与能量交换的地球动力学过程，引起了地球表面的地貌变化、剥蚀和沉积作用，以及地震、滑坡等自然灾害，控制了化石能源等自然资源的分布，是理解成山、成盆、成岩、成矿、成藏和成灾等过程成因的核心。

20 世纪 90 年代初，由德国牵头，在国际地学界的支持下，28 个国家的 250 位专家共同讨论了“国际大陆科学钻探计划”。1996 年 2 月 26 日，中、德、美三国签署备忘录，成为发起国，正式启动“国际大陆科学钻探计划”。

2006 年,《国务院关于加强地质工作的决定》下发实施，明确将地壳探测列为国家目标和意志，于 2008 年据此启动实施的“深部探测技术与实验研究专项”，成为中国深地探测具有标志性意义的里程碑。

在 2016 年召开的“科技三会”上，习近平总书记提出“向地球深部进军是我们必须解决的战略科技问题”，把地质科技创新提升到关系国家科技发展大局的战略高度。组织和实施地球深部探测重大科技项目是落实国家科技战略、拓展发展空间、提升地球认知、解决我国能源资源短缺和自然灾害预测等问题的重要途径。

2018 年 5 月 26 日，“松科”2 井顺利完井，“地壳一号”万米钻机完钻井深 7018 米，刷新了我国大陆科学钻探的纪录。“松科”2 井成为我国最深的科学钻井，也是全球第一口钻穿

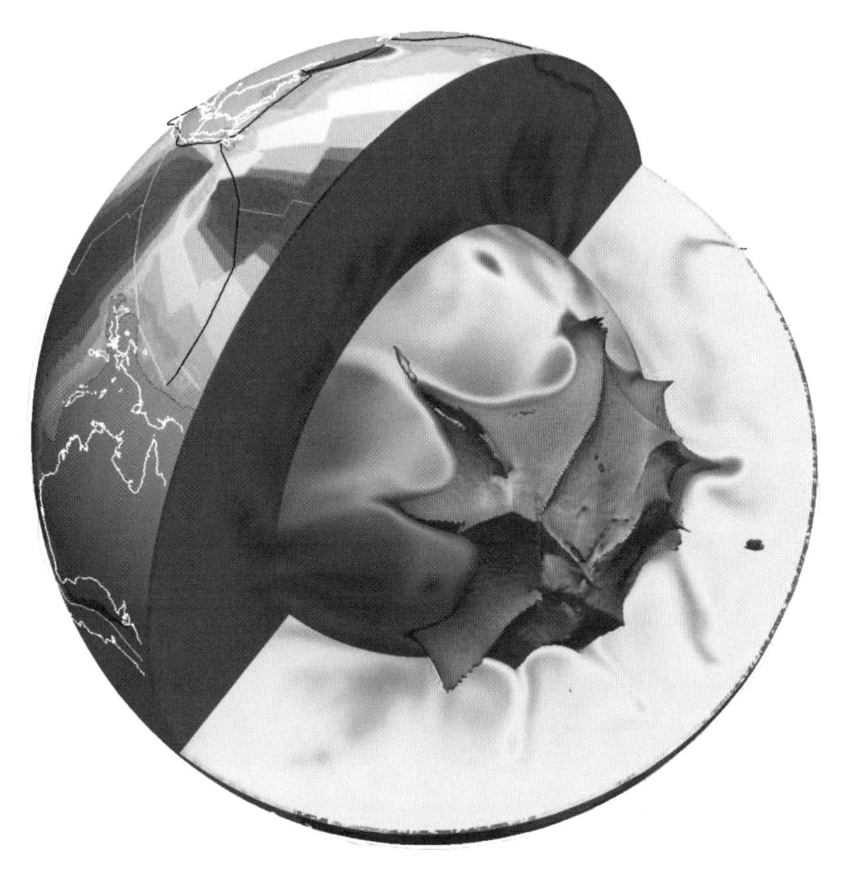

△ 三维地球示意图

白垩纪陆相地层的大陆科学钻探井。这标志着我国在“向地球深部进军”的道路上又迈出了坚实的一步。

前赴后继　实现赶超

虽然我国的深地探测起步较晚，但却在短短数年间取得了超越之前数十年的成绩，从“跟跑”进入“并跑”阶段，部分领域达到“领跑”水平。这些成绩的取得，源自我国深地探测科研团队前赴后继的科研攻关和忘我付出。我国著名地球物理学家黄大年，就是他们中的杰出代表。

△ 黄大年给同学的毕业赠言

黄大年，这位在大学毕业时的同学赠言中写下“振兴中华，乃我辈之责”的科技工作者，于2009年响应国家召唤，毅然放弃在国外已有的科技成就和舒适生活，回到祖国。他在给吉林大学地球探测科学与技术学院领导的邮件中写道：“多数人选择落叶归根，但是高端科技人才在果实累累的时候回来更能发挥价值。现在正是国家最需要我们的时候，我们这批人应该带着经验、技术、想法和追求回来。”

回国后的黄大年被选为“深部探测技术与实验研究专项”第九项目——“深部探测关键仪器装备研制与实验项目”的负责人。他带领团队夜以继日地开展工作，为了保证工作时间，他几乎每次出差都是乘最早的航班出发，乘最晚的航班返回，正餐也常常以一两根玉米代替。

在黄大年团队的努力下，我国在万米深度科学钻探钻机、大功率地面电磁探测、固定翼无人机航磁探测、无缆自定位地震探测等多项关键技术方面进步显著，快速移动平台探测技术装备研发攻克“瓶颈”，成功突破了国外对中国的技术封锁。

2017 年 1 月 8 日，年仅 58 岁的黄大年因病逝世。习近平总书记对黄大年的先进事迹做出重要指示：

黄大年同志秉持科技报国理想，把为祖国富强、民族振兴、人民幸福贡献力量作为毕生追求，为我国教育科研事业作出了突出贡献，他的先进事迹感人肺腑。

我们要以黄大年同志为榜样，学习他心有大我、至诚报国的爱国情怀，学习他教书育人、敢为人先的敬业精神，学习他淡泊名利、甘于奉献的高尚情操，把爱国之情、报国之志融入祖国改革发展的伟大事业之中、融入人民创造历史的伟大奋斗之中，从自己做起，从本职岗位做起，为实现“两个一百年”奋斗目标、实现中华民族伟大复兴的中国梦贡献智慧和力量。

深部探测叩启地球之门

深地震反射与天然地震层析成像技术是深部探测的两项关键技术。通过研究地震波在地球内部的传播，可以了解地球内部的壳幔结构和波速结构，深入认识地球。近垂直深地震反射探测技术被国际地学界公认为研究大陆基底、解决深部地质问题和探测岩石圈精细结构的有效技术手段，号称“深部探测的技术先锋”，具有探测深度大、分辨率高和准确可靠等特点，是大陆动力学和深部地壳精细结构研究的主要手段。被动源天然地震层析成像技术是地球深部构造研究中的一项重要研究方法，被称为“窥探地球深部的窗口”。反射折射联合层析成像，是一种能提供高精度高分辨率的三维定量速度成像方法，已成为深部探测与资源勘查的得力助手。

科学钻探是获取地球深部物质、了解地球内部信息最直接、有效、可靠的方法，是地球科学发展不可缺少的重要支撑，也是解决人类社会发展面临的资源、能源、环境等重大问题的重要技术手段。

2001 年，中国大陆科学钻探工程第一口井在江苏省连云

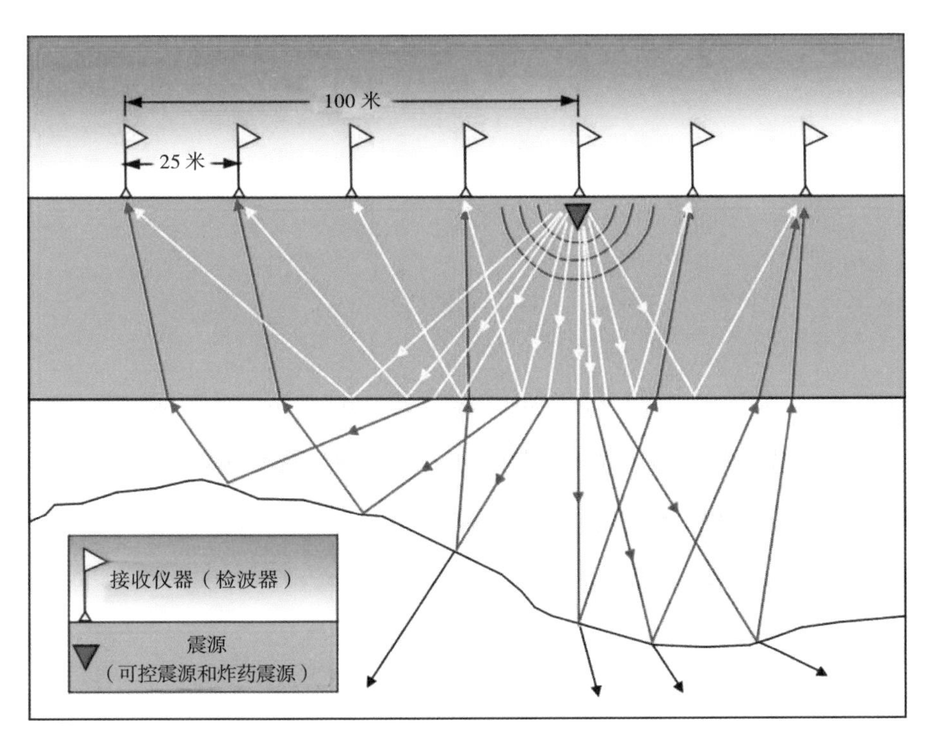

△ 深地震反射基本原理示意图

港市东海县开钻，2005 年钻探结束，共钻进 5158 米，取芯钻进 1074 个回次，岩芯采取率 85.7％，其中获取的最长岩芯为 4.67 米。随后，我国在这口钻井的基础上建立了深井地球物理长期观测站，为监测我国东部郯城－庐江断裂带及邻区地壳活动性和动力学状态积累系统的科学资料。此后，我国又开展了青海湖环境科学钻探、松辽盆地白垩纪科学钻探、柴达木盐湖环境资源科学钻探等，总共钻进约 35000 米进尺。

2007 年 10 月，中国白垩纪大陆科学钻探工程——“松科”1 井的钻探工作在我国松辽盆地北部完成。2014 年 4 月，

△“地壳一号”万米钻机整机系统

“松科”2井正式开钻，设计深度为6400米，预计获取4500米的关键岩芯。我国自主研发的深部探测关键仪器装备——“地壳一号”万米大陆科学钻探钻机，具有数字化控制、自动化操作、变流变频无级调速、大功率绞车、高速大扭矩液压顶驱、五级固控系统等突出特点，为开展超深科学钻探做好了装备准备。“地壳一号”在大庆实施“松科”2井科学钻探工程（7018米），成为世界上正在实施的最深取芯科学钻。“松科”1井和“松科”2井，可以有效探索深部能源资源和探究距今1.45亿~0.65亿年间的地球温室气候变化，也是目前为止国际上最长而且连续的一条白垩系陆相沉积记录。

“深部探测技术与实验研究专项”已获取的海量高质量地球深部多参数数据，为揭示深部结构和组成提供了崭新的资料证据，且数据实现共享。例如，专项建立全国地球化学基准网，首次获得全国78种地壳元素分布情况，制作出世界第一张“化学地球”图件。在国家紧缺资源、灾害以及地质科学研究的关键部位实施了12口科学钻探孔，累计完成科学钻探进尺23905.44米，获得了宝贵的深部样品和实物资料。

“深部探测技术与实验研究专项”取得的一批重要地质发现，将改变传统的地质认识和学术模型。这些新的发现和成果资料为我们重新认识和理解中国大地构造和重大基础地质问

△ **工作人员在钻井平台检查井口**（新华社记者/摄）

题、探讨地球深部结构与深部过程提供了宝贵的证据。

深部探测技术与实验研究发现了一批具有战略意义的重大找矿线索，为实现找矿战略行动计划提供了有力支撑。例如，专项在松辽白垩纪盆地之下发现残存的古沉积盆地，为在大庆之下寻找隐伏深部油气藏提供了战略依据。探测发现我国西藏、北方巨型稀土元素聚集区，具有超大型矿床潜力。

“深部探测技术与实验研究专项”成功研究与实验的一系列技术方法，极大地加快了我国深部探测的进度，使我国跻身世界深部探测大国行列。但是，地球深部探测研究任重而道远，目前的成绩只是阶段性胜利。下一步我国将加快向地球深部进军的步伐，在“深地资源勘查开采”重点专项和“深地颠覆性先导技术研究计划”的基础上，启动实施深地领域面向2030年的科技创新重大项目。我国地学家将继续面向国家能源资源和环境保护的重大需求，叩启地球之门，揭示大陆地壳的深部奥秘，开拓利用好深部能源资源与国土空间，实现地质调查与科学认知由浅表走向深部，提升能源资源保障与安全利用程度。

港珠澳大桥
缔造世界桥梁工程奇迹

2018 年 10 月 23 日，港珠澳大桥开通仪式在广东珠海举行，习近平总书记出席仪式并宣布大桥正式开通。他强调，这是一座圆梦桥、同心桥、自信桥、复兴桥！

港珠澳大桥是连接香港、珠海、澳门三地的大型跨海通道，全长 55 千米，集桥、岛、隧为一体，是世界上最长的跨海大桥。大桥将粤港澳三地纳入“一小时生活圈”，三地人民“你中有我，我中有你”，形成一家亲，成为一家人。

港珠澳大桥主体桥梁工程以其耐久环保、高品质、高质量、可持续等特点，荣获国际桥梁与结构工程协会（IABSE）评选的 2020 年度“杰出结构工程奖”。英国《卫报》盛赞港珠澳大桥为“新的世界七大奇迹”之一。

港珠澳大桥跨越伶仃洋海域，东接香港特别行政区，西接广东省珠海市和澳门特别行政区，是“一国两制”框架下、粤港澳三地首次合作建设的超大型跨海交通工程。2018 年 10 月 23 日，港珠澳大桥开通仪式在广东珠海举行，习近平总书记出席仪式并宣布大桥正式开通。10 月 24 日，港珠澳大桥公路及各口岸正式通车运营。

港珠澳大桥的建设

港珠澳大桥为世界最长跨海大桥，工程全长约 55 千米，包括 3 项内容：一是海中桥隧主体工程；二是香港、珠海、澳门三地口岸；三是香港、珠海、澳门三地连接线。其中，海中桥隧主体工程由三地政府共建共管，其范围起自珠澳口岸，终于粤港分界线，长约 29.6 千米，采用桥—岛—隧集群方案，包含约 6.7 千米沉管隧道和 22.9 千米跨海桥梁，为实现桥梁和隧道转换，隧道两端各设置一个海中人工岛。

珠江入海口区域地处亚热带海洋性季风气候区，常年高温、潮湿，外海作业受台风影响十分频繁；该海域基岩埋藏在海床面下 50 ~ 110 米，软弱地层深厚，为保证珠江水系防洪纳潮，海中结构物的阻水率必须控制在 10% 以内；珠江口海域是国内最繁忙的海上交通区段之一，最大航运日流量超过4000艘次；该海域还设有中华白海豚国家级自然保护区，环境敏感点众多，海洋水质和生物保护要求高。港珠澳大桥正是在这样一个颇具挑战性的环境下实施的超级工程。工程集桥梁、海底隧道、人工岛于一体，设计使用寿命达120年，技术标准高于同类工程，建设难度极大，必须依靠科技创新，把生态环保放在重要位置，实现关键技术、关键设备、装备的重大突破，以确保工程的顺利实施。

港珠澳大桥的建设目标是：建设世界级的跨海通道，成为地标性建筑，为用户提供优质服务。

为达到建设目标，针对项目特点，逐步形成了四个建设理念，以指导工程实践：

一是全寿命周期规划，需求引导设计：项目规划不仅考虑建设期需求，更要充分考虑运营管理、维护保养需求，保障整个工程在120年全寿命周期内结构功能满足使用要求且成本最低。

二是大型化、标准化、工厂化、装配化：大面积推行“工厂化生产、机械化装配”的建设思路，化水上施工为陆域加工制造，把工地变成工厂，把构件变为产品。充分保证大桥建设质量和耐久性。

三是立足自主创新，整合全球优势资源：充分利用港澳地区国际化平台，整合全球优势资源为工程服务，提高行业技术和装备水平。

四是绿色环保、可持续发展：平衡好质量安全、生态环保与工程建设、项目运营之间的关系，建成世界一流的桥隧工程和绿色高效的交通通道。

技术标准填补空白　岛隧工程领先世界

开工以来，大桥围绕建设理念，进行了一系列实践，取得了若干建设成果。

港珠澳大桥建设过程中的技术标准采用三地“就高不就低”原则，在每一个阶段都对技术标准安排了专项研究，吸取、归纳、综合了香港地区及相关国际标准的长处，逐步建立了完整的项目技术标准体系，涵盖设计、施工、运营等各方面，不仅较好地支撑了工程建设，而且系统地填补了我国外海交通建设技术标准的空白。

港珠澳大桥在岛隧工程方面也取得了领先世界的成果。

人工岛快速成岛

两个人工岛地处开敞海域，岛体全部位于约 30 米厚的软基之上，是迄今为止我国建设速度最快的离岸人工岛工程。共采用 120 组深插式钢圆筒形成两个人工岛围护止水结构，单个圆筒直径 22 米，高度 40 ~ 50 米，重约 500 吨。通过采用

△ **东人工岛全景**

该创新技术，两个 10 万米^{2}的人工岛在 215 天内即完成了岛体成岛，与传统抛石围堰工法相比，施工效率提高了近 5 倍，且海床开挖量大幅减少，对海洋的污染也降至最低。

隧道管节工厂化生产

港珠澳大桥海底隧道是我国首条在外海建设的超大型沉

△ 西人工岛最后一个钢圆筒打设

管隧道，海中沉管段长达 5664 米，由 33 节管节组成，标准管节长度 180 米，重约 8 万吨，最大作业水深 46 米。33 个巨型管节全部采用先进的“工厂法”生产，在距离隧道轴线约 7 海里的桂山牛头岛预制厂中完成预制，然后整体拖运到工程现场进行沉放。与传统的“干坞法”相比，“工厂法”可形成流水线生产模式，实现全年 365 天不间断流水生产，管节预制效率和质量大幅提升，代表了未来大型构件大规模生产的技术趋势。

△ 管节预制厂全景

隧道基础处理

隧道近 6 千米的沉管段全部位于软弱地基，地基不均匀沉降直接影响沉管结构安全及防水，是隧道安全建设运营的关键，必须突破常规的施工方式，采用更先进的理念及精细化的施工作业。为此，工程大规模采用了环保的挤密砂桩地基加固技术，使用量近 130 万米^3；采用了复合地基方案，协调地基刚度过渡，斜坡段采用挤密砂桩，中间段为天然地基加抛填块石夯平，管节与地基间铺设碎石垫层；依靠自主研发的大型装备，对基槽开挖、清淤、基床铺设等关键工序进行了高精度施工控制。从目前的监测数据看，基础沉降控制效果十分理想。

沉管浮运安装

一个标准管节重约 8 万吨，犹如一艘航空母舰，且浮运线路位于伶仃洋最繁忙的通航水域，操控难度极大。为此，工程联合海洋环境预报专业团队，开展了小区域水文气象窗口预报，为浮运沉放各阶段决策提供精确的风浪流条件参数，联合海事部门实施海上临时交通管制和护航，采用 11 艘大马力全回转拖轮协同作业，运输距离 12 千米。自主研发多项专用管节沉放控制和保障设施，包括管节压载系统、深水测控系统、拉合控制系统、管内精调系统、作业窗口管理系统、回淤监测

△ 管节浮运

及预警预报系统等，满足了 46 米水深下的对接精度要求。

独特的中国桥

桥梁工程包括青州航道桥、江海直达船航道桥、九洲航道桥 3 座通航孔桥，分别是中国结、海豚塔、风帆塔的景观设计，剩余约 20 千米非通航孔桥均采用钢结构主梁或组合梁，单墩设计，承台深埋的方案，颇具工业化观感，景观效果独特优美。

桥梁结构装配化施工

在我国桥梁施工技术及工业化水平逐步提升的背景下，港珠澳大桥桥梁结构采用了工厂标准化生产、大型装配化施工，将预制构件尺寸尽量做大，通过大型起吊设备现场安装，缩短

△ 墩台整体预制

△ 钢箱梁大节段吊装

现场安装作业时间，降低海上施工风险，缩短工期，保证质量。

承台墩身采用整体预制、吊装，深水区非通航孔桥 127 个承台墩身（最大吊重约 3200 吨），浅水区非通航孔桥 63 个承台墩身（最大吊重约 2400 吨）全部采用混凝土预制，由大型浮吊运输至施工现场进行安装。为减少对河势、航道、水利等的不利影响，非通航孔桥 190 个承台全部埋入深 8 ～ 15 米的海床面以下，这在国内外桥梁建设中尚属首次，并通过采用新型胶囊 Gina 止水带以及钢圆筒围堰干法施工等创新工法，成功解决了因采用埋置式承台而带来的止水和环保难题。

箱梁采用大节段整孔逐跨吊装，钢箱梁共 128 跨，标准节段长 110 米，吊装重量最大 3600 吨。组合梁分幅设置，共 148 片，标准节段长 85 米，单片梁吊装重量约 2000 吨。

江海直达船航道桥“海豚型”钢塔高约 110 米，重约 3100 吨（含吊具），采用大型浮吊一次吊装到位。

桥梁钢结构自动化制造

△ 钢箱梁工厂制造

桥梁钢结构制造规模达 42.5 万吨，如此规模在国内尚属首次。为保证制造质量、降低传统工艺的人为影响，港珠澳大桥钢箱梁板单元制造全面采用了自动化、智能化的先进制造工艺和装备，建成了全新的自动化生产线。钢结构所有板单元实现自动化制造，相比传统工艺生产效率提高了 30% 以上，且质量大幅提升，促进了桥梁产业升级。

港珠澳大桥建成后，将形成一条粤港澳三地人民期盼多年的连接珠江两岸的公路运输通道，对完善国家和区域高速公路网络布局、密切珠江西岸地区与香港地区的经济社会联系、促进珠江两岸经济社会的协调发展发挥重大作用。跨越伶仃洋的蓝图正逐步变为现实，未来的路还很长，也并不轻松，全体建设者必须保持“如临深渊、如履薄冰”的风险意识，扎扎实实解决工程实际问题，真正把大桥建设成百年工程！

2012年

2017年

2020年

200米

300米

1000米

3000米

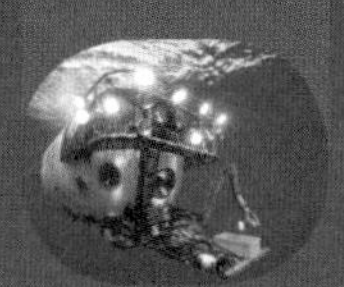

“深海勇士号”

4534米

6000米

7000米

“蛟龙号”

7062米

11000米

“奋斗者号”

10909米

载人深潜挺进万米深蓝

“可上九天揽月，可下五洋捉鳖，谈笑凯歌还。”中国人向未知世界探索的足迹，不仅留在了浩瀚宇宙，也留在人类所生存的这颗蓝色星球的深海、深地。

2012 年 6 月，由全国 100 多家科研单位联合攻关研制的载人深潜器“蛟龙号”成功完成 7000 米级下潜，最大下潜深度达 7062 米。2017 年 10 月 3 日，国产化率达 95% 的中国第二台深海载人潜水器“深海勇士号”在南海海试成功。2020 年 11 月，全海深载人潜水器“奋斗者号”在马里亚纳海沟成功下潜达 10909 米，创造了中国载人深潜的新纪录，标志着我国载人深潜技术已跻身世界先进行列。

我国载人深潜遵循严谨的科学发展路线，一步一个脚印走出中国特色的自立自强之路，实现了自主设计、自主制造、关键技术自主可控，特别是在设计计算方法、基础材料、建造工艺、通信导航、智能控制、能源动力等方面，实现由“中国制造”向“中国创造”的跨越。

△“奋斗者号”

2020 年是“十三五”规划收官之年，也是我国深潜装备研发取得丰硕成果的一年。6 月 8 日，我国研发的作业型全海深自主遥控水下机器人“海斗一号”，在马里亚纳海沟创造了潜深 10907 米的国内新纪录；7 月 16 日，我国研发的无人水下滑翔机“海燕 -X 号”在马里亚纳海沟创造了潜深 10619 米的世界纪录；11 月 10 日，我国研发的“奋斗者号”全海深载人潜水器又创造了 10909 米的国内载人深潜新纪录。

这些无人和载人深潜装备的研制成果，标志着我国不仅能将水下机器人和探测装置送至深海，也能将海洋科学家和工程技术人员送到世界最深的海底。我国已具备进入世界海洋最深处开展科学探索和研究的能力，这充分体现了我国在海洋高科技领域的综合实力。

极限挑战　深潜装备研发攻坚克难

“深海进入”“深海探测”和“深海开发”是中国深海战略“三部曲”。“深海进入”技术即人们得以到达深海现场的技术，也就是深潜技术；“深海探测”技术是到达深海现场后进行勘查的技术；“深海开发”技术则面向资源开采，是以服务人类发展为直接目的的技术。

深潜是直观的深海探索，也是实现深海资源开发的第一步。

如何才能潜入深海？以深海潜水器为代表的深潜装备，能够运载电子装置、机械设备以及工程技术人员、科学家等，快速精确地到达各种深海复杂环境，进行高效勘探和科学考察，是实现“深海进入”、实施深海发展战略必不可少的一项技术手段。

深海潜水器主要分为无人潜水器与载人潜水器两大类。各类潜水器有不同特点，分工明确。如水下滑翔机和自主无人潜水器机动灵活，可以开展区域性的综合调查；带缆遥控无人潜水器可由人员在甲板上操控，能源通过缆索从甲板上供应，是大功率作业的必需手段；载人潜水器的优势则在于定点精细作

△ **无人潜水器“海斗一号”**

业，人员可在海底目的物前直接观察、直接取样、直接测绘，以便现场发现和决策。

特别是在复杂恶劣的深海环境里进行观察和作业，载人潜水器是最有效的深海取样和测绘手段。海洋科学家在深海现场直接观察，可凭借专业经验，将捕捉到的水下实际信息及时进行综合整理分析，迅速得出处理意见，操作机械手进行有效的水下作业。

无论是无人的水下机器人，还是载人的深海潜水器，都面临着深海环境极其严峻的挑战。

一是“深”。深海水压巨大，压力随海洋深度递增，超大潜深给潜水器带来全系统安全性设计与集成难题，载人潜水器必须确保潜航员在任何情况下都能安全上浮。以万米深海为例，载人舱和所有设备需承受每平方米 11000 吨的超大压力，对载人舱球壳和固体浮力材料等耐压结构的选材和设计提出巨大挑战。

二是“准”。潜水器潜入深海的主要任务是实现精确定位、精准操控和精细作业。然而，深海黑暗无光、水文地形复杂多变、环境传感数据获取难度高，要在保证潜水器水中机动性的前提下实现针对小目标的动态精准作业，难度可想而知，这对潜水器的控制提出极高要求。

三是“通”。水声通信是深海潜水器实现与水面母船沟通的唯一桥梁。然而，深海水体通透性差，电磁波衰减严重，声波在传输过程中易发生折反射、频移等，导致信号严重畸变，实现稳定可靠的高速率远程水声通信因而十分重要。

我国深潜装备研发不断克服困难、迎接挑战，取得举世瞩目的突出成绩。

集智攻关
走出载人深潜自立自强之路

我国在载人深潜领域起步较晚。20 世纪 60—70 年代，我国首套深海模拟试验设备群建成，相应的试验检测方法、标准和规范逐步形成，为我国深潜装备研发提供了基础技术保障。改革开放后，在国际海洋石油开采事业的促进下，我国先后成功研制 300 米单人常压潜水装备、600 米以浅的系列缆控水下机器人、1000 米和 6000 米自治水下机器人，并形成了一支科研本领过硬的深潜技术研发团队，为之后大深度载人潜水器的研制提供了坚实技术支撑。

20 世纪 70—80 年代，人们对海洋认知和深海资源开发的需求不断增长，对国际海底资源勘探的需求也随之增长。一些发达国家于 80—90 年代相继研发出 6000 米级的载人潜水器，从事深海资源勘探和科学研究。

21 世纪，人类进入大规模开发利用海洋的时期。党的十九大报告指出："坚持陆海统筹，加快建设海洋强国。"探索认知海洋是开发利用和保护海洋的先决条件。为加快建设海洋强国，开发利用深海资源、保护深海生态环境、维护深海权益、保障深海安全，发展相应的装备必须先行。

2002 年，7000 米载人潜水器研制工作启动，这就是我国首台自行设计、自主集成研制的“蛟龙号”。2012 年 7 月，“蛟龙号”在马里亚纳海沟成功下潜至 7062 米，创造了中国载人深潜纪录，标志着我国具备了可到达全球 99.8% 的海洋开展作业的能力。

△“蛟龙号”入水瞬间

为提高我国深潜装备关键技术的自主可控能力，早在2009年“蛟龙号”尚未完成海试之时，科技部就布局了4500米载人潜水器也就是“深海勇士号”设计与关键技术研究项目。历经8年持续艰苦攻关，“深海勇士号”实现载人舱、浮力材料、锂电池、推进器、海水泵、机械手、液压系统、声学通信、水下定位、控制软件10大关键部件的国产化，并于

△“深海勇士号”

2017年10月成功完成海试，为深海载人深潜高端装备“中国制造”探索出一条切实可行的路径，实现了我国载人潜水器由集成创新向自主创新的历史性跨越。

△“奋斗者号”

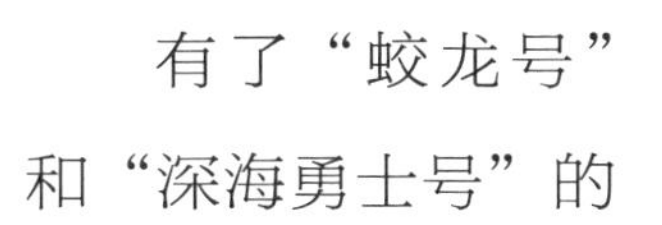
有了“蛟龙号”和“深海勇士号”的基础，瞄准全球海洋最深处逐步成为可能。2016年，科技部支持“奋斗者号”全海深载人潜水器研制项目，开启历时5年的集智攻关工作。2020年11月，“奋斗者号”在马里亚纳海沟完成8次万米级下潜，并且实现全球首次万米深海作业现场的高清视频直播，标志着我国具备进入世界海洋最深处开展科学探索和研究的能力，实现在同类型载人深潜装备方面的超越和引领。

“用字当头”是大深度载人潜水器工程研发的首要宗旨。“要用”是工程立项的原动力，“顶用”是工程发挥作用的生命力，“用好”是工程寿命期实现的保障。“蛟龙号”“深海勇士号”“奋斗者号”三台大深度载人潜水器研制成功后，已累计完成523次下潜任务，取得丰硕成果。

我国载人深潜遵循严谨的科学发展路线，一步一个脚印走

△ 顺利完成“奋斗者号”2021 年度第二阶段常规科考应用保障任务的功勋母船“探索一号”

出中国特色的自立自强之路，实现了自主设计、自主制造、关键技术自主可控，特别是在设计计算方法、基础材料、建造工艺、通信导航、智能控制、能源动力等方面，实现了由“中国制造”向“中国创造”的跨越。以“奋斗者号”的核心部件载人球舱为例，其钛合金板材由我国自主研发，强度高、韧性好、可焊性强，是国际上 30 年来在载人深潜技术新材料应用上取得的首次突破。

地球上的海洋深度是有限的，但探索深海奥秘、开发深海资源、保障深海安全的技术发展是永无止境的，我国深潜技术前进的征途仍任重而道远。未来，以服务国家战略和深度科技创新为使命，深潜装备与技术将进一步面向实际应用场景进行工程化开发，实现多种类型载人及无人装备的全海域、协同化、大型化、作业化发展，更好满足深海勘探、矿产开发、科考作业、深海救援等需求。科研工作者将进一步践行“严谨求实、团结协作、拼搏奉献、勇攀高峰”的中国载人深潜精神，勇攀深海科技高峰，助力海洋强国建设，为人类认识、保护、开发海洋不断做出新的更大贡献。

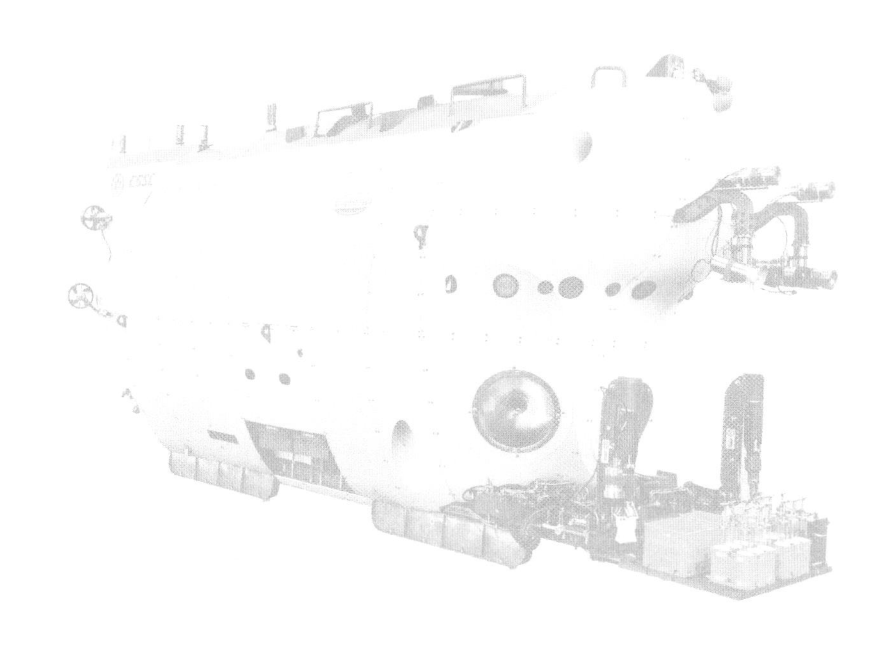

干细胞研究破译生命密码

在这颗蔚蓝色的星球上，生命经过约 38 亿年的漫长演化，形成了今天我们看到的无比复杂且繁茂的生命系统。时至今日，人类已经拥有了空前发达的文明与科技，但对于生命的认知和理解仍然只是沧海一粟。

生命科学新理论、新技术不断涌现，干细胞与再生医学、基因组学、基因编辑技术、合成生物学的发展，使得我们对生命的本质有了更深入的理解，并逐步具备了应用这些基础研究成果抗击突发、重大传染病，延缓衰老，改造、甚至创造生命的能力。

殊途同归的干细胞

人类同大多数脊椎动物一样，都是由 200 种以上不同类型的细胞组成的，各种特定类型细胞的有序组合就构成了人体的不同组织、器官，它们在体内各司其职，维系着生命体的健康、有序运行。干细胞是一种未被赋予特定功能的细胞，它们既能几乎无限制地进行细胞分裂，产生新的干细胞，也可以在特定的环境下分化成具有特殊功能的职能细胞。正因如此，干细胞的建立为人们研究生命演化进程、探索遗传规律、调控发育命运提供了重要工具，同时也为人类健康和再生医学的发展带来了新的希望。

根据细胞的不同来源，干细胞分为多种不同的类型。从哺乳动物早期胚胎——囊胚中分离得到的干细胞被称为胚胎干细胞，胚胎干细胞具有发育成为生命个体中几乎全部的细胞、组织和器官，甚至独立发育为动物个体的能力。20 世纪末，啮齿类胚胎干细胞和人胚胎干细胞相继建立，这是生命科学发展历程中的一个里程碑事件，为生命科学基础研究及再生医学领域的发展提供了一种相对理想的“种子细胞”。另一种被称为成体干细胞，顾名思义是从成体组织中分离得到的，成体干细胞来源广泛，可以从新生儿脐带、骨髓或者脂肪中建立，因其具有容易获取、安全性高、免疫排斥源性低等特点，故其在再生医学领域具有较高的应用价值。

2006 年，日本科学家首次建立了一种新型的干细胞——诱导多能性干细胞，即通过异位表达 4 个转录因子成功地将终末分化的小鼠胚胎成纤维细胞重新转化为具有多能性的干细胞，并证明了 iPS 具有与小鼠胚胎干细胞相似的发育潜能。相较于人胚胎在发育上的“唯一”性，即我们已经出生的个体无法获得与自身基因型完全一致的胚胎干细胞来进行自身的细胞治疗，iPS 技术的出现有效规避了使用胚胎所产生的伦理风险，同时也为开展个体化和定制化的细胞替代治疗提供了一个更为理想的方案。因此，该成果的发表引起了国际生命科学和医学研究领域的广泛关注。

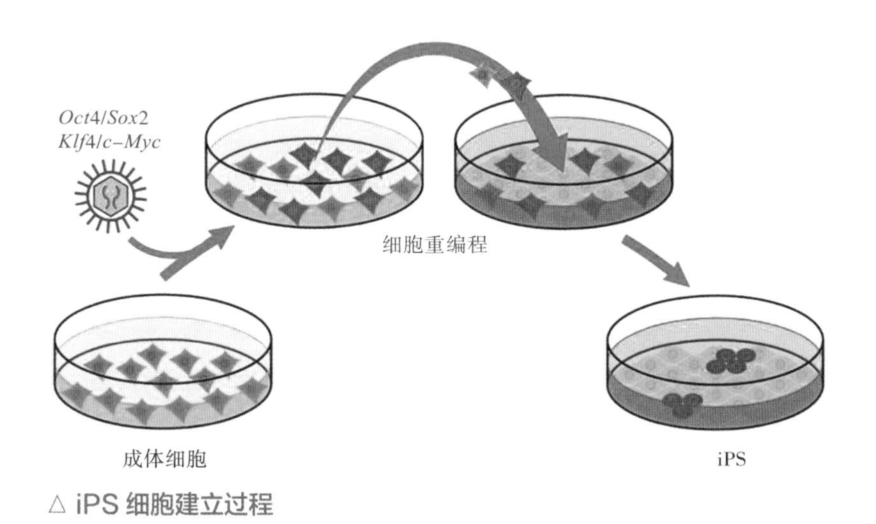

△ iPS 细胞建立过程

“小小”接过“多莉”点燃的火炬

在成功建立 iPS 之后，更多的科学家开始关注 iPS 的发育潜能是否能够像胚胎干细胞一样，具有独立发育成完整健康个体的能力，这是一种评价干细胞发育潜能的金标准——四倍体补偿技术。四倍体补偿技术，即以显微注射的方式将干细胞注射到四倍体胚胎中，干细胞如有可以独立发育成健康个体的能力，即被认为其具有在体内发育成哺乳动物生命体所有类型组织、器官的能力。在此前，多国科学家对 iPS 细胞是否是真正的多能干细胞一直持怀疑态度，这也成为阻碍干细胞研究深入进行和临床应用广泛开展的重要原因。

2009 年，一只名为“小小”的小鼠的诞生，终结了科学家关于 iPS 细胞是否能够替代胚胎干细胞的争论。中国科学院动物研究所周琪研究员和上海交通大学医学院曾凡一研究员合作完成了一项研究成果，首次证明 iPS 细胞可发育为健康个体。科研团队经过对 iPS 的诱导、培养体系进行改良和优化，以血清替代品作为基础培养体系，共诱导获得 37 株小鼠 iPS 细胞系。利用四倍体补偿体系对其中 6 株 iPS 细胞系进行发育潜能评估，成功注射 1500 多个四倍体胚胎，最终获得 3 株共 27 只成活的小鼠，这是国际上首次证明 iPS 具有发育成健康

△ 由 iPS 细胞发育而成的健康 iPS 小鼠——“小小”

可育小鼠的能力。

“小小”的诞生在世界上首次证明了 iPS 细胞的发育全能性，为进一步研究 iPS 技术在干细胞、发育生物学和再生医学领域的应用奠定了坚实的基础。该成果入选 2009 年美国《时代》周刊评选的十大医学突破、2009 年中国基础研究十大新闻和两院院士评选的中国十大科技进展。“克隆羊之父”伊恩·威尔穆特教授称该研究团队获得的“iPS 小鼠‘小小’接过了克隆羊‘多莉’点燃的火炬，宣布了这场革命的胜利”。也正如《时代》周刊在年度十大医学突破中对该成果的评价，“利用 iPS 获得可育小鼠是说明 iPS 在疾病治疗方面可以和胚胎干细胞一样有用的有力证据”，该成果消除了科学家在 iPS

△ iPS 小鼠“小小”接过克隆羊“多莉”点燃的火炬

多能性方面的顾虑，使科学家可以放手研究 iPS 在细胞治疗和组织、器官再生方面的用途。

探索发育奥义

在自然界中，大多数哺乳动物细胞都是由二倍体或多倍体细胞构成的，仅有精子或卵子一类特殊的生殖细胞以单倍体的形式存在，人们是否可以获得仅具有单倍染色体的干细胞呢？2011 年前后，美国科学家和中国科学家团队分别利用人工激活的方法，从小鼠的卵子和精子中成功获得孤雌单倍体干细胞和孤雄单倍体干细胞，这些特殊的干细胞同时具有类似于小鼠胚胎干细胞的特征，即能够自我更新、定向分化，而更为重要的是，这些细胞保持了来自卵子或精子的单套染色体状态。单倍体细胞中只具有一套染色体，这降低了其基因组的复杂程度，有利于隐性纯合体的获得，是极具价值的遗传学研究工具。

我们知道高等动物中普遍存在生殖隔离的现象，即不同物种间的动物一般不会互相交配而产生后代。单倍体干细胞技术的出现为人们研究物种间生殖和进化提供了新工具。中国科学院动物研究所周琪研究员将小鼠和大鼠两个物种的单倍体干细胞进行融合，首次获得人工创建的、以稳定二倍体形式存在的异种杂合胚胎干细胞，它们包含大鼠和小鼠基因组各一套，并且异源基因组能以二倍体形式稳定存在。异种杂合二倍体干细胞能够分化形成各种类型的杂种体细胞以及早期生殖细胞，并展现出兼具两个物种特点的独特的基因表达模式和性状。这些具有胚胎干细胞特性的异种二倍体杂合干细胞将为进化生物学、发育生物学和遗传学等研究提供新的模型和工具，从而完成更多的生物学新发现。

同性生殖的现象在动物中并不罕见，例如在爬行类的蜥蜴、两栖类的蛙，以及多种鱼类中，都有孤雌生殖现象。然而对于高等哺乳动物，无论孤雌生殖或孤雄生殖都不存在。科学家人工构建出的孤雌或孤雄胚胎均在发育早期死亡。在爬行类和两栖类不存在、在哺乳类进化出来的印记基因被认为是阻碍哺乳动物同性生殖的重要因素。中国科学院动物研究所研究团队结合单倍体干细胞技术和基因编辑技术对这些问题进行探索。该研究团队首先发现，由卵细胞建立的孤雌单倍体干细胞，在高代次条件下，删除两个印记区段并注射进第二个卵细胞后，能发育得到有“两个母亲”的孤雌小鼠。进一步研究发现，高代次的孤雌单倍体细胞展现出了一种不同于卵子或较低代次细胞，反而类似原始生殖细胞的全基因组甲基化模式，且所有的印记区段都呈现出类似原始生殖细胞的“无印记”状态。

中国科学院动物研究所胡宝洋研究员、周琪研究员和李伟研究员团队合作，利用基因编辑技术对单倍体胚胎干细胞进行印记基因修饰并利用该细胞进行复杂胚胎操作的形式，得到了世界上首只双父亲来源的小鼠。研究人员利用单倍体干细胞易于基因编辑的特性，在孤雄单倍体干细胞中，筛选并删除了7个重要的印记控制区段。这些经过基因编辑的孤雄单倍体干细胞与另一颗精子所形成的孤雄胚胎干细胞，发育成为活的孤雄小鼠。这些孤雄小鼠外观正常，可以自主呼吸，但是都在出生后48小时内死亡。这是首次获得具有两个父系基因组的孤雄小鼠，证实了即便在最高等的哺乳动物中，孤雄生殖也有可能实现。这些发现对理解基因组印记的进化、调控和功能具有重要意义，对于开发新的动物生殖手段也有重要价值。

破译衰老密码

人口老龄化是人类社会发展面临的一个巨大难题。老年人的多组织、器官生理结构和功能退化导致一系列衰老相关疾病，如骨关节炎、心血管疾病、神经退行性疾病等，使老年人生活质量明显降低，给家庭和社会带来沉重负担。那么，人类该如何解答这个难题，减少衰老对生命质量和生活质量的影响呢？中国科学院动物研究所刘光慧团队致力于探索衰老的核心机制，破译衰老密码，为未来实现衰老干预奠定基础。

人们一般认为年龄代表着衰老进程，年龄越大衰老程度越高。然而，生活中鹤发童颜者有之，未老先衰者也有之。衰老的机制非常复杂，为了更好地认识衰老机制，研究团队建立了加速衰老及神经病变等衰老相关疾病的人干细胞研究体系。这为认识人类干细胞衰老及演变规律提供了研究平台。基于上述研究平台，研究人员首次发现核纤层 / 异染色质的失稳是人干细胞衰老的驱动力，而小分子药物奥替普拉、槲皮素、维生素C、没食子酸可通过稳定核纤层 / 异染色质延缓人干细胞衰老。此外，低剂量槲皮素还能够延长老年小鼠的健康寿命，使多种组织中细胞水平的衰老表型明显改善。这些小分子药物为延缓器官甚至机体衰老提供了潜在的解决方案。

细胞是生命体的基本单位，细胞的活力下降、功能减退往往预示着衰老的发生。因此，如果找到导致细胞衰老的基因并加以控制，或许就能够实现延缓衰老的目标。研究团队历经数年的“大浪淘沙”，发现了一个名为 *Kat* 7 的新型人类促衰老基因，敲低小鼠肝脏中的 *Kat* 7 基因可使其寿命延长约 25%。这一振奋人心的发现首次证实了通过调控单个促衰老基因的活性可能达到延缓机体衰老的目的，也为衰老相关疾病的基因治疗奠定了基础。

改善干细胞耗竭最直接的方式就是补充外源干细胞，因此，干细胞移植通常被认为是延缓衰老、防治衰老相关疾病的重要途径。然而，移植入体内的干细胞存留时间短、存活率低，成为干细胞移植发展的“瓶颈”。研究团队通过靶向编辑长寿基因 *FOXO* 3 的少数碱基，构建了世界首例遗传增强型人干细胞及血管细胞，并证实这些细胞不但能高效地促进血管修复与再生，而且能有效抵抗细胞的致瘤性转化。遗传增强干细胞的成功建立为解决再生医学领域干细胞治疗的有效性和安全性提供了新的思路和理论基础，对于开发优质安全的人类干细胞移植材料具有借鉴意义。

面向人民生命健康
干细胞研究大有可为

人们对于干细胞的再生应用充满了期待。2015 年，世界首个干细胞治疗产品在欧洲上市，用于修复患者眼角膜的损伤，为干细胞转化提供了示范。近年来，中国干细胞临床转化路径逐步清晰。2017 年，首批 8 个干细胞临床研究通过国家备案，此后的 3 年中备案项目已增至 60 余项，中国干细胞领域的研究实现了从“跟跑”到“领跑”的飞跃。

2017 年 11 月 27 日，世界首个体细胞克隆猴“中中”诞生，12 月 5 日，第二个体细胞克隆猴“华华”诞生。体细胞克隆猴的成功，以及未来基于体细胞克隆猴的疾病模型的创建，将有效缩短药物研发周期，提高药物研发成功率，使我国率先发展出基于非人灵长类疾病动物模型的全新医药研发产业链。

在抗击新冠肺炎疫情的战斗中，干细胞研究成果大显身手。CAStem 细胞注射液是中国科学院动物研究所 / 北京干细胞与再生医学研究院 / 中国科学院干细胞与再生医学创新研究院自主开发的治疗新冠肺炎的人胚干细胞来源功能细胞药物，目前已获得国家药品监督管理局Ⅰ/Ⅱ期新药临床试

△ 世界首个体细胞克隆猴“中中”和它的妹妹“华华”

验批件，在北京、哈尔滨、武汉等地开展临床试验，完成了74 例临床试验和研究，受试者经治疗后病情出现不同程度好转。

科学应对人口老龄化是新时代国家科技战略布局的重要方向。中国科学院动物研究所科研团队在“衰老的机制与干预”方面取得系列研究成果，系统解析了灵长类动物重要器官衰老的标记物和调控靶标，揭示了老年个体易感新冠病毒的分子机制，在系统生物学水平阐明热量限制延缓衰老的新机制，通过基因编辑产生了国际首例遗传增强型干细胞和血管细胞，发现可缓解增龄性小鼠骨关节变性并促进关节软骨再生新技术。干细胞研究面向人民生命健康，服务民生福祉，未来可期！

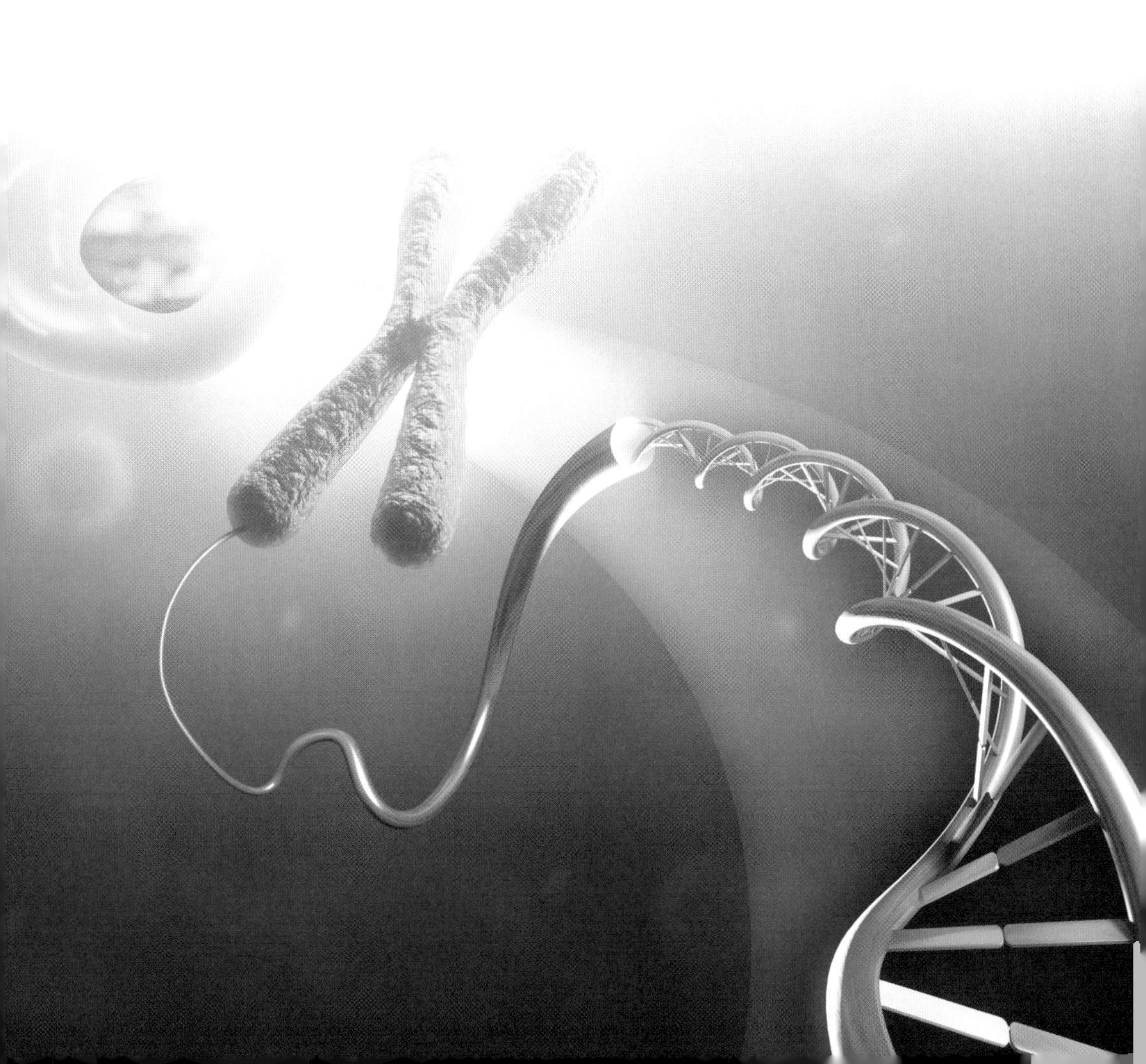

青藏高原科考探秘地球之巅

青藏高原是世界屋脊、亚洲水塔、地球第三极，是我国重要的生态安全屏障、战略资源储备基地，是中华民族特色文化的重要保护地。2020 年 8 月 28—29 日，习近平总书记在中央第七次西藏工作座谈会上指出，保护好青藏高原生态就是对中华民族生存和发展的最大贡献。要牢固树立绿水青山就是金山银山的理念，坚持对历史负责、对人民负责、对世界负责的态度，把生态文明建设摆在更加突出

的位置，守护好高原的生灵草木、万水千山，把青藏高原打造成为全国乃至国际生态文明高地。

2017 年 8 月 19 日，第二次青藏高原综合科学考察研究启动。这次科学考察研究，对揭示青藏高原环境变化机理、优化生态安全屏障体系、推动青藏高原可持续发展、推进国家生态文明建设、促进全球生态环境保护，产生意义深远的影响。

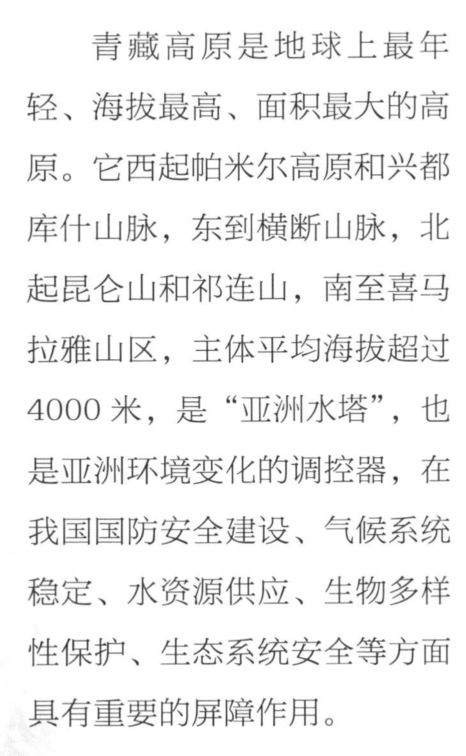

青藏高原是地球上最年轻、海拔最高、面积最大的高原。它西起帕米尔高原和兴都库什山脉，东到横断山脉，北起昆仑山和祁连山，南至喜马拉雅山区，主体平均海拔超过4000米，是“亚洲水塔”，也是亚洲环境变化的调控器，在我国国防安全建设、气候系统稳定、水资源供应、生物多样性保护、生态系统安全等方面具有重要的屏障作用。

作为地球上最独特的区域之一，青藏高原也是开展地球与生命演化、圈层相互作用及地球系统研究的天然实验室。开展青藏高原综合科学考察研究（简称青藏科考）是保障国家安全、生态安全和决胜全面建成小康社会的必然要求，作为一项国家战略任务，得到党中央、国务院的高度重视。

第一次青藏科考：摸清“家底”

20 世纪 50 年代，我国制订的《1956—1967 年科学技术发展远景规划纲要》将青藏高原研究作为重要内容之一。70 年代，中国科学院组织院内外专家制订了《中国科学院青藏高原 1973—1980 年综合科学考察规划》，并组建了中国科学院青藏高原综合科学考察队。这拉开了我国第一次青藏科考的序幕。

第一次青藏科考以摸清“家底”为主要目标，考察面积

▽ 青藏高原巴朗山雪山河云海全景

约 250 万千米 ^{2}，中心任务是：阐明高原地质发展的历史及隆升的原因，分析高原隆起后对自然环境和人类活动的影响，研究自然条件与自然资源的特点及其利用改造的方向和途径。

这次综合科考组织了冰川、冻土、河流、湖泊、森林、草原、土壤、土地利用、鸟类、鱼类、哺乳类、两栖类、昆虫、农业、地球物理、地质构造、古生物、地热、盐湖等不同专业领域的 2000 多名科研人员投入到研究中。为促进青藏高原研究的国际交流合作，首次“青藏高原国际科学讨论会”于 1980 年在北京召开。

第一次青藏科考获得了累累硕果，产出了 87 部专著和 5 本论文集，初步探讨了有关青藏高原形成演化与资源环境等理

论问题，为青藏高原经济建设提供了科学依据。相关成果先后获中国科学院科学技术进步奖特等奖、国家自然科学奖一等奖和陈嘉庚地球科学奖；在青藏科考中做出重大贡献的刘东生院士、叶笃正院士、吴征镒院士等先后荣获国家最高科学技术奖。

进入20世纪90年代，青藏高原研究先后被列入“八五”攀登计划、“九五”攀登计划和“国家重点基础研究计划”。与80年代以前的研究工作相比，特别是针对过去区域、路线考察的薄弱环节，这些计划面向国际研究的前沿领域，强调了从以定性研究为主转向定量、定性相结合研究，从静态研究转向动态、过程和机制研究，从单一学科研究转向综合集成研究，从区域研究转向与全球环境变化相联系的研究。

2003年，中国科学院青藏高原研究所成立，专门致力于我国青藏高原的科学研究事业。2014年，中国科学院青藏高原地球科学卓越创新中心成立。青藏高原研究所和青藏高原地球科学卓越创新中心高水平完成了《西藏高原环境变化科学评估》，在中央第六次西藏工作座谈会上被高度评价，并作为提出西藏生态文明建设指示的重要科学基础。

国家对青藏高原研究的高度重视极大地鼓舞了科技人员献身青藏高原事业、勇攀科学高峰、为国争光的积极性。在中国科学院的支持下，“第三极环境（TPE）”国际计划启动，推动我国青藏高原研究进入国际第一方阵。

第二次青藏科考：聚焦变化

自第一次青藏科考开展以来的近 50 年，青藏高原自然与社会环境发生了剧烈变化，气候变暖幅度是同期全球平均值的 2 倍，青藏高原成为全球变暖背景下环境变化不确定性最大的地区；青藏高原生态环境和水循环格局的重大变化，如冰川退缩、冻土退化、冰湖溃决、冰崩、草地退化、泥石流频发等对人类生存环境和经济社会发展造成了重大影响。青藏高原作为“一带一路”环境变化的核心驱动区，将对“一带一路”沿线 20 多个国家和 30 多亿人口的生存与发展带来巨大挑战。

▽ 银装素裹的喜马拉雅山脉

进入新时代，系统开展第二次青藏科考，注重综合交叉研究，加强协同创新和国际科技合作，将为“守护好世界上最后一方净土”“建设美丽的青藏高原”和绿色丝绸之路提供重要科技支撑。青藏高原问题既是区域问题，又是影响全国乃至全球的重大问题；既是生态环境问题，更是关乎经济社会和民族发展的重大问题。

第二次青藏科考坚持“目标导向、集成力量、查明变化、支撑发展”的方针，发扬老一辈科学家艰苦奋斗、团结奋进、勇攀高峰的精神，锻造新时代青藏科考精神，围绕青藏高原地球系统变化及其影响这一关键科学问题，聚焦隆升与资源环境效应、资源环境承载力、“亚洲水塔”变化与影响、西风－季风协同作用与影响、生态屏障优化、人类活动对环境影响与适应、灾害风险防治等重点问题，重点考察研究过去 50 年来变化的过程与机制及其对人类社会的影响，揭示青藏高原地球系统变化机理，优化青藏高原生态安全屏障体系，提出“亚洲水塔”与生态安全屏障保护、第三极国家公园群建设和绿色发展途径的科学方案。

第二次青藏科考在第一次青藏科考的基础上，突出以变化为主题的考察研究，摸清变化规律，评估与预测未来变化趋势；强化科考成果的转移转化、科考数据的共享集成和产学研融合，支撑区域经济社会高质量发展；开拓国际视野，开展广域联动研究，服务全球生态环境保护和人类命运共同体建设。为实现上述目标，第二次青藏科考开展“亚洲水塔”动态变化

△ 喜马拉雅山脚风光

与影响等 10 大科学考察研究任务，组建若干个专题科考分队，开展 5 大综合考察研究区内 19 个关键区的科学考察研究。

第二次青藏科考充分体现了新时代“智能科考”的特点，建立空 – 天 – 地观测研究网络体系，充分采用卫星、高海拔自动科考机器人、互联网、大数据处理与超级计算等新技术、新手段和新方法，从流动式观测到长期固定观测，从静态观测到动态监测，从人工观测到智能辅助观测，不断提高科考效率，助力川藏铁路、青藏铁路、川藏公路等重大工程建设、经济社会发展和国家重大战略任务实施。同时，第二次青藏科考充分利用以我为主的“第三极环境（TPE）”国际计划，加强和区域伙伴及国际联盟顶尖科学家的合作，引领第三极地球系统科学研究，推动青藏高原可持续发展，服务国家生态文明建设，促进全球生态环境保护。

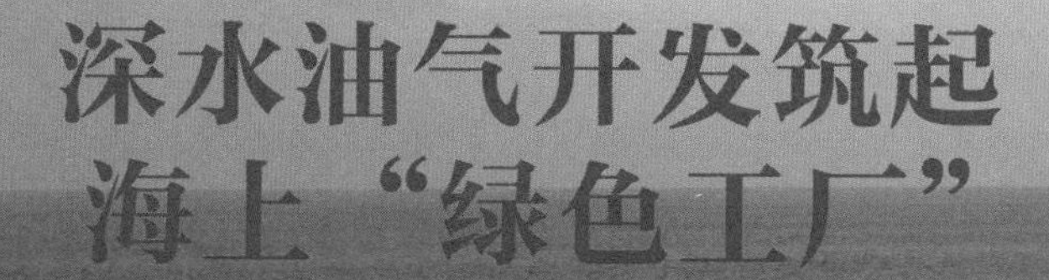

深水油气开发筑起海上“绿色工厂”

2021年6月25日，“深海一号”超深水大气田顺利投产。“深海一号”工程规模居世界第四位，是迄今为止我国油气开发史上第一个完整的巨型深水项目，是标志着我国深水油气田开发能力和深水海洋工程装备建造水平取得重大突破的超级工程。

“深海一号”实现3项世界级首创，攻克10多项行业难题，稳稳矗立在1500米水深的南海，不仅注解了“中国制造”的工匠精神，更是我国综合国力和民族志气的体现！

中国海油
CNOOC
挺进深海
深海一号
SHEN HAI YI HAO
SW
SE

勇向深海进军

新中国成立之初，面对“长铗归来兮，车无油”的慨叹，为党分忧、为国加油、为民族争气，就已经成为中国石油人印在骨子里的使命追求、必须履行的政治责任、必须交出的时代答卷。

半个多世纪以来，一代代海洋石油人与海共舞，接续奋斗，使我国海洋石油事业在极端困境中发展壮大，在濒临绝境中突出重围，在困顿逆境中毅然奋起。今天，“国内油气增储上产看海上”已成为业内共识。

作为海洋大国，我国海洋油气资源丰富，南海油气资源占全国油气资源总量的1/3，其中约1/2蕴藏在深海海域。由于总体勘探程度相对较低，海洋油气资源开发特别是深海油气资源的开发将是我国长期、大幅增产的重要方向。2021年8月20日，来自“深海一号”超深水大气田的天然气，跨越691千米海管，通过白云气田高栏支线正式登陆。“深海一号”超深水大气田可满足大湾区约1/4民生用气需求。

海上的“绿色工厂”是个什么样子？或许，“深海一号”就是一个最佳答案。这个我国首次自主完成设计、建造和安装

△“深海一号”超深水大气田的天然气“上岸”了

的大型深水项目，在我国能源领域发展史上具有里程碑式的意义，“深海一号”不仅是科技自立自强、深海油气开发的一块关键拼图，更是我国绿色低碳发展战略的生动实践。通过加快“深海一号”等气田勘探开发进程，稳步推进平台建造和海管铺设，中国蔚蓝大海的绿色能源串珠成链，一道道“绿色能源桥”在蓝色疆域飞架而起。

△“深海一号”瑰丽夜景

尊重科学　日积跬步致千里

从浅水到深水，从300米到1500米，向下深入的这1000多米走起来“难于登天”——海面下水深每增加一米，压力、温度、涌流等情况会发生巨变，开发难度呈几何级数增加，对材料科学和流体力学等核心学科的应用要求极高。

誓要牵住科技创新“牛鼻子”的“深海一号”建设者们，

以共同之理想，凝聚共同之奋斗，发扬科学家精神，以敢为天下先的创新创造，立上时代潮头。

建设深水半潜式生产储卸油平台，这是一条连外方深水同行都没想过的路。方方面面的限制都在指向一条中国深水科研人日思夜想但从未付诸实践的路。

2014 年 4 月，我国首个深水气田“荔湾 3-1”宣告投产，气田由中国海油与国外能源公司联合开发。在进行设计分工时，外方原本想从 300 米水深“一刀切”，两方分工负责、各管一摊。在中国海油的再三坚持下，科研人员开展了联合研究和平行设计，从而积累了宝贵的深水实践经验。

“荔湾模式”的成功，为深水油气资源开发提供了样板式的参考价值。以至于在几个月后，“深海一号”超深水大气田获勘探发现时，所有人的第一反应都是沿用成熟的“荔湾模式”。但作为工程项目的灵魂，设计绝非简单复制粘贴。

▽ 工作人员在进行施工作业

“深海一号”的情况极为复杂：井位分布距离浅水区域较远，浅水平台不再适用；当时国际油价暴跌，项目难以承担昂贵的外方设计费用。

“荔湾 3-1”气田成功的另一个关键是深水浮托法的应用。2006 年以前，国内不掌握浮托技术，自主设计建造大型海上工程设施的体量受吊装方案的极大限制。工程技术人员用两台电脑和无数个不眠不休的日子，仅用一年的时间，就合力攻克了国内第一个自主浮托设计项目——“渤中 34-1”油田。

接下来的近十年，中国海油从易到难、由浅入深，对浮托法技术层层抽丝剥茧，逐渐应用于十几座海上油气平台组块的

▽“深海一号”傲岸身姿

安装，累计节约成本超 10 亿元，解决了海上施工资源不足和作业条件受限的许多问题。

怒海争锋克难关

20 世纪末至 21 世纪初，中外两次合作勘探琼东南盆地，钻了近十口探井均“折戟沉沙”。莺琼盆地究竟有没有油气？是否存在大气区？在无法回答这两个问题之前，琼东南盆地南部的深水区，在世界勘探圈里是个冷门，无人看好。

面对质疑，海油人认真审视合作勘探之路，深刻认识到：外方公司“大网捞快鱼”的勘探模式不适合复杂的南海海域，要想获得重大发现，必须精耕细作自己的家园。能源报国的信念之火每每燃烧，都会迸发出巨大的精神力量，这种力量历久弥坚。

2010 年，中国海油国内油气年产量突破 5000 万吨油当量大关，建成“海上大庆”，随即提出进军深水的目标。同年，位于“陵水 22-1”构造的琼东南盆地第一口深水井“陵水 22-1-1”井钻获气层 55.3 米。

但深水的胜利并未来得如此容易，此后几次乘胜追击的钻探再次遭遇失利，国际石油公司不断撤出，离开前留下“诊断书”:“储层发育不充分”“难以找到大油气田”……

中国海油的勘探地质工程师们通过矿物研究、地震分析，桌面推演、脚下丈量，最终将储集体的物源区范围锁定到了一个隆起区，通向南海深水区的距离被大大拉近。也正是这一改变，使他们更加确信——南海，存在巨大的油气宝藏！

一次次“求”石问路，让海油人看到了通往南海深水宝藏的通幽曲径。经过深入研究，科研人员认为，盆地中央轴向峡谷水道最有成藏潜力，并将其作为南海深水自营勘探的首选目标，部署了“陵水 17-2-1”探井。

与空间技术类似，深水油气开发风险高、投入大，为规避风险，资源国对成熟技术的依赖形成了深水技术的高门槛，世界上只有屈指可数的国家掌握着成套深水油气勘探开发技术。

当时的世界深水油气开发格局是“欧美设计、亚洲制造”，“第一梯队”国家在深水工程装备研发设计、深水关键设备制造等领域占据支配地位，拥有 80% 以上的核心专利技术。

从合作勘探到自营勘探，深水勘探的“蜀道之难”，让中国海油人深刻认识到：挺进深海，不仅需要精细的地质油藏研究，还需要在装备、技术、人才、管理等各方面奋起直追。海油人通过重点工程项目带动科技创新——以深水装备关键设计建造技术为研发对象，与国内船企、科研机构、大学深入合作，科研课题和工程项目齐头并进，研究成果直接应用于工程项目。

正是在这种啃硬骨、涉险滩、闯难关的担当精神激励下，通过装备、技术、人才、管理环环相扣，中国海油打造以深水平台为核心、以“五型六舰”为主体的“联合舰队”，走出了一条学以致用的深水自营之路。

“深海一号”大气田的核心装备——“深海一号”能源站（简称能源站），建造工期紧、质量要求高、安全风险大，国际同行一度认为“不可能完成”。面对能源站建造的种种“不可能”，气田开发建设者们跨栏冲刺，敢闯硬核关：在项目最吃紧的关头，党员请战，带领施工人员昼夜赶工，现场过春节，雪夜抢工期；在2万吨重的上部组块与20层楼高的船体大合龙时，作业人员精心施工，高质量完工。

△“深海一号”能源站上部组块和下部船体成功合龙

△ 从空中鸟瞰“深海一号”

按原计划，能源站于2018年年底开工建造，但因缺乏相关技术和经验，项目组和总包商都是一头雾水，项目迟迟无法开工。2019年5月开工后，又因各种难题交织，难以前行。究其原因，主要是相比浅水，深水油气开发难度呈几何级数增加，中国海油几十年的浅水油气田开发经验被“颠覆”，关键技术掌握在少数发达国家手里。

与此同时，中国对清洁能源的需求持续大幅增长，油气对外依存度不断攀升。工程建设者们以难题为导向，“针尖对麦芒”式分析问题、解决问题。缺技术就学习技术、钻研技术、创新技术；缺资源就立足国际国内两个市场，整合全球优质资源，高效完成设备设施采购。

以目标为动力，用非常举措行非常之举。强管理——制订10类250余项施工措施，逐级召开誓师大会；争分秒——作业高峰期5000余人、17台大型履带吊，不分昼夜作业。

正是凭借这样的钻劲、韧劲、狠劲、拼劲，2019年7月能源站建造开始提速，2020年5月实际进度赶上计划进度，2020年10月能源站建成，工期不到国际同类项目的一半。

能源站建造速度如此之快，质量怎样？一组数据给出答案。能源站2万吨重的上部组块与20层楼高的船体大合龙，累计公差仅6毫米，同类工程中世界罕见；能源站焊接一次合格率达99.48%，设备一次安装、调试、验收合格率达96%以上，且实现3项世界级首创技术、13项国内首创技术，攻克10多项行业难题。

能源站的高质量，凸显了开发建设者们高超的“绣花功”，体现了他们刻苦钻研、精益求精的工匠精神。精于工，匠于心，品于行，不断雕琢，不断改进，对每个部件、每道工序凝神聚力、精益求精。他们以永攀质量高峰的行动，注解了“中国制造”的工匠精神。

2021 年 1 月，能源站启航赴南海，这是国内首次进行大型装备长距离拖航，风险比比皆是。最终，这个重 5 万余吨、40 层楼高的海上“巨无霸”，从山东烟台出发，由渤海过黄海、越东海，历时 18 天、航行 1609 海里，安全抵达指定海域。

在随后的设备设施安装调试中，近千人参加会战，动用

▽“深海一号”能源站在 3 艘大马力拖轮的牵引下驶向南海陵水海域

了 10 多条大型船舶，完成了海管连接等各类高难度、高风险作业。

大舸中流下，青山两岸移。面对深水征程中的一个又一个险滩壁垒、顽症痼疾、棘手难题，永远需要敢教日月换新天的豪情壮志，永远需要偏向虎山行的“敢死队”，永远需要振翅向前行的奔腾血脉。只有这样，我们才能不断闯关夺隘，才能不断从胜利走向胜利。

▽ 2021 年 5 月 28 日，“深海一号”能源站机械完工，具备投产输气条件

“东数西算”助推国家算力跃迁

党的十八大以来，以习近平同志为核心的党中央把实施网络强国战略和国家大数据战略、加快建设数字中国作为举国发展的重大战略，出台一系列重大政策，做出一系列战略部署。

2012—2021 年，我国建成全球规模最大、技术领先的网络基础设施。我国数字经济规模从 11 万亿元增长到 45.5 万亿元，数字经济规模连续多年位居全球第二，为经济社会高质量发展注入强劲动能。2021 年 2 月，“东数西算”工程正式全面启动，这是继“西气东输”“西电东送”“南水北调”后又一项国家重要战略工程。2021 年我国算力核心产业规模达到 1.5 万亿元，算力规模位居全球第二。算力作为信息时代的关键生产力要素，成为挖掘数据要素价值、推动数字经济发展的核心支撑力和驱动力。

继物质与能源之后，信息（数据）成为人类社会生存和发展的第三大战略资源。以数字计算机发明为标志，信息科技蓬勃发展了数十年。信息科技及其在社会生活方方面面的应用，广泛并深刻地影响和改变了人类社会。

从 20 世纪 40 年代第一台数字计算机出现到 90 年代中期，信息化建设可归为以单机应用为主要特征的数字化阶段（可称为信息化 1.0），而第一次的信息化浪潮，始自 20 世纪 80 年代个人计算机的大规模普及应用。从 90 年代中期开始，以美国提出“信息高速公路”建设计划为重要标志，互联网开始了其大规模商用进程，带来了信息化建设的第二次浪潮，即以联

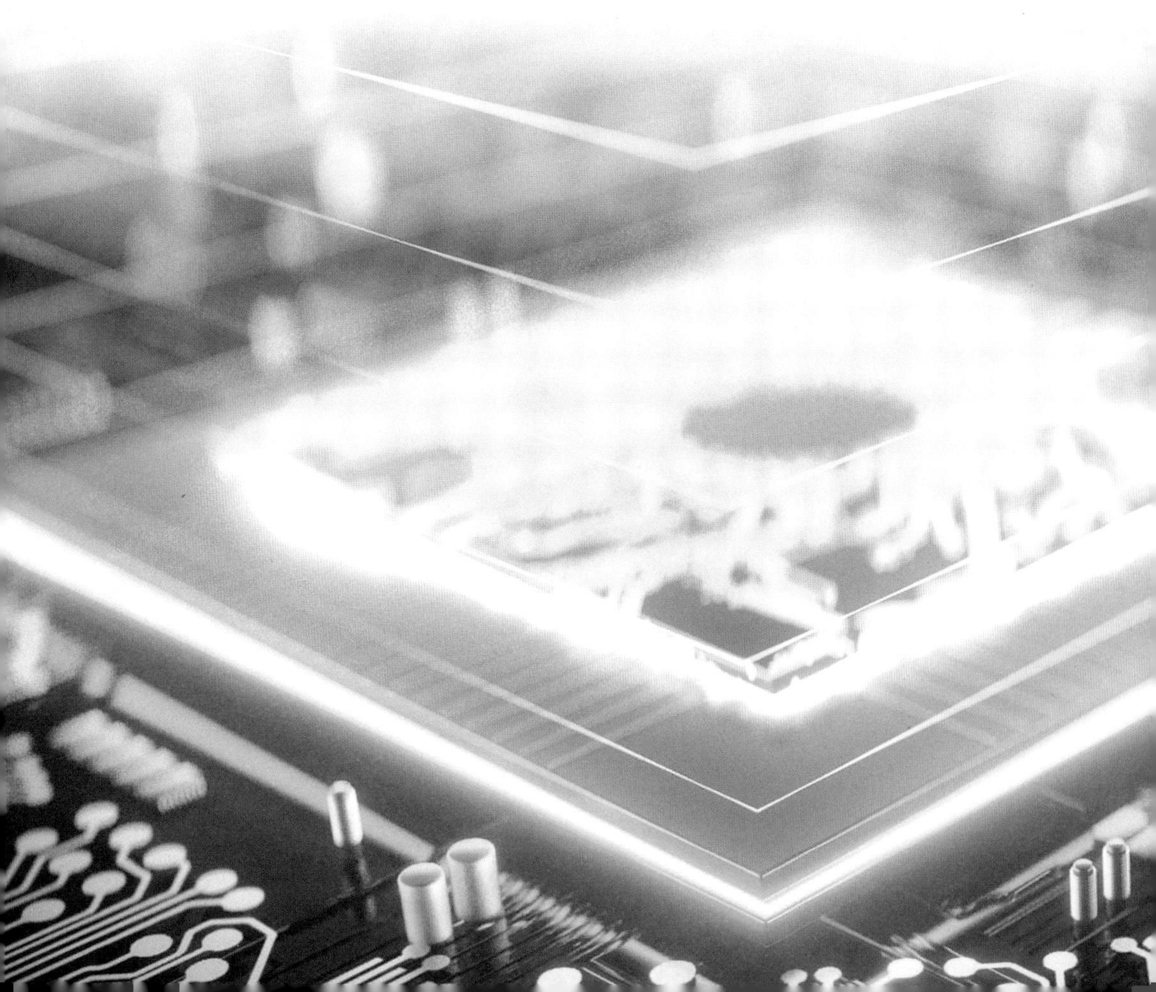

网应用为主要特征的网络化阶段（可称为信息化 2.0）。

当前，信息化建设的第三次浪潮扑面而来。过去 20 余年信息科技和信息化的井喷式发展，信息技术的不断低成本化与互联网及其延伸所带来的无处不在的信息技术应用，宽带移动泛在互联驱动的人机物广泛连接，云计算模式驱动的数据大规模汇聚，导致了数据类型的多样性和规模的指数级增长，积累了规模巨大的多源异构数据资源，产生了“大数据现象”。以此为标志，信息化正在开启一个新的阶段，即以数据的深度挖掘与融合应用为主要特征的智慧化阶段（可称为信息化 3.0）。

数据成为国家基础性战略资源

数据蕴含巨大的价值，具有重要的战略意义。在信息时代，没有数据参与社会或经济活动，已不可想象。数据源于人类认识自然、改造自然、推动社会经济发展的各类活动，信息技术推进数据的规范化和格式化，使数据不断升华为信息和知识，最终成为全人类的“数据宝藏”，又被重新投入到新一轮的各类社会经济活动中，创造出更大的价值。

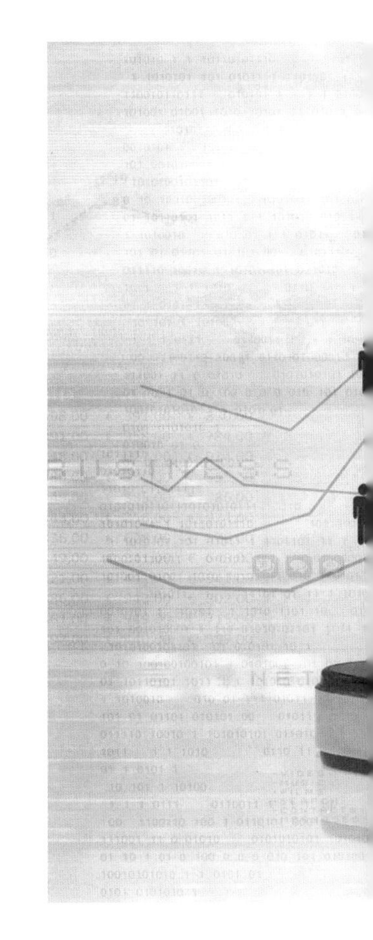

数据的价值及意义体现在四个方面：

提供了人类认识复杂系统的新思维和新手段 数据为人类提供了基于大数据触摸、理解和逼近现实复杂系统的可能性，从而使数据密集型科研成为继实验科学、理论科学和计算科学之后，人类探索未知、求解问题的一种新型范式。

成为促进经济转型增长的新引擎 一方面，数据将大幅度促进产业转型、催生新业态；另一方面，对数据的采集、管理、交易、分析等业务也将成长为具有巨大潜力的新兴市场。

成为提升国家综合能力和保障国家安全的新利器 数据资源成为国家核心战略资产和社会财富，国家信息能力是重塑国家竞争优势的决定性因素。掌握数据并利用好数据将大幅提高情报收集和分析能力，促进国家安全。

成为提升政府治理能力的新途径 政府应用大数据技术将可以通过数据揭示政治、经济、社会事务中传统技术难以展现的关联关系，为有效处理复杂社会问题提供新的手段。

数字经济成为高质量发展新引擎

2022 年 1 月 16 日,《求是》杂志发表习近平总书记重要文章《不断做强做优做大我国数字经济》，文章提出了数字经济健康发展的“三个有利于”：有利于推动构建新发展格局，有利于推动建设现代化经济体系，有利于推动构筑国家竞争新优势。

我国在 1994 年 10 月 20 日第一次联通互联网，向世界发出了第一封电子邮件：Across the Great Wall，we can reach every corner in the world（越过长城，走向世界），由此揭开了中国人使用互联网的序幕。

2008 年，我国网民数量首次超过美国跃居世界第一。2011 年，手机网民数量首次超越计算机网民，进入移动互联网时代。目前，我国已建成全球规模最大的光纤宽带和 5G 网络。截至 2022 年 5 月底，5G 基站数达到 170 万个，5G 移动电话用户超过 4.2 亿户。

中国信息通信研究院发布的《全球数字经济白皮书（2022 年）》指出，数字经济为世界经济发展增添了新动能。从整体看，2021 年，全球 47 个国家数字经济增加值规模为 38.1 万亿美元，占 GDP 比重为 45.0%。其中，发达国家数字经济规模大、占比高，2021 年规模为 27.6 万亿美元，占 GDP 比重为 55.7%；发展中国家数字经济增长更快，2021 年增速达到 22.3%。

各主要国家数字经济加速发展。规模上，美国数字经济蝉联世界第一，规模达到 15.3 万亿美元，中国位居第二，规模为 7.1 万亿美元（2020 年为 5.4 万亿美元）。

过去的 10 年间，我国数字经济占国内生产总值比重由 21.6% 提升至 39.8%。我国数字经济规模连续多年位居全球第二，其中电子商务交易额、移动支付交易规模位居全球第一，一批网信企业跻身世界前列，新技术、新产业、新业态、新模式不断涌现，推动经济结构不断优化、经济效益显著提升。

习近平总书记强调，要加强战略布局，加快建设以 5G 网络、全国一体化数据中心体系、国家产业互联网等为抓手的高速泛在、天地一体、云网融合、智能敏捷、绿色低碳、安全可

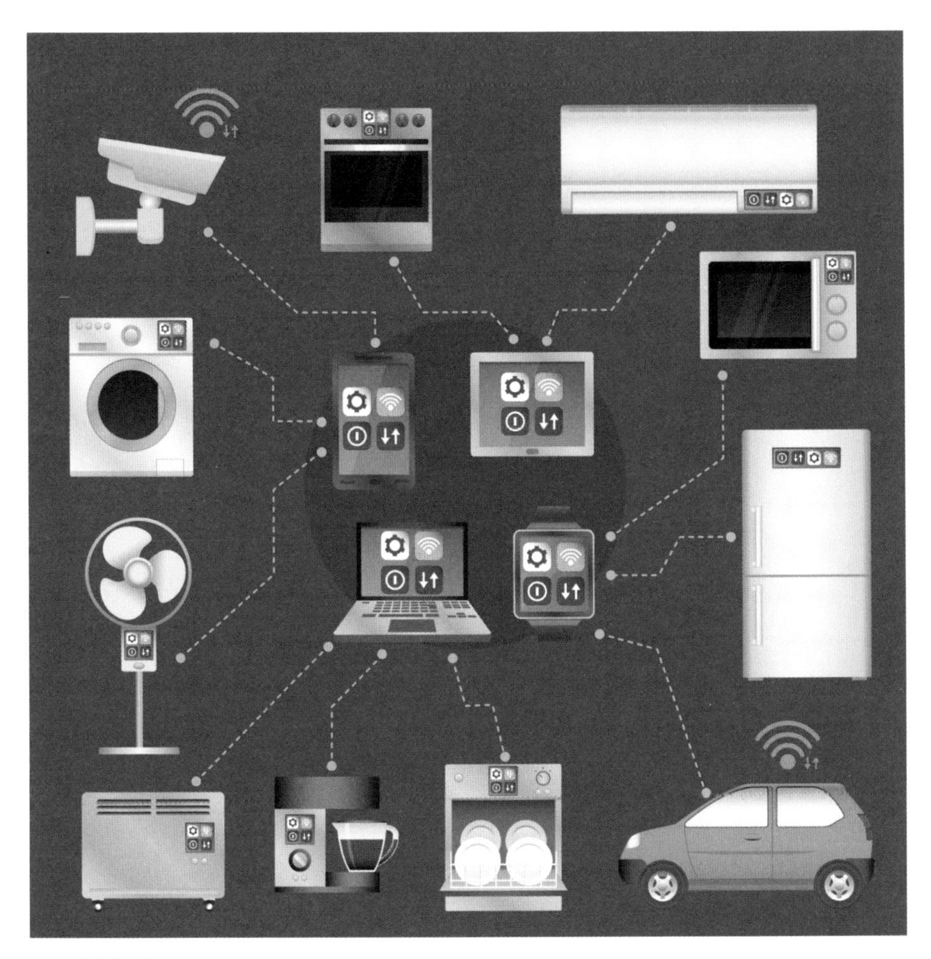

△ 智慧生活

控的智能化综合性数字信息基础设施，打通经济社会发展的信息“大动脉”。目前，我国已建成全球规模最大的光纤宽带和 5G 网络。

10 年来，我国信息领域核心技术创新取得了一系列突破性进展。集成电路、基础软件、工业软件等关键核心技术的协同攻关力度持续加大，基础性、通用性技术研发实现创新突破，5G、量子信息、高端芯片、高性能计算机、操作系统、工业互联网及智能制造等领域取得一批重大科技成果。

△ 2018 年，徐工集团建成全球首条起重机转台智能焊接生产线

△ 信息技术与农业深度融合

“东数西算”助推国家算力跃迁

算力作为新生产力，正在加速数字经济和实体经济深度融合，不断催生新产业、新业态、新模式，成为发展现代经济的新动能。联合国贸易和发展会议发布的《2021 年数字经济报告》指出，全球 50% 以上的超大规模数据中心位于美国和中国。

2022 年 2 月，国家发展改革委、中央网信办、工业和信息化部、国家能源局联合印发通知，同意在京津冀、长三角、粤港澳大湾区、成渝、内蒙古、贵州、甘肃、宁夏 8 地启动建设国家算力枢纽节点，并规划了 10 个国家数据中心集群。“东数西算”工程正式全面启动。

“东数西算”中的“数”，指的是数据，“算”指的是算力，即对数据的处理能力。“东数西算”工程通过构建数据中心、云计算、大数据一体化的新型算力网络体系，将东部算力需求有序引导到西部，优化数据中心建设布局，促进东西部协同联动。

与“西气东输”“西电东送”“南水北调”等工程相似，“东数西算”是一个国家级算力资源跨域调配战略工程，针对我国东西部算力资源分布总体呈现出“东部不足、西部过剩”

的不平衡局面，引导中西部利用能源优势建设算力基础设施，“数据向西，算力向东”，服务东部沿海等算力紧缺区域，解决我国东西部算力资源供需不均衡的现状。

“东数西算”工程将算力资源提升到水、电、燃气等基础

资源的高度，统筹布局建设全国一体化算力网络国家枢纽节点，助力我国全面推进算力基础设施化。算力，这种新生产力的跃迁，将极大改变人类的生产生活方式，驱动经济社会发生深刻变革。

中国商用飞机有
C919

实现高水平科技自立自强

党的二十大明确提出，加快建设教育强国、科技强国、人才强国。加快实施创新驱动发展战略，加快实现高水平科技自立自强，以国家战略需求为导向，集聚力量进行原创性引领性科技攻关，坚决打赢关键核心技术攻坚战，加快实施一批具有战略性全局性前瞻性的国家重大科技项目，增强自主创新能力。

党的十八大以来，正是因为坚持把创新作为引领发展的第一动力，把人才作为支撑发展的第一资源，把创新摆在国家发展全局的核心位置，我国科技事业实现了历史性、整体性、格局性重大变化，科技实力从量的积累迈向质的飞跃、从点的突破迈向系统能力提升。

坚持把科技自立自强作为国家发展的战略支撑，立足新发展阶段、贯彻新发展理念、构建新发展格局，必将推动我国科技创新取得新的历史性成就，推动我国经济不断迈向高质量发展。

2022 年，全球首架国产大飞机 C919 正式交付使用。

2022 年，我国综合性太阳探测卫星“夸父一号”在酒泉卫星发射中心发射升空，正式开启对太阳的探测之旅。

2022 年，云南大学研究团队测产成功，确定培育出可用于实际生产的多年生水稻品种，可实现栽种一次，多季收割。

2022 年，“梦天”实验舱与“天和”核心舱完成精准对接，“梦天”实验舱实施水平转位，三舱形成平衡对称的“T”字构型，中国空间站具有里程碑意义的“合体”顺利完成。

2023 年年初，世界第二大水电站、国家实施“西电东送”战略的重大工程——白鹤滩水电站累计生产清洁电能突破 600 亿千瓦时，长江清洁能源走廊为实现“双碳”目标贡献着源源不断的清洁能源。

从基础研究到高新科技，从深海到深空，中国的科技创新在广度、深度、速度、精度上加速跃升，成为经济发展、国家安全、民族复兴的战略支撑，成为推动人类文明迈向新的更高台阶的蓬勃力量。

长期奋斗
长期攻关
中国商用飞机
C919
COMAC

首架 C919 大飞机交付使用

2022 年 12 月 9 日，一架编号为 B-919A 的 C919 大型客机从上海浦东国际机场启航飞往上海虹桥机场，标志着全球首架 C919 大型客机交付使用，是我国大飞机事业发展的又一重大里程碑。

习近平总书记充分肯定 C919 大型客机研制任务取得的阶段性成就，他强调，让中国大飞机翱翔蓝天，承载着国家意志、民族梦想、人民期盼，要充分发挥新型举国体制优势，坚持安全第一、质量第一，一以贯之、善始善终、久久为功，在关键核心技术攻关上取得更大突破，加快规模化和系列化发展，扎实推进制造强国建设，为全面建设社会主义现代化国家、实现中华民族伟大复兴的中国梦不懈奋斗。

大飞机之大

C919大型客机是我国首款按照最新国际适航标准研制的干线商用飞机，于2008年开始研制，基本型混合级布局158座，全经济舱布局168座，高密度布局174座，标准航程4075千米，增大航程5555千米。2009年1月6日，中国商飞公司正式发布首个单通道常规布局150座级大型客机机型，代号“COMAC919”，简称“C919”。

C919大型客机采用了先进气动布局、结构材料和机载系统，设计性能比同类现役大部分机型减阻5%，外场噪声比国际民用航空组织（ICAO）第四阶段要求低10分贝以上，二氧化碳排放低12% ~ 15%，氮氧化物排放比ICAO CAEP6规定的排放水平低50%以上，直接运营成本降低10%。C919飞机严格贯彻中国民用航空规章第25部《运输类飞机适航标准》（CCAR25部），中国民用航空局（CAAC）于2010年受理了C919型号合格证申请，全面开展适航审查工作。2016年4月，欧洲航空安全局（EASA）受理了C919型号合格证申请。

C919具有“更安全、更经济、更舒适、更环保”等特性，客舱空间与同类竞争机型相比有较大优势，可为航空公司提供更多布局选择，为乘客提供更高的乘坐品质。后续还可在基本型的基础上，研制出加长型、缩短型、增程型、货运型和公务型等系列化产品。

C919 大型客机是建设制造强国的标志性工程，具有完全自主知识产权。针对先进的气动布局、结构材料和机载系统，研制人员共规划了 102 项关键技术攻关，包括飞机发动机一体化设计、电传飞控系统控制律设计、主动控制技术等。先进材料首次在国产民机大规模应用，第三代铝锂合金材料、先进复合材料在 C919 机体结构用量分别达到 8.8% 和 12%。C919 大型客机研制实现了数字化设计、试验、制造和管理，数百万零部件和机载系统研制流程高度并行，由全球优势企业协同制

△ C919 大型客机首架机总装下线现场

造生产。对标国际民机先进制造水平，作为国产大型客机未来的批生产中心，中国商飞公司总装制造中心浦东基地已经建成全机对接装配、水平尾翼装配、中央翼装配、中机身装配和总装移动等先进生产线，采用了自动化制孔、钻铆设备、自动测量调姿对接系统等设备，可实现飞机的自动化装配、集成化测试、信息化集成和精益化管理。

圆满首飞　翱翔蓝天

2017 年 5 月 5 日，C919 大型客机首架机在上海浦东国际机场成功首飞。中共中央、国务院为 C919 大型客机成功首飞发来贺电。

中国上海，2017 年 5 月 5 日下午 15 时 19 分，平日异常繁忙的浦东国际机场此时却屏住呼吸，深情注目并敞开怀抱：一架在后机身涂有象征天空蓝色和大地绿色的客机，轻盈地舒展青春的双翼，稳健地降落在第四跑道上。这是一个历史性的时刻。它标志着萦绕中华民族百年的“大飞机梦”终于取得了历史突破，蓝天上终于有了一款属于中国的完全按照世界先进标准研制的大型客机。它意味着经过近半个世纪的艰难探索，我国具备了研制一款现代干线飞机的核心能力。这是我国航空工业的重大历史性突破，也是我国深入实施创新驱动发展战略，全面推进供给侧结构性改革取得的重大成果。

△ C919 大型客机圆满首飞

当日下午，第一架 C919 大型客机由机长蔡俊、试飞员吴鑫驾驶，搭载着观察员钱进和试飞工程师马菲、张大伟，于 14 时从浦东国际机场第四跑道腾空而起、冲上云霄。在南通东南 3000 米高度规定空域内巡航平稳飞行 1 小时 19 分，完

△ C919 大型客机首飞机组

成预定试飞科目，并于 15 时 19 分安全返航着陆。蔡俊报告：飞机空中动作一切正常。C919 项目总指挥金壮龙宣布：C919 首飞圆满成功！

C919 大型客机成功首飞意味着中国实现了民机技术集群式突破，形成了我国大型客机发展核心能力。C919 大型客机所采用的新技术、新材料、新工艺更对我国经济和科技发展、基础学科进步及航空工业发展有重要的带动辐射作用。

自主创新之路

2017 年 12 月 17 日，C919 大型客机 102 架机首飞。C919 大型客机首飞也标志着项目全面进入研发试飞和验证试飞阶段。C919 研制批的试验机，全面开展了失速、动力、性能、操稳、飞控、结冰、高温高寒等科目试飞。同时安排了地面试验飞机分别投入静力试验、疲劳试验等试验工作。2022 年 9 月 29 日，C919 大型客机取得中国民航局型号合格证（TC 证）。11 月 29 日，取得中国民航局生产许可证（PC 证）。12 月 9 日，全球首架 C919 大型客机交付使用。

C919 飞机从 2008 年 7 月研制以来，坚持“自主研制、国际合作、国际标准”技术路线，攻克了包括飞机发动机一体化设计、电传飞控系统控制律、主动控制技术、全机精细化有

△ 2017 年 12 月 17 日，C919 大型客机 102 架机首飞

限元模型分析等在内的 100 多项核心技术、关键技术，形成了以中国商飞公司为平台，包括设计研发、总装制造、客户服务、适航取证、供应商管理、市场营销等在内的主制造商基本能力和核心能力，形成了以上海为龙头，陕西、四川、江西、辽宁、江苏等 22 个省市，200 多家企业，20 万人参与的民用飞机产业链，提升了我国航空产业配套能级。推动国外系统供应商与国内企业组建了 16 家合资企业，带动动力、航电、飞控、电源、燃油、起落架等机载系统产业发展。包括宝武在内的 16 家材料制造商和 54 家标准件制造商成为大型客机项目的供应商或潜在供应商。陕西、江苏、湖南、江西等省建立了

一批航空产业配套园区。“以中国商飞为核心，联合中航工业，辐射全国，面向全球”的较为完整的具有自主创新能力和自主知识产权的产业链正在形成。

大型客机被称为“现代工业之花”。伴随着 C919 大型客机交付使用，我国民用飞机正在向市场化、产业化、国际化快速推进。通过 C919 和 ARJ21 新支线客机研制，我国掌握了 5 大类、20 个专业、6000 多项民用飞机技术，加快了新材料、现代制造、先进动力等领域关键技术的群体突破，推进了流体力学、固体力学、计算数学等诸多基础学科的发展。以第三代铝锂合金、复合材料为代表的先进材料首次在国产民机大规模应用，总占比达到飞机结构重量的 26.2%；推动了起落架 300M 钢等特种材料制造和工艺体系的建立，促进了钛合金 3D 打印、蒙皮镜像铣等“绿色”先进加工方法的应用。清华大学、上海交通大学、北京航空航天大学、西北工业大学等国内 36 所高校参与开展技术攻关和研发，建立了多专业融合、多团队协同、多技术集成的协同科研平台，构建起“以中国商飞为主体，以市场为导向，政产学研用相结合”的民用飞机技术创新体系，初步走出了一条国家重大科技专项创新发展之路。

经过新时期 C919 大型客机和 ARJ21 新支线客机研制，我国锻炼培养了一支信念坚定、甘于奉献、勇于攻关、能打硬仗、具有国际视野的大飞机人才队伍。2008 年成立以来，中国商飞公司坚持“依靠人才发展项目，依托项目培养人才”，

△ C919 大型客机 101 架机

人才数量从组建时的 3000 多人增加到超过 10000 人，形成了以吴光辉院士为代表的科技领军人才队伍，以 C919 大型客机首飞机长蔡俊为代表的试验试飞人才队伍，以“大国工匠”胡双钱、王伟为代表的技能人才队伍，以李东升、巴里为代表的海外人才队伍；培养了型号总设计师、专业总师、主任设计师 300 余人的核心研发人才，IPT 团队 0 级、1 级、2 级项目经理 400 余人的项目管理人才；拥有了超过 6500 人的科研人才队伍。

攻坚克难十余年，这支队伍弘扬“两弹一星”精神、载人航天精神和航空强国精神，发扬劳模精神、工匠精神，坚持“精湛设计、精细制造、精诚服务、精益求精”，在型号研制、项目发展、企业治理、党的建设等各领域全面开展创新创业创造实践，孕育形成了“航空强国、四个长期、永不放弃”的大飞机创业精神，为大飞机圆梦蓝天插上了腾飞的翅膀。

快速驯化育种开辟全新育种方向

党的二十大对农业农村工作进行了总体部署，提出全面推进乡村振兴、加快建设农业强国。

粮食安全是国家安全的重要基础。习近平总书记高度重视粮食安全问题，多次做出重要指示，强调“中国人的饭碗任何时候都要牢牢端在自己手中”。党的十八大以来，我国粮食产能稳步提升，粮食产量连续 8 年稳定在 6.5 亿吨以上，2022 年产量创历史新高。

党中央统筹部署“藏粮于地、藏粮于技”战略。2022 年 4 月 10 日，习近平总书记在海南省三亚市崖州湾种子实验室考察调研时强调：“种子是我国粮食安全的关键。只有用自己的手攥紧中国种子，才能端稳中国饭碗，才能实现粮食安全。种源要做到自主可控，种业科技就要自立自强。”

水稻是世界最主要的粮食作物之一，为全世界一半以上人口提供主粮。虽然中国在水稻育种领域已取得辉煌成就——“杂交水稻”这张中国科技名片享誉海外，但为应对全人类面临的更加严峻的粮食挑战，我们仍然迫切需要开辟新的育种方向。快速驯化育种，就是有望对世界粮食生产带来颠覆性革命的新的可行策略。

古老物种带来全新课题

农业文明是人类文明的核心，决定了人类文明的发展和进步。大约在1万年前的新石器时代，人类开始驯化野生植物，以满足对食物的需求。经过大约6000年的摸索，人类完成了对主要作物的驯化，人类社会实现了由采集渔猎型向农业文明型的伟大转变。我国是粟（谷子）、稷（黍子）、水稻、荞麦、大豆等多种作物的起源地。其中，水稻是最早在中国被驯化的作物之一，长江流域的先民至少在7000年前就开始种植水稻。在人类现代社会中，世界上近一半人口以稻米为主食。

华夏先民历经数千年驯化的水稻是二倍体栽培稻。真核生物以二倍体或不同形式的多倍体存在，现存植物中有超过70%的物种以多倍体的形式存在。与二倍体植物相比，多倍体植物由于基因组多倍化，在生物量、耐逆性、抗病虫性、适应性等方面均具有显著优势。在主要作物中，小麦、棉花、油菜、花生是典型的异源多倍体作物，甘薯和马铃薯是同源多倍体作物，而水稻为二倍体作物。

稻属至少包括25个野生种，其中5类为异源四倍体，分布在世界各地。在华夏先民的起源地只有二倍体野生稻祖先可

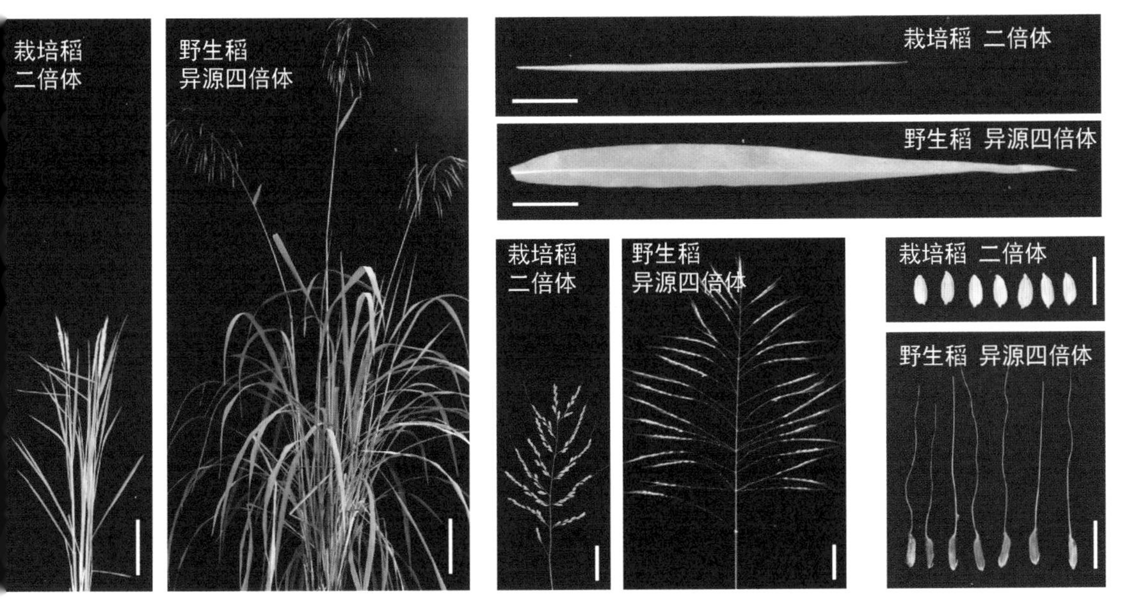

△ **异源四倍体野生稻与二倍体栽培稻**

作为驯化对象，那么能否利用现代生物育种技术，实现从多倍体野生稻到新型多倍体栽培稻的快速驯化呢？

迎难而上勇创科技前沿

将野生植物驯化为栽培作物，需要一系列形态性状和生理特性的改变。就水稻而言，普通野生稻具有匍匐生长、散穗、极易落粒、带刺长芒、低产、抽穗不整齐等特点。经过驯化的现代栽培稻具有直立生长、不易落粒、紧穗、短芒或无芒、高产、抽穗整齐等特点。从理论上而言，将多倍体野生稻驯化为栽培稻具有相似甚至相同的问题，需要明确决定这些关键性状的遗传基础；从技术上而言，多倍体野生稻的快速驯化具有野生资源选择、遗传背景解析、驯化性状与位点选择、遗传转化技术、基因组编辑技术等难题，可谓困难重重，一着不慎，满盘皆输。

面对这一重大科学问题和诸多技术难题，中国科学院遗传与发育生物学研究所植物基因组学国家重点实验室李家洋团队与合作者，设计并完成了异源四倍体野生稻快速从头驯化的框架图，包括野生资源的收集与筛选、建立从头驯化技术体系、分子设计与快速驯化和新型水稻作物推广应用四个阶段。

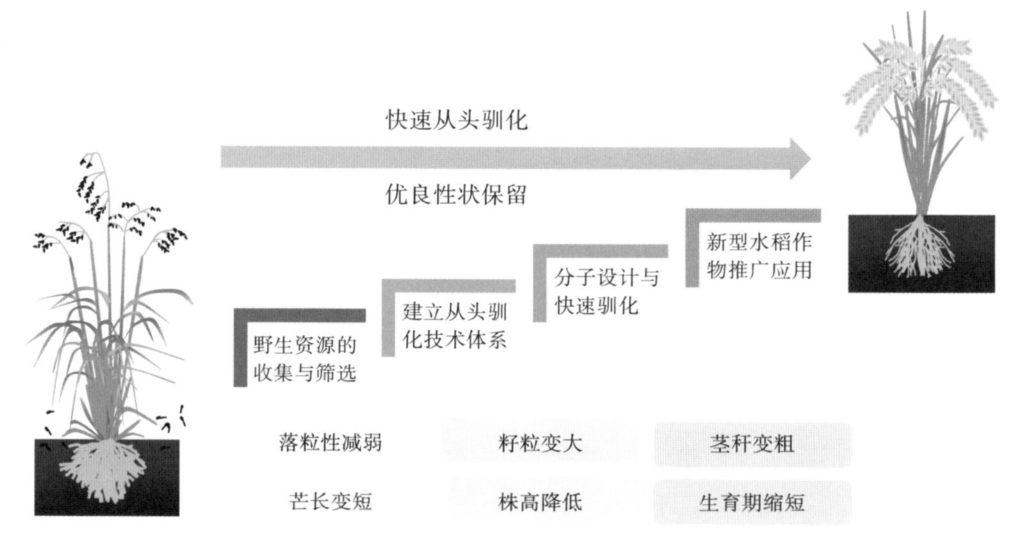

△ 野生稻驯化示意图

以异源四倍体野生稻快速从头驯化的策略为蓝图，李家洋团队与合作者首先确定具有最大生物量及最强胁迫抗性的目标材料，共收集 28 份异源四倍体野生稻资源，通过对组培再生能力、基因组杂合度及田间综合性状等进行系统考察，筛选出 1 份高秆野生稻资源，作为后续研究的基础，并将其命名为“多倍体水稻 1 号”（Polyploid Rice 1，即 PPR1）。PPR1 的生物量极大，株高、穗长、叶宽分别可达 2.7 米、48 厘米、5 厘米，但它也具备稀穗、粒小、芒长等典型未经过驯化的特征。

研究团队通过持续攻关，先后突破异源四倍体野生稻快速从头驯化三大技术“瓶颈”。

技术“瓶颈”一　建立多倍体水稻高效的组培再生与遗传转化体系，在获得 PPR1 具有较好的组培再生能力的基础上，进一步优化体系，最终实现遗传转化效率达到 80% 以上，转化苗再生效率达到 40% 以上。

技术“瓶颈”二　建立高效精准的基因组编辑技术体系，成功实现基因敲除、单碱基替换两种基因组编辑类型，并构建多基因编辑体系。

技术“瓶颈”三　建立高质量四倍体野生稻参考基因组，利用最新的测序技术及基因组组装策略，组装完成大小为栽培稻 2 倍左右的首个异源四倍体水稻参考基因组，共注释出 81421 个高可信度基因，并进一步系统分析了四倍体水稻的基因组特征。

在此基础上，李家洋团队又进一步在异源四倍体基因组中，注释了栽培稻中 10 个驯化基因及 113 个重要农艺性状基因的同源基因，系统分析其同源性，并对 PPR1 中控制落粒性、芒长、株高、粒长、茎秆粗度及生育期的同源基因进行基因编辑，最终成功创制出落粒性降低、芒长变短、株高降低、粒长变长、茎秆变粗、抽穗时间不同程度缩短的各种基因编辑源四倍体野生稻材料。

△ 在田间种植的异源四倍体野生稻

“藏粮于技”为缓解全球粮食危机贡献中国力量

四倍体野生稻从头驯化初步成功，不仅证明了通过快速从头驯化将异源四倍体野生稻培育成为未来主粮作物的可行性，而且也为通过从头驯化其他野生和半野生植物而创制新型作物提供了重要参考。更重要的是，华夏先民历经数千年驯化的二倍体栽培稻将有可能逐渐被快速从头驯化培育的新型粮食作物取代，至少是部分取代。快速驯化育种领域的革命性突破，有望使未来的作物驯化实现以十数年时间走完几千年的驯化之路。

随着世界人口的快速增长，到 2050 年，全球粮食产量需要再增加 50% 才能完全满足需求。水稻是世界最主要的粮食作物之一，为全球一半以上的人口提供主粮。我国在四倍体野生稻从头驯化领域取得的成功，不仅有助于保障国家粮食安全，更将为缓解全球粮食危机贡献中国力量。

“西电东送”点亮 世界最大清洁能源走廊

“西电东送”就是把煤炭、水能资源丰富的西部省区的能源转化成电能，输送到电力紧缺的东部沿海地区。这一工程的实施，对于合理配置资源、优化能源结构、促进经济社会可持续发展具有重要意义。

“西电东送”中部通道的标志性工程——金沙江白鹤滩水电站全面投产，作为一项重要成就，出现在习近平总书记 2023 年新年贺词中。白鹤滩水电站与葛洲坝、三峡、向家坝、溪洛渡、乌东德等水电站，共同构建起长江流域巨型梯级水电站体系，使长江流域成为世界最大的清洁能源走廊。

三峡工程驱动中国水电实现全球引领

1994 年，举世瞩目的三峡工程正式开工。2003 年，三峡大坝全线挡水，三峡电站首批机组投产发电，三峡船闸投入运行。2008 年，三峡工程开始 175 米水位试验性蓄水。通过科学调度、精益运行、精心维护，三峡电站年发电量突破 988 亿千瓦时，刷新单座电站年发电量世界纪录。截至 2021 年 6 月，三峡电站发电量累计超过 1.4 万亿千瓦时，三峡船闸通过逾 91 万艘次船舶、16 亿吨货物、1222 万人次旅客，水资源综合利用效率得到进一步提高。

通过三峡工程、溪洛渡、向家坝、白鹤滩、乌东德等一系列世界级水电站的建设和运营，中国水电行业攻克了一系列关键技术难题，实现了全领域、全过程自主创新，形成了全球领先的水力发电成套技术和综合运营管理能力。

大坝工程智能建造

在三峡工程引入三峡工程管理系统（TGPMS）信息系统筑坝的成功经验基础上，溪洛渡、乌东德等水电站建设进一步提出了“感知、分析、控制”的工程智能建造闭环控制理论，创建了大坝全景信息模型 DIM，实现了现代信息技术与工程

△ 三峡工程

建设技术的深度融合。通过研发应用协同管理平台 iDam，构建多要素、多维动态耦合分析模型，通过仿真分析、动态预测实体工程工作状态，达到工程全生命期性态可知可控；研发了成套智能装备和系统，实现了施工全过程“在线采集、动态分析、智能操作、预警预控”，为工程全生命期运维奠定坚实基础。大坝工程智能建造是工程建设技术、项目管理技术与现代信息技术深度融合的创新成果，实现了工程全生命期、全资源要素、全工艺流程、全建设过程的智能化管控，将大坝工程建设由传统模式向智能建设模式推进。依托智能建造技术建设的溪洛渡水电站，荣获素有“国际工程咨询领域诺贝尔奖”之称的菲迪克 2016 年工程项目杰出奖，成为当届全球 21 个获奖项目中唯一的水电项目。

巨型水电机组自主创新

借鉴三峡工程的成功经验，联合相关制造企业通过技术引进消化吸收再创新、集成创新与原始创新，构建产学研用相结合的技术创新体系，在高水头、大容量水电机组关键技术方面取得重大突破，形成世界领先的核心技术。通过三峡工程建设，我国具备了 700 兆瓦水电机组自主设计、制造和安装能力，我国水电装备制造业用 7 年时间实现了近 30 年的跨越式发展。溪洛渡、向家坝水电站在此基础上自主创新，实现了单机容量 800 兆瓦级水电机组的自主设计、制造和安装，以及

▽ 三峡电站机组

配套设备和原材料的国产化。针对乌东德、白鹤滩水电站进一步开展 1000 兆瓦水电机组科研攻关，历时 10 年取得丰硕成果，机组技术性能和可靠性指标达到了国际领先水平，中国企业具备了自主设计制造 1000 兆瓦水电机组的能力。

通过长江上游千万千瓦级梯级电站建设，中国水电装备在新技术、新材料、新工艺、新装备等方面升级换代，用 20 年时间走过了发达国家 100 年的发展历程，实现了三峡工程 700 兆瓦机组技术追赶、向家坝 800 兆瓦机组整体超越、白鹤滩 1000 兆瓦机组全面引领的三大跨越。中国水电装备已成为全球水电行业的响亮品牌，在服务“一带一路”建设、中国水电“走出去”进程中发挥着引领作用，产生了巨大的综合效益。

垂直升船机建造

三峡垂直升船机是三峡水利枢纽永久通航设施之一，其主要功能是为客轮、货轮提供快速过坝通道，并与双线五级船闸联合运行，提高枢纽的航运通过能力。三峡升船机设计通航船舶为 3000 吨，提升高度 113 米，提升重量 15500 吨，上 / 下游通航水位变幅分别为 30 米 /11.8 米，是目前世界上过船规模、提升高度、提升重量、通航水位变幅最大，综合技术难度最高的垂直升船机。三峡垂直升船机采用了“齿轮齿条爬升、长螺母柱 – 短螺杆安全保障机构、全平衡一级垂直升船机”的技术方案，确保在承船厢水漏空、地震等极端工况下，也不会

△ 游轮在升船机的承船厢中缓缓下降

发生承船厢坠落事故。通过引进消化吸收再创新，不断提升设计水平、制造技术、施工工艺和管理方法，攻克了齿条螺母柱等关键设备研制、大型超高钢筋混凝土塔柱结构施工、齿条螺母柱和船厢及其设备安装，以及升船机自动控制系统集成与调试等一系列技术难题，创造了 168 米高钢筋混凝土塔柱结构施工无裂缝、125 米齿条螺母柱安装垂直度小于 3 毫米、承船厢全行程全天候运行无卡阻、四个驱动点高程同步偏差小于 2 毫米的建设奇迹。三峡垂直升船机的建设，推动了我国重型机械制造业在冶炼、铸造、热处理、机加工、检测等技术领域的发展与创新，形成了一系列工艺、工法和技术标准，填补了我国巨型齿轮齿条爬式垂直升船机建造技术标准空白，标志着我国已掌握超大型升船机建设技术，齿条螺母柱、承船厢及其设备等大型部件制造达到国际领先水平，实现了从“中国制造”到“中国创造”的飞跃。

流域梯级水库群联合智慧调度

长江干流溪洛渡、向家坝、三峡、葛洲坝梯级巨型水库群实行联合智慧调度和运行管理，其调节库容 295.93 亿米^3，防洪库容 277.03 亿米^3，约分别占长江上游主要水库库容的 52% 和 76%，在长江流域综合管理中发挥着核心作用。

十余年来，溪洛渡——葛洲坝流域建立了一套集水雨情信

△ 溪洛渡水电站全景

息采集处理、水文气象预报制作、梯级水库联合调度方案编制、联合调度成果展示的智慧调度决策支持体系。建设了国内水电企业规模最大、功能最齐全的流域水雨情遥测系统，自建或共建共享的遥测、报汛站近 1000 个，控制长江上游流域面积约 58 万千米 ^{2}，实现了对流域内水雨情和水库信息的快速收集、存储和处理；建立了一套完备的气象水文预报系统，流域水文气象预报预见期长达 7 天，24 小时流量预报精度超过 98%，在国内同行业处于领先水平；建设了以地面光传输网通信为主和天上卫星通信为辅的信息高速公路，研发了流域梯级新一代智能水调自动化系统和巨型机组电站群远方“调控一体化”自动控制系统，梯级电站水能利用提高率超过 4%，形成

了长江流域水资源联合智慧调度运行核心能力，有力促进了长江“黄金水道”产生“黄金效益”。

“互联网 +”助力精准移民

中国水电开发企业针对水电工程移民地域广泛、人员众多、情况复杂等特点，开发了基于“互联网 +”的水电工程移民管理信息系统。该系统是国内乃至世界首个覆盖水电工程移民工作全生命周期的移民信息化协同管理平台，实现了基于遥感、地理信息和移民业务自适应管理模型的移民指标可核查、资金使用可追溯、安置实施效果可评价的时空变迁跟踪管理，开启了移民参与式管理的“互联网 + 公众服务”阳光化运作，

有效提高了政府工作的透明度、维护了广大移民群众的切身利益，对推动我国水电移民管理数字化、规范化起到了良好的引领和借鉴作用。

该系统目前在向家坝、溪洛渡等国内电站和巴基斯坦卡洛特、几内亚苏阿皮蒂等海外电站项目均取得良好应用效果，管理了 30 多万移民基础数据和数百亿移民资金，拥有用户单位 121 家、专业用户 842 名，移民自助查询用户达上万人、惠及库区 20 万移民群众，总访问量超过 80 万人次。

生态调度成效显著

在水电开发过程中，相关企业积极开展三峡——金沙江下游梯级水库群多功能生态调度研究，持续开展抗旱补水调度、汛期沙峰调度、库尾泥沙减淤调度、长江口压咸应急调度和促进鱼类自然繁殖的调度试验，发挥了三峡水库等作为巨大淡水资源库的重要作用，进一步拓展了长江流域梯级水库群的生态效益。

白鹤滩水电站打造中国水电“新名片”

白鹤滩水电站总装机容量 1600 万千瓦，仅次于三峡电站，位居世界第二；国产机组单机容量 100 万千瓦，位居世界第

△ **白鹤滩水电站大坝**

一。2021 年 6 月 28 日，白鹤滩水电站首批机组正式投产发电，习近平总书记对金沙江白鹤滩水电站首批机组投产发电发来贺信。

白鹤滩水电站是实施“西电东送”的国家重大工程，是长江防洪体系重要组成部分，是全面推动长江经济带发展、服务粤港澳大湾区建设的重要战略性工程，也是进一步巩固我国在世界水电引领地位的重要支撑性工程。

不畏艰难勇创新

在白鹤滩大坝的建基面，分布了大量柱状节理玄武岩。前期勘探时，专家们已经预测到这一地质构成不可避免，为了排除可能出现的重大地质隐患、选定最优坝址，经过近50年艰苦审慎的勘探、研究、比选，在悬崖峭壁上凿洞，在湍急河水中打孔，仅枢纽区河床钻孔就长达20万米，再综合考虑库区移民安置、环保、蓄水、拦沙等多重因素，最终才确定现有坝址并做好相应准备。开挖至一定程度后，发现坝基柱状节理玄武岩占比高达40%左右，无疑是世界级难题。

建设者们花了将近一年的时间研究对策。在大量实验研究、仪器监测分析后，进一步掌握了岩石分布情况和松散规律，决定提前采取预锚固、预灌浆等措施加固，并且尽量减少扰动。

白鹤滩坝顶弧长709米，拱坝厚度63米，扩大基础厚度93米，坝高289米，全面采用我国自主研制的新型低热水泥——低温硅酸盐水泥混凝土，总量逾800万米^3，保证大坝质量优良。

2017年4月12日，白鹤滩水电站大坝主体开始混凝土浇筑。2021年5月31日，白鹤滩水电站工程大坝全线浇筑到顶。这座300米级特高混凝土双曲拱坝，攻克了坝基柱状节理玄武岩等世界级难题，矗立于滔滔江水之中，承受世界级水推力而岿然不动，创造了世界坝工史上的奇迹。

守正出新辟蹊径

2021年6月28日，白鹤滩水电站全球首批百万千瓦水轮发电机组安全准点投产发电。全球单机容量最大功率百万千瓦水轮发电机组的投产，标志着我国高端技术装备研制的重大突破。百万千瓦机组是里程碑式的跨越，完成了中国水电技术装备从跟跑到并跑直至领跑的最后一程。

技术进步的一个显著特征是产品迭代升级。国产水轮发电机组自新中国成立后得以快速发展，但仍与世界先进技术存在较大差距，到 20 世纪 90 年代中期，国内企业只有制造 30 万千瓦水轮机组的能力，而彼时开始建设的三峡工程将使用先进的 70 万千瓦水轮发电机组。在经历了引进消化吸收再创新的全部过程后，三峡右岸的国产化机组研制取得突破性进展，

△ 白鹤滩水电站机组

中国水电技术装备开始从跟跑转向并跑。

在白鹤滩建水电站的设想自20世纪50年代开始。当年，在研讨白鹤滩水电站机组单机容量的时候，为稳妥起见，有专家提出采用2台100万千瓦机组，其余机组采用80万千瓦的方案，但最终决定：16台机组全部用国产百万千瓦水轮发电机组。

首先，能力具备。在水电机组制造上，对于三峡集团以及与其在高端水电技术装备制造方面常年合作的伙伴来说，采用单机容量100万千瓦的水电机组，已经具备条件。

其次，客观要求。白鹤滩地处V型河谷，两岸均为雄厚山体，复杂地质条件已带来一系列世界级难题。在枢纽建筑工程布置上，单机容量越大，机组台数就越少，地下洞室群、地下厂房的规模将更趋合理，稳定性、安全性也会更好。同时，在工程开挖量上，机组数量对应进水口数量，如果选择较小容量的机组，进水口沿线的明挖量陡增，会增加危险系数。

其三，资源禀赋。金沙江干流落差大，水流湍急，白鹤滩是高坝大库，水头高达200多米，从水能利用率来看，可以满足1600万千瓦的总装机容量。

而最重要的一条是，中国现代化经济社会发展需要与之相适应的大规模清洁电能的支撑，白鹤滩水电站是国家重大工程，“西电东送”骨干电源点，要满足远景发展电力需要。

但是，研制百万千瓦机组绝不是简单的尺寸放大，对总体技术、水力、电磁设计，24/26千伏线棒、通风冷却、推力轴承、结构钢强度、制造加工、原材料选用等关键技术，都须层层攻关。进入世界水电“无人区”之后，向前攀登的每一步，都需要巨大勇气和无穷智慧。

白鹤滩水电站与葛洲坝、三峡、向家坝、溪洛渡、乌东德等水电站，共同构建起长江流域巨型梯级水电站体系，使长江流域成为世界最大的清洁能源走廊。数据显示，白鹤滩水电站全面投产发电后，长江干流 6 座水电站总装机容量将达到 7169.5 万千瓦，年平均发电量约 3000 亿千瓦时，相当于每年减少二氧化碳排放 2.496 亿吨。这条清洁能源走廊输出的清洁能源，将产生巨大的生态、社会、经济等综合效益，铸就中国水电“新名片”。

航天强国建设开启
国际科学合作新篇章

2017 年 6 月 6 日，习近平总书记向“全球航天探索大会”致信指出:“中国历来高度重视航天探索和航天科技创新，愿加强同国际社会的合作，和平探索开发和利用太空，让航天探索和航天科技成果为创造人类更加美好的未来贡献力量。”

2020 年 7 月 31 日，“北斗三号”全球卫星导航系统正式开通，北斗导航系统向全球提供服务，中国北斗开始为世界导航。

2021 年 6 月至今，“神舟”系列载人飞船顺利将多批次航天员送入太空，中国空间站步入有人长期驻留时代。2022 年 11 月，中国空间站三舱形成平衡对称的“T”字构型，向着建成空间站的目标迈出了关键一步。

2020 年 12 月，“嫦娥五号”返回器携带月球样品返回地球，探月工程“三步走”任务完美收官。2021 年 5 月，“天问一号”探测器成功着陆火星。2021 年 10 月和 2022 年 10 月，太阳探测卫星“羲和号”“夸父一号”成功发射，开启了新时代深空探测的新征程。

北斗组网为世界导航

古代的中国人依靠天空中的北斗七星来判断方向，发明司南来导航。随着科技的不断发展，现代的我们可以利用太空中的北斗卫星导航系统实现精准导航。

北斗卫星导航系统简称北斗系统，英文名称为 BeiDou Navigation Satellite System，缩写为 BDS，是中国自主建设、独立运行，与世界其他卫星导航系统兼容共用的全球卫星导航系统。20 世纪后期，中国开始探索适合国情的卫星导航系统发展道路。1994 年，“北斗一号”工程立项，工程总设计师为我国首颗卫星“东方红一号”的技术总负责人孙家栋。2000 年，我国成功发射两颗卫星，在天空中搭建了我国的双星定位系统，优先满足了中国定位的需要，真正开创了我国建设卫星导航系统的历史，北斗走上历史舞台。

北斗卫星导航系统是一个组网工程，必须由多个卫星组成星座才能实现。20 世纪初，以我国当时的经济发展水平和技术能力，无法实现一次在全球范围内布星布站。在这种情况下，北斗系统高级顾问、时任总设计师孙家栋独具慧眼，提出“先试验、后区域、再全球”的“三步走”发展战略。作为国家科技重大专项，“三步走”发展战略具体是：第一步，2000

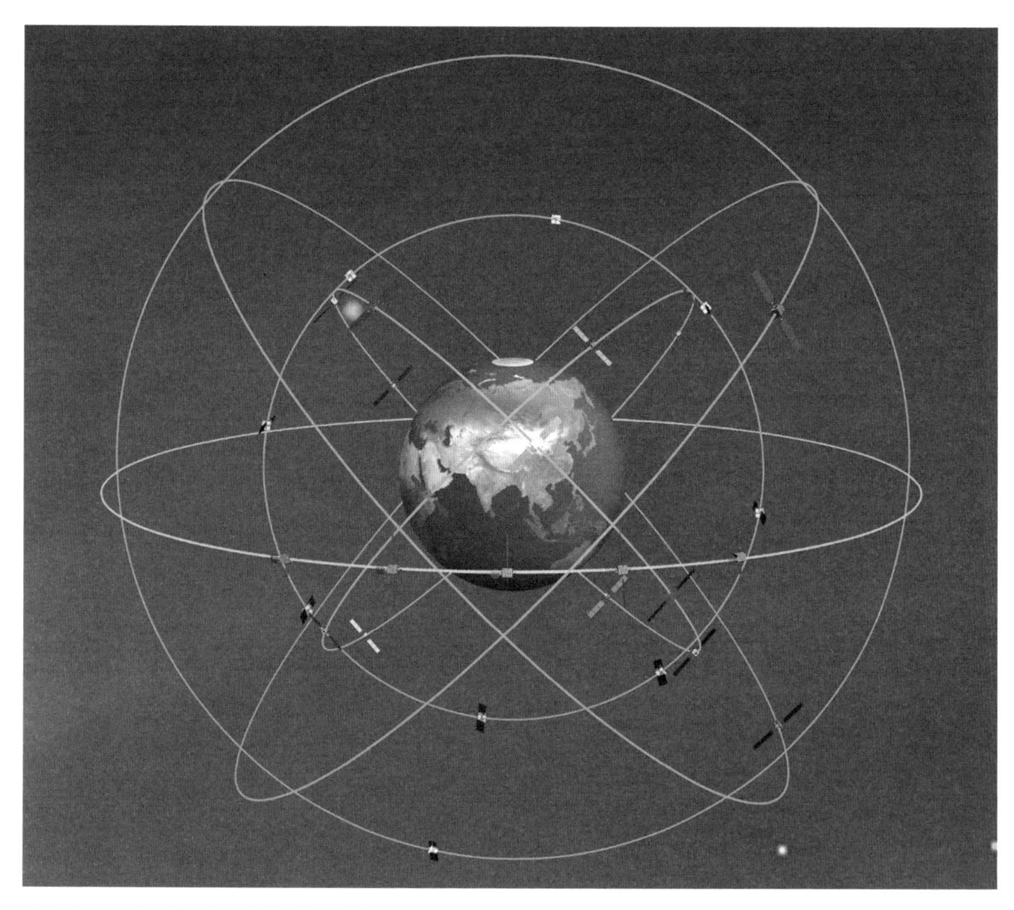

△ **北斗卫星导航系统组网示意图**

年建成北斗卫星导航试验系统，解决我国自主卫星导航系统的有无问题。第二步，建设北斗卫星导航系统，2012 年形成区域覆盖能力。第三步，2020 年左右，形成全球覆盖能力。北斗卫星导航系统的顺利建设、成功服务，证明了“三步走”战略的正确。我们向世界导航系统提供了一个新的发展模式，这也是世界上第一次使用 IGSO 卫星进行定位，这是中国智慧对世界的又一重大贡献。“北斗二号”系统首创了三种卫星的混合星座——用5颗GEO卫星、5颗IGSO卫星和4颗MEO卫星组成北斗星座，不但保留了“北斗一号”的技术能力，还可以优先服务我国及周边，最终走向服务全球。目前，全世界有四大全球卫星导航系统：美国的GPS、俄罗斯的格洛纳斯、中国的北斗和欧洲的伽利略。

“北斗二号”工程于2004年8月立项，历时8年完成研制建设，全国300多家单位、8万余名科技人员参研参建，建成了由14颗组网卫星和32个地面站天地协同组网运行的“北斗二号”卫星导航系统。在全国人民和各有关部门的大力支持下，参与系统研制、建设、试验、应用和管理的全体人员，按照“质量、安全、应用、效益”的总要求，坚持“自主、开放、兼容、渐进”的发展原则，瞄准建设世界一流卫星导航系统目标，大力协同、奋力攻关，完成了我国卫星导航系统第二步承前启后的建设任务，走出了一条中国特色卫星导航发展道路。

“北斗二号”卫星导航系统的建设过程并非一帆风顺。2011年7月27日，矗立在发射塔架上的第九颗北斗导航卫星发射在即，天空却突然乌云密布，天降雷雨。雷电是卫星发射的最大威胁，因为准备发射的火箭体内已经装满了燃料，稍微有一丁点儿火花，都可能引起爆炸，炸毁火箭和卫星，让一切投入化为灰烬。通常，遇到雷电天气，大多数航天发射任务就会推迟。但是，北斗卫星导航系统不行。与其他航天器不同，

▽ 北斗卫星示意图

北斗卫星导航系统是一个系统工程，必须要相继发射多颗卫星组成一个卫星星座，才可以实现它提供的服务。因此，每一颗卫星的发射时间大概在它还是一张图纸的时候，就已经基本确定了。可以说，每颗卫星的成功都将成为未来连续成功的基础，任何一次抉择都将关系到未来的成败。为了按时组网，北斗卫星必须要“零窗口”发射。

什么是零窗口？卫星发射窗口，可以理解为顺利发射卫星入轨的时间。就好比骑马射移动靶，人和靶都在动，只有人、箭、靶三点一线的时候才可以射中，这个三点一线的时刻，就是窗口。卫星发射窗口只有 40 分钟，很有限。而零窗口，就是在预先计算好的发射时间，分秒不差地将火箭点火升空，不允许有任何延误与变更。

当时，天气预报是决策的唯一依据。北斗科研人员在等，也是在盼，火箭从起飞到飞离云层只需要不到 100 秒的时间，发射场里所有的人目光凝重，仰望天空，只求这 100 秒天空的平静。40 分钟的发射窗口一点一点过去了，北斗科研人员没有放弃，一遍遍看着天气预报。

就在发射窗口关闭前 5 分钟，天气预报显示雷电可能会有一个短暂的间歇。机会稍纵即逝，北斗科研人员果断决策，火

△ 2017 年 11 月 5 日，“北斗三号”组网首发双星（梁珂岩 / 摄）

箭破云而出。在这 100 秒的时间里，偌大的指挥中心，连一根针掉在地上的声音都能听到，所有人眉头紧锁，这是在和老天抢时间。100 秒后，火箭冲破云层，卫星安全升空。就在起飞后 45 秒，又一阵电闪雷鸣让心理承受能力已经到了极限的人们再次绷紧了神经。幸运的是，科研人员最终顺利收到了卫星安全入轨的信号。正是“自主创新、开放融合、万众一心、追求卓越”的新时代北斗精神，才让北斗卫星导航系统在短时间内取得了一项又一项的重要成就。

随着北斗系统建设和服务能力的发展，相关产品已广泛应用于交通运输、海洋渔业、水文监测、天气预报、测绘地理信息、森林防火、通信时统、电力调度、救灾减灾、应急搜救等领域，逐步渗透到人类社会生产和人们生活的方方面面，为全球经济和社会发展注入新的活力。目前，北斗系统已形成完整产业链，北斗系统在国家安全和重点领域标配化的使用，在大众消费领域规模化的应用，正在催生“北斗 +”融合应用新模式。

中国坚持以“自主、开放、兼容、渐进”的原则建设和发展北斗系统。目标是建设世界一流的卫星导航系统，满足国家安全与经济社会发展需求，为全球用户提供连续、稳定、可靠的服务；发展北斗产业，服务经济社会发展和民生改善；深化国际合作，共享卫星导航发展成果，提高全球卫星导航系统的综合应用效益。

中国空间站成为国际科学合作新平台

2016年，中国航天事业创建60周年之际，载人航天空间实验室飞行任务也拉开大幕。面对一年内4次的高密度发射任务，以及新火箭、新发射场、新飞船等诸多考验，勇于创造奇迹的中国航天人牢记习近平总书记关于“探索浩瀚宇宙，发展航天事业，建设航天强国”的重要指示，在飞天路上屡奏凯歌。

2016年6月25日，“长征七号”一飞冲天，完成新一代中型运载火箭和海南文昌新型滨海发射场的首秀之战。

2016年9月15日，“天宫二号”空间实验室在“长征二号”F/T2火箭的托举下飞入太空，这是中国第一个真正意义上的太空实验室，安排开展了地球观测和空间地球系统科学、空间应用新技术、空间技术和航天医学等领域的应用和实（试）验，应用载荷数量大幅增加，领域进一步拓展，载人航天事业进入了应用发展的新阶段。

2016年10月17日，“神舟十一号”飞船载着航天员景海鹏、陈冬搭乘“长征二号”F遥十一火箭冲入太空。19日凌晨，“神舟十一号”与“天宫二号”空间实验室交会对接。“神舟十一号”载人飞船在轨飞行33天，组合体飞行期间，相继开展了一系列体现国际科学前沿和高新技术发展方向的空间科学与应用任务。

2017 年 4 月 20 日，我国第一艘货运飞船“天舟一号”出征太空，验证了货物补给、推进剂在轨补加等一系列关键技术，“天舟”货运飞船与“长征七号”运载火箭组成的空间站货物运输系统，使得我国空间站建设具备了基本条件。至此，空间实验室阶段任务完美收官！

我国顺利完成空间站方案设计和关键技术攻关，空间站各舱段及其配套运载火箭、有关试验载荷等各类飞行产品有序进

△**“神舟十一号”航天员景海鹏、陈冬**（李晋/摄）

行研制生产和地面试验，载人飞船、货运飞船及其配套运载火箭等相继按计划生产，完成空间站建造。

2020 年 5 月 5 日，“长征五号”B 运载火箭在海南文昌首飞成功，正式拉开我国载人航天工程“第三步”建造空间站任务的序幕。2021 年 4 月 29 日，“天宫”空间站“天和”核心舱成功发射。2021 年 6 月至今，“神舟”系列载人飞船顺利将多批次航天员送入太空，中国空间站步入有人长期驻留时代。2022 年 11 月，中国空间站三舱形成平衡对称的“T”字构型，向着建成空间站的目标迈出了关键一步。

中国空间站命名为“天宫”（TG），基本构型由核心舱、实验舱Ⅰ和实验舱Ⅱ 3 个舱段组成，呈水平对称 T 字形，提供 3 个对接口，支持载人飞船、货运飞船及其他来访飞行器的对接和停靠，建成后不仅成为国家太空实验室，更是国际科技合作交流的重要平台。

中国空间站具备支持近地轨道长期载人飞行的能力，安排开展多领域的空间科学实验和技术试验，研究解决人类在太空长期生存的基本问题，开展空间科学与应用基础研究，开展航天新技术验证，努力获取对全人类具有重大科学价值的研究成果和重大战略意义的应用成果。

在建设中国人“太空家园”的过程中，遵照习近平总书记“星空浩瀚无比、探索永无止境”“中国人探索太空的脚步会迈得更大、更远”等一系列重要指示，我国还对载人航天后续发展进行深入论证和长远谋划，规划至 21 世纪中叶的载人航天

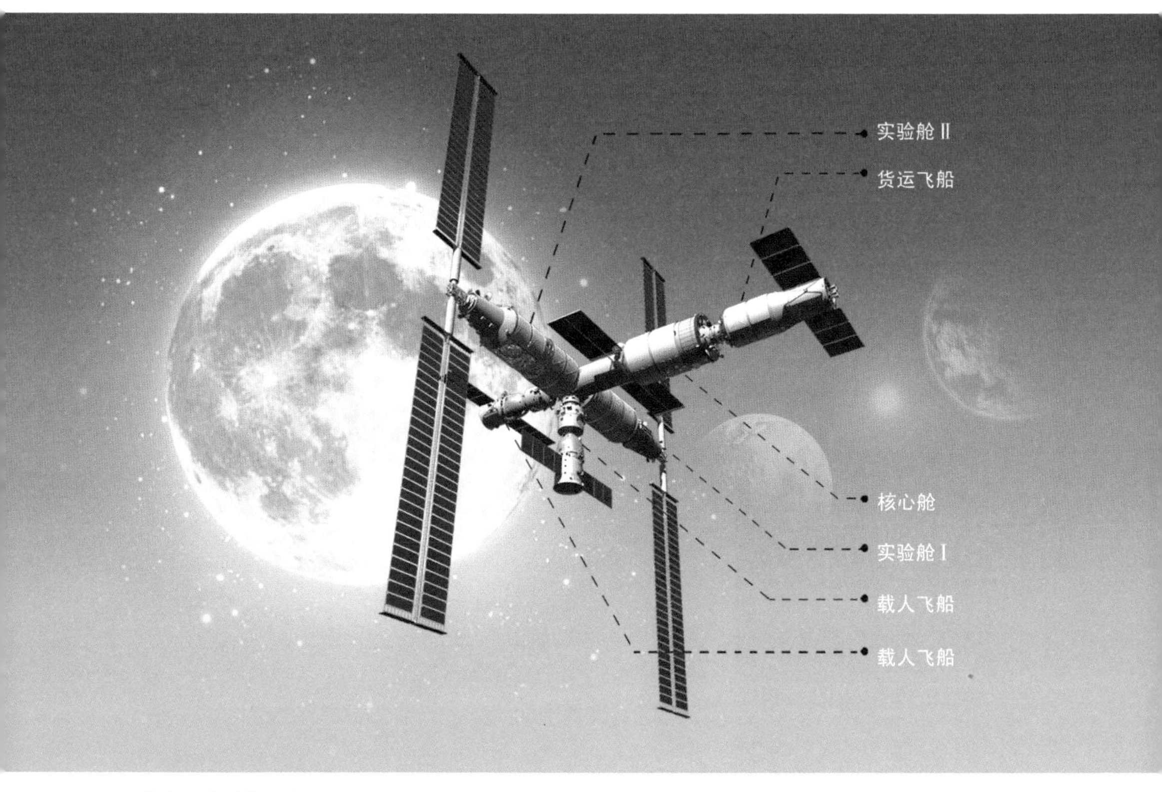

△ **中国空间站示意图**

发展路线图，努力推动载人航天事业可持续发展。

在未来空间站任务中，中国载人航天工程将以更加开放的姿态，在设备研制、空间应用、航天员培养、联合飞行和航天医学等多个方面，积极开展国际间的交流与合作，与世界各国特别是发展中国家，分享中国载人航天发展成果。中国愿与世界各国一起，共同推动载人航天技术发展，为和平利用太空、造福全人类做出更加积极的贡献。

深空探测
征程永无止境

2013 年 12 月 2 日，“嫦娥三号”成功发射，12 月 14 日，探测器安全着陆，“嫦娥三号”实现了我国首次、世界第三次地外天体软着陆。12 月 15 日，习近平总书记亲临北京航天飞行控制中心，观看着陆器与巡视器成功实现互拍，“嫦娥三号”任务取得圆满成功。

月球与深空探测是通过开发航天技术，对月球及以远的外太空进行科学探索和空间应用。在世界航天活动蓬勃发展却又起起落落的大背景下，我国

△“嫦娥五号”探测器

探月工程以捷报频传、一步一跨越的瞩目成就，走出了一条中国特色的创新发展之路。

在实施探月工程的同时，我国开展了深空探测论证。国防科工局于 2010 年开始组织深空探测工程论证，于 2011 年年底形成了《我国 2030 年前深空探测工程总体实施方案》。2016 年，深空探测列入《中华人民共和国国民经济和社会发展第十三个五年规划纲要》重大科技项目。2016 年 1 月，习近平总书记批准首次火星探测任务工程立项，开启了新时代我国深空探测新的征程。

2020 年 7 月 23 日，“天问一号”探测器成功发射。2021 年 5 月 15 日，中国首辆火星车“祝融号”与着陆器成功登陆火星并开展巡视探测。2021 年 6 月，由“祝融号”火星车拍摄的着陆点全景、火星地形地貌、“中国印迹”和“着巡合影”等影像图发布，标志着我国首次火星探测任务取得圆满成功。

2021 年 10 月 14 日，中国首颗太阳探测科学技术试验卫星“羲和号”成功发射。2022 年 10 月 9 日，我国综合性太阳探测卫星“夸父一号”在酒泉卫星发射中心发射升空，正式开启对太阳的探测之旅。

浩渺太空，星辰大海。探索永无止境！

△ 首次火星探测任务工程示意图

附录

改革开放四十五年科技成就撷英

01

1978年3月

全国科学大会召开，重申“科学技术是生产力”。之后，这一思想进一步深化为“科学技术是第一生产力”。

02

1978年

蕨类植物学家秦仁昌在《植物分类学报》第16卷发表《中国蕨类植物科属的系统排列和历史来源》，建立了中国蕨类植物分类的新系统。

03

1978年9月

北京动物园采用人工授精技术在世界上首次成功繁殖出大熊猫幼崽。

1978年

01

1979 年 7 月

第一张采用汉字激光照排系统输出的报纸样张《汉字信息处理》问世。

02

1979 年 8 月

中国科学院大气物理研究所在北京建成的高达 325 米的气象铁塔正式投入使用。

03

1979 年 9 月

中国第一条光导纤维通信线路——上海光纤电话线并入上海市内电话网并开始使用。

1979年

01

1980 年

中国科学院大气物理研究所与北京大学地球物理系、中央气象台合作成立了联合数值预报室，将东亚大气环流研究的一系列成果发展成中国天气预报的业务模式。

02

1980 年 5 月

“向阳红五号”海洋科学调查船赴太平洋执行任务，研究厄尔尼诺现象，为我国海洋事业、国防建设和国际海洋合作做出贡献。

03

1980 年 9 月

我国自主研制的第一架干线客机“运 10”飞机首飞成功。

1980 年

01

1981 年 9 月

我国首次使用一枚大型火箭将三颗不同用途的卫星送入地球轨道，成功地实现了“一箭多星”的壮举。

02

1981 年 11 月

我国在世界上首次合成核酸——酵母丙氨酸转移核糖核酸（$tRNA_{y}^{Ala}$）。

1981年

01

1982 年

“科技攻关”计划设立。之后我国陆续设立了“星火”“863”“火炬”“973”等计划，国家科技计划体系不断完善。

02

1982 年 12 月

中国科学院上海有机化学研究所经过大量试验，完成天然青蒿素的人工合成。

03

1982 年 12 月

建在中国科学院高能物理研究所的中国第一台质子直线加速器，首次引出能量为 1000 万电子伏的质子束流。

1982年

01

1983 年

中国数学家陆家羲在国际上发表关于不相交斯坦纳三元系大集的系列论文，解决了组合设计理论研究中多年未被解决的难题。

02

中国科学院上海硅酸盐研究所于 1982 年开始进行 BGO 晶体研究，于 1983 年年初在实验室研制出大尺寸 BGO 晶体，并确定了生产技术路线和方法。

03

1983 年

中国数理逻辑学家和计算机科学家唐稚松提出了世界上第一个可执行时序逻辑语言——XYZ 语言。

04

1983 年 12 月

中国第一台每秒运算 1 亿次以上的巨型计算机——“银河Ⅰ”型研制成功。

1983 年

01

1984 年 3 月

我国学者旭日干与日本学者合作，培育出世界上第一胎试管山羊。

02

1984 年 4 月

我国第一颗静止轨道试验通信卫星——“东方红二号”发射成功。

03

1984 年

冯康在北京微分几何与微分方程国际会议上首次系统提出了哈密尔顿系统的辛几何算法。

04

国家南极考察委员会决定向南极洲派出科学考察队，考察队于 1984 年 12 月 26 日到达南极。

1984 年

01

1985 年 2 月

中国第一个南极科学考察站——中国南极长城站落成。

02

1985 年 7 月

大功率长波授时台发播长波授时信号，填补了中国在原子授时领域的空白。

03

1985 年 11 月

南京地质古生物研究所侯先光等在中国《古生物学报》上发表论文，将其在澄江帽天山页岩系中发掘出的纳罗虫动物化石群命名为“澄江动物群”。距今 5.3 亿年的澄江动物群的发现，成为寒武纪大爆发的最有力证据。

1985 年

01

1986 年

由艾国祥院士主持研制的北京天文台太阳磁场望远镜建成。

02

1986 年

上海瑞金医院王振义教授完成世界公认的诱导分化理论治愈癌细胞的第一个成功案例。

03

1986 年 10 月

国家种质库在中国农业科学院作物品种资源研究所落成。

04

1986 年 12 月

中国首个国家重点实验室——中国科学院上海分子生物学实验室通过评审验收。

05

1986 年 12 月

中国科学院物理研究所的赵忠贤教授及他的研究小组发现起始转变温度为48.6开的锶镧铜氧化物超导体。

1986 年

01

1987 年 6 月

上海光学精密机械研究所研制的“神光Ⅰ”高功率激光装置通过国家鉴定，该装置是当时中国规模最大的高功率激光装置。

02

1987 年 11 月

1.56 米天体测量望远镜和 25 米射电望远镜，在上海天文台建成并开始试运转。

1987年

01

1988 年 5 月

中国科学院遗传研究所第一次实现人类基因在植物中的表达。

02

1988 年 10 月

由中国科学院高能物理研究所建造的北京正负电子对撞机（BEPC）首次实现正负电子对撞，宣告建造成功。

03

1988 年 10 月

中国内地第一条高速公路——沪嘉高速公路全线通车。

04

1988 年 12 月

我国自行设计和制造的兰州重离子加速器（HLRFL）在中国科学院兰州近代物理研究所建成出束，标志着中国回旋加速器技术进入世界先进行列。

1988 年

01

中国科学院化学研究所研制成功丙纶级聚丙烯树脂，该项目获1989年国家科学技术进步奖一等奖。

02

1989年4月

中国第一个专用同步辐射光源——合肥同步辐射装置在中国科学技术大学建成出光。

03

1989年5月

中国科学院高能物理研究所研制的中国第一台35兆电子伏质子直线加速器通过专家鉴定。

04

1989年7月

我国第一艘自行设计、建造的浮式生产储油船——“渤海友谊号”交付使用。

1989年

01

1990年

中国科学院上海技术物理研究所为“风云一号”气象卫星研制的甚高分辨率扫描辐射计获得成功。首颗载有十波段扫描辐射计的“风云一号”C星于1999年5月10日发射。

01

1991 年 11 月

我国第一台拥有完全自主知识产权的大型数字程控交换机——HJD04机在邮电部洛阳电话设备厂诞生。

02

1991 年 12 月

中国第一座自行设计、建设的核电站——秦山核电站首次并网发电。

1991年

02

1992 年

中国科学院近代物理研究所在世界上首次合成了汞-208和铪-185两种新核素，与中国科学院上海原子核研究所合成的铂-202一起，实现了我国在新核素合成和研究领域“零的突破”。

01

1992 年

我国研制成功对治疗甲肝和丙肝有特殊疗效的合成人工干扰素等一批基因工程药物。

1992年

01

1993 年

我国颁布《中华人民共和国科学技术进步法》。之后陆续颁布《中华人民共和国促进科技成果转化法》《中华人民共和国科学技术普及法》等，我国科技立法进程提速。

02

1993 年 5 月

由中国科学院高能物理研究所、原子能科学研究院、上海光学精密机械研究所和上海原子核研究所等承担的国家“863”高技术项目“北京自由电子激光装置”成功实现红外自由电子激光受激振荡，并于 12 月 28 日凌晨顺利实现饱和振荡。

03

1993 年 9 月

由北京航空航天大学研制成功的中国第一架无人驾驶直升机——“海鸥号”直升机首飞成功。

04

1993 年 10 月

中国科学院学部委员改称为中国科学院院士。1994 年 6 月，中国工程院成立。至此，我国两院院士制度正式建立。

1993年

01

1994 年 4 月

我国向世界公布了雅鲁藏布大峡谷的平均深度为 5000 米、最深处达 5382 米、谷底宽度仅 80 ~ 200 米、长度为 496300 米这一重大发现。

02

1994 年 5 月

大亚湾核电站全面建成并投入商业运营，这是我国内地第一座百万千瓦级大型商用核电站，是继秦山核电站后建成的第二座核电站。

03

1994 年 12 月

中国第一台潜深 1000 米的无缆水下机器人“探索者号”由中国科学院沈阳自动化研究所等单位研制成功。

04

1994 年 12 月

我国第一架自行研制、拥有自主知识产权的“直 11”型直升机成功实现首飞。

1994年

01

1995年5月

中共中央、国务院发布《关于加速科学技术进步的决定》，提出实施科教兴国战略。这是全面落实“科学技术是第一生产力”思想的重大决策，对我国科学技术的发展产生了深远影响。

02

1995年5月

由中国科学院计算技术研究所研制的“曙光1000”大规模并行计算机系统通过国家级鉴定。

03

1995年11月

中国农业科学院植物保护研究所国家重点实验室和山东大学生物系联合培育成功世界上第一株抗大麦矮病毒的转基因小麦品种。

1995年

01

1996 年 6 月

中国科学院国家基因研究中心在世界上首次成功构建了高分辨率的水稻基因组物理图。

02

1996 年 8 月

中国科学院近代物理研究所和高能物理研究所合作，在世界上第一次合成并鉴别出新核素镅 -235。

03

1996 年

南京大学闵乃本院士领导的课题组研制出能同时出两种颜色激光的准周期介电体超晶格，成功验证了多重准相位匹配理论。

1996 年

01

1997 年 6 月

“银河Ⅲ”百亿次计算机研制成功。

02

1997 年 6 月

“风云二号”气象卫星（A 星）发射成功。

03

1997 年 9 月

中美希夏邦马峰冰芯科学考察队在海拔 7000 米的达索普冰川上成功钻取了总计 480 米长、重 5 吨的冰芯。

04

1997 年

中国科学院沈阳自动化研究所等单位研制的 6000 米无缆自治水下机器人完成太平洋洋底调查任务。

1997年

01

1998 年 7 月

中国科学院物理研究所成功制备出长达 2 ~ 3 毫米的超长定向碳纳米管列阵，并可以利用常规试验手段测试碳纳米管的物理特性。

02

1998 年 7 月

北京有色金属研究总院、西北有色金属研究院、中国科学院电工研究所参与研制的我国第一根铋系高温超导输电电缆获得成功，推进了我国高温超导技术的实用化进程。

03

1998 年 11 月

中国科学院南京地质古生物研究所孙革及他的研究组在我国辽宁北票地区发现了迄今为止世界上最早的被子植物化石——辽宁古果。这一发现被发表在 1998 年 11 月的《科学》杂志上。

1998年

01

1999 年 2 月

上海医学遗传研究所在上海市奉新动物试验场成功培育出我国第一头转基因试管牛。

02

1999 年 7—9 月

中国首次北极科学考察活动圆满完成三大科学目标预定的现场科学考察计划任务。

03

1999 年 11 月

中国第一艘载人航天试验飞船“神舟一号”在酒泉卫星发射中心升空。这是中国载人航天工程的第一次飞行试验。

1999年

01

2000年10月
我国自行研制的第一颗北斗导航卫星发射成功。

02

2000年
袁隆平院士及他的研究小组研制的超级杂交稻达到农业部制定的超级稻育种的第一期目标——连续两年在同一生态地区的多个百亩片实现亩产700千克。

03

2000年
由国家并行计算机工程技术研究中心牵头研制成功大规模并行计算机系统“神威Ⅰ”，其主要技术指标和性能达到国际先进水平。

01

2001 年 1 月

我国自行研制的“神舟二号”无人飞船发射成功，标志着我国载人航天事业取得新进展，向实现载人飞行迈出重要的一步。

02

2001 年

曙光公司研发成功峰值运算速度达 4032 亿次每秒的“曙光 3000”超级并行计算机系统，标志着我国高性能计算机技术和产品走向成熟。

03

2001 年 2 月

吴文俊、袁隆平获得 2000 年度“国家最高科学技术奖”。这是我国首次颁发“国家最高科学技术奖”。

04

2001 年 8 月

被誉为“生命登月”的国际“人类基因组计划”的“中国卷”宣告完成。

05

2001 年 10 月

我国首次独立完成水稻基因组“工作框架图”和数据库。

06

2001 年 11 月

中国科学院近代物理研究所的科研人员在新核素合成和研究方面取得新的重要突破，首次合成超重新核素𬭛 -259，使我国的新核素合成和研究跨入超重核区的大门。

2001 年

01

2002 年 2 月

国家重大科研项目——“中国第三代移动通信系统研究开发项目”正式通过专家组验收。

02

2002 年 3 月

“神舟三号”飞船发射成功。

03

2002 年 4 月

由中国科学院、中国工程物理研究院研制，建在中国科学院上海光学精密机械研究所的“神光Ⅱ”巨型激光器研制成功。

04

2002 年 5 月

我国在内蒙古苏里格发现首个世界级大气田，探明储量约 6000 亿米^3。

05

2002 年 9 月

我国首枚高性能通用微处理芯片——“龙芯 1 号”CPU 研制成功。

06

2002 年 11 月

长江三峡水利枢纽工程导流明渠截流成功。

07

2002 年 12 月

“神舟四号”飞船发射成功。

2002 年

01

2003 年 1 月

上海建成世界上第一条商业化运营的磁浮列车示范线并运行成功。

02

2003 年 3 月

中国科学院等离子体物理研究所 HT-7 超导托卡马克实验获得重大突破。

03

2003 年 3 月

中国科学院计算技术研究所国家智能计算机研究开发中心联合曙光公司共同推出“曙光 4000L”超级服务器，标志着百万亿数据处理超级服务器研制成功。“曙光 4000A”超级服务器在 2004 年 6 月 22 日公布的全球超级计算机 500 强榜单中位列第 10。

04

2003 年 6 月

三峡工程坝前水位正式达到 135 米，“高峡出平湖”的百年梦想变成现实。

05

2003 年 10 月

我国第一艘载人飞船——“神舟五号”发射成功。

2003 年

01

2004 年 1 月

我国首次研制成功高精度水下定位导航系统。

02

2004 年 5 月

我国第一座自主设计、自主建造、自主管理、自主运营的大型商用核电站——秦山二期核电站全面建成投产。

03

2004 年 7 月

“探测二号”卫星发射成功，“地球空间双星探测计划”得以真正实现。

04

2004 年 12 月

由国家发改委等八部委共同推进的我国第一个下一代互联网主干网 CERNET2 正式开通。

2004 年

2005年

01

2005 年 1 月

中国南极内陆冰盖昆仑科学考察队登上南极内陆冰盖的最高点。

02

2005 年 4 月

中国大陆科学钻探工程“科钻 1 井”胜利竣工，在江苏省东海县毛北村成功深入地下 5158 米，并在此基础上取得一系列科研成果，这标志着我国“入地”计划获得重大突破。

03

2005 年 4 月

中国科学院计算技术研究所研制的我国首款 64 位高性能通用 CPU 芯片——“龙芯 2 号”问世。

04

2005 年 10 月

世界上海拔最高、线路最长的高原冻土铁路——青藏铁路全线铺通。

05

2005 年 10 月

“神舟六号”载人航天飞行圆满完成。

01

2006 年 1 月
“大洋一号”海洋科学考察船经过 297 天的航行，完成了中国首次环球大洋科学考察各项任务。

02

2006 年 4 月
我国在太原卫星发射中心用“长征四号”乙运载火箭，成功将“遥感卫星一号”送入预定轨道。

03

2006 年
中国科学技术大学潘建伟教授领导的研究小组在国际上首次成功实现两粒子复合系统量子态的隐形传输。

04

2006 年 9 月
由中国科学院等离子体物理研究所牵头，我国自主设计、自主建造的世界上第一个全超导非圆截面托卡马克核聚变实验装置首次成功完成放电实验。

05

2006 年 11 月
北京正负电子对撞机重大改造工程第二阶段建设任务基本达到目标。

2006年

01

2007 年 4 月

中国首个野生生物种质资源库——中国西南野生生物种质资源库建成。

02

2007 年 4 月

《自然》杂志刊登以中国科学院南京地质古生物研究所古生物专家为主要成员的中美古生物专家小组的成果，该小组发现了距今 6.32 亿年的动物休眠卵化石。

03

2007 年 9 月

我国首架拥有自主知识产权的新支线飞机 ARJ21 完成总装。

04

2007 年 10 月

我国首颗月球探测卫星——“嫦娥一号”卫星成功发射，11 月 26 日成功传回第一张月面图片，月球探测工程一期任务圆满完成。

05

2007 年 10 月

党的十七大明确提出，提高自主创新能力，建设创新型国家。这是国家发展战略的核心，是提高综合国力的关键。

06

2007 年 11 月

我国首台拥有自主知识产权的 12000 米特深井石油钻机研制成功。

07

2007 年 12 月

中国科学技术大学与中国科学院计算技术研究所合作研制，采用“龙芯 2 号”芯片的国产万亿次高性能计算机通过国家鉴定。

2007 年

01

2008 年 7 月

北京正负电子对撞机重大改造工程取得重要进展——加速器与北京谱仪联合调试对撞成功，并观察到正负电子对撞产生的物理事例。

02

2008 年 8 月

北京至天津城际高速铁路正式开通运营。

03

2008 年 9 月

“神舟七号”载人飞船发射成功，中国迈出太空行走第一步。

04

2008 年 10 月

国家重大科学工程——大天区面积多目标光纤光谱天文望远镜（LAMOST）在国家天文台兴隆观测基地落成。

05

2008 年 11 月

我国曙光公司研制生产的高性能计算机“曙光 5000A”，以峰值速度 230 万亿次每秒的成绩再次跻身世界超级计算机前 10。

06

2008 年 11 月

中国首架拥有完全自主知识产权的新支线飞机 ARJ21“翔凤”在上海首飞成功。

07

2008 年 12 月

中国下一代互联网示范工程（CNGI）项目历经五年建成世界规模最大的下一代互联网。

2008 年

01

2009年1月

我国在南极内陆冰盖的最高点冰穹A地区建成南极昆仑站。

02

2009年

国家重大科技基础设施上海同步辐射光源建成，主要性能指标达到世界一流水平。

03

2009年7月

中国科学院动物研究所周琪研究组等在世界上第一次获得完全由iPS细胞制备的活体小鼠，证明了iPS细胞的全能性。

04

2009年9月

我国甲型H1N1流感疫苗全球首次获批生产。

05

2009年10月

中国科学院上海硅酸盐研究所通过和上海市电力公司合作，成功研制拥有自主知识产权的容量为650安时的钠硫储能单体电池。

06

2009年10月

我国首台千亿次超级计算机系统“天河一号”研制成功，2009年11月在全球超级计算机500强榜单上排名全球第五、亚洲第一。

2009年

01

2010年6月

中国科学技术大学和清华大学组成的联合小组成功实现16千米世界上最远距离的量子态隐形传输，比此前的世界纪录提高了20多倍。

02

2010年7月

中国原子能科学研究院自主研发的中国第一座快中子反应堆——中国实验快堆实现首次临界。

03

2010年8月

我国第一台自行设计、自主集成研制的“蛟龙号”深海载人潜水器的最大下潜深度达到3759米。

04

2010年10月

“嫦娥二号”卫星在西昌卫星发射中心成功升空，探月工程二期揭幕。

05

2010年11月

国防科学技术大学研制的“天河一号”超级计算机在全球超级计算机500强榜单中登顶，成为全球最快超级计算机。

06

2010年11月

京沪高速铁路全线铺通。

2010年

01

2011年4月

由中国科学院电工研究所承担研制的中国首座超导变电站在甘肃省白银市正式投入电网运行。

02

2011年5月

“海洋石油981”3000米超深水半潜式钻井平台在上海命名交付。

03

2011年7月

我国第一个由快中子引起核裂变反应的中国实验快堆成功实现并网发电。

04

2011年9月

袁隆平院士指导的超级稻第三期目标亩产900千克高产攻关获得成功，中国杂交水稻超高产研究保持世界领先地位。

05

2011年11月

“神舟八号”飞船与“天宫一号”目标飞行器在太空成功实现首次交会对接。

06

2011年

“深部探测技术与实验研究专项”集中了国内118个机构、1000多位科学家和技术专家联合攻关，取得一系列重大发现。

07

2011年

复旦大学脑科学研究院马兰研究团队发现一种在体内广泛存在的蛋白激酶GRK5，在神经发育和可塑性中有关键作用。

08

2011年11月

华中科技大学史玉升科研团队研制成功世界最大的激光快速制造装备。

2011年

01

2012 年

党的十八大明确提出，科技创新是提高社会生产力和综合国力的战略支撑，必须摆在国家发展全局的核心位置。2016 年,《国家创新驱动发展战略纲要》发布。

02

2012 年

“特高压交流输电关键技术、成套设备及工程应用”项目获 2012 年国家科学技术进步奖特等奖。

03

2012 年 2 月

我国发布“嫦娥二号”月球探测器获得的 7 米分辨率全月球影像图。

04

2012 年 3 月

大亚湾反应堆中微子实验国际合作组宣布发现中微子新的振荡模式，并测得其振荡振幅，精度世界最高。

05

2012 年 6 月

“神舟九号”载人飞船返回舱顺利着陆,“天宫一号”目标飞行器与“神舟九号”载人交会对接任务获得圆满成功。

06

2012 年 6 月

“蛟龙号”深海载人潜水器成功在 7020 米深海底坐底，再创我国载人深潜新纪录。

07

2012 年 10 月

总体性能名列全球第四、亚洲第一的上海 65 米射电望远镜在中国科学院上海天文台松江佘山基地落成。

08

2012 年 12 月

世界首条高寒地区高速铁路——哈（尔滨）大（连）客运专线正式开通运营。

09

2012 年 12 月

北斗卫星导航系统正式向我国及亚太地区提供区域服务，服务区内系统性能与国外同类系统相当，达到同期国际先进水平。

2012 年

01

2013 年 4 月
清华大学薛其坤团队成功观测到量子反常霍尔效应。

02

2013 年 6 月
“神舟十号”飞船实现我国首次载人航天应用性飞行，实施了我国首次航天器绕飞交会试验，这标志着“神舟”飞船与“天宫一号”目标飞行器的对接技术已经成熟，我国进入空间站建设阶段。

03

2013 年 6 月
中国国防科学技术大学研制的“天河二号”超级计算机以 33.86 千万亿次每秒的浮点运算速度成为全球最快的超级计算机，比第二名快近一倍。

04

2013 年 8 月
复旦大学微电子学院张卫团队研发出世界第一个半浮栅晶体管（SFGT），我国在微电子器件领域首次领跑世界。

05

2013 年
中国科学家在国际上首次发现热休克蛋白 90α 是一个全新的肿瘤标志物。

06

2013 年 10 月
浙江大学传染病诊治国家重点实验室李兰娟院士团队成功研制人感染 H7N9 禽流感病毒疫苗种子株。

07

2013 年 12 月
“嫦娥三号”探测器携带的“玉兔”月球车在月球开始工作，标志着中国首次地外天体软着陆成功。

2013 年

01

2014年4月

“海马号”无人遥控潜水器系统实现最大下潜深度4502米。

02

2014年6月

清华大学医学院颜宁研究组在世界上首次解析了人源葡萄糖转运蛋白GLUT1的晶体结构。

03

2014年7月

世界第三大水电站、中国第二大水电站溪洛渡电站，中国第三大水电站向家坝电站机组全面投产发电。

04

2014年7月

清华大学生命科学学院施一公研究组在世界上首次揭示了与阿尔茨海默病发病直接相关的人源 γ 分泌酶复合物。

05

2014年10月

由袁隆平院士团队牵头的“超高产水稻分子育种与品种创制”取得重大突破，首次实现了超级稻百亩片亩产过吨的目标。

06

2014年11月

再入返回飞行试验返回器在内蒙古自治区四子王旗预定区域顺利着陆，中国探月工程三期再入返回飞行试验获得圆满成功。

07

2014年12月

“南水北调”中线一期工程正式通水。

2014年

01

2015 年 3 月
北斗系统全球组网首颗卫星在西昌发射成功，标志着我国北斗卫星导航系统由区域运行向全球拓展的启动。

02

2015 年 3 月
由中国科学技术大学潘建伟、陆朝阳等组成的研究小组在国际上首次成功实现多自由度量子体系的隐形传态，成果以封面标题的形式发表于《自然》杂志。

03

2015 年 7 月
中国科学院物理研究所方忠研究员带领的团队首次在实验中发现外尔费米子。

04

2015 年 9 月
我国新型运载火箭“长征六号”在太原卫星发射中心点火发射，成功将 20 颗微小卫星送入太空。

05

2015 年 10 月
屠呦呦获得诺贝尔生理学或医学奖。这是中国本土科学家首次获得诺贝尔科学奖项。

06

2015 年 11 月
C919 大型客机首架机在中国商用飞机有限责任公司新建成的总装制造中心浦东基地总装下线。

2015年

01

2016 年 3 月

中国科学院上海光学精密机械研究所利用超强超短激光，成功产生反物质——超快正电子源。

02

2016 年 6 月

中国科学院自动化研究所蒋田仔团队联合国内外其他团队成功绘制出全新的人类脑图谱，在国际学术期刊《大脑皮层》上在线发表。

03

2016 年 6 月

“神威·太湖之光”超级计算机系统登顶全球超级计算机 500 强榜单。

04

2016 年 6—8 月

“探索一号”科学考察船在马里亚纳海沟挑战者深渊开展我国首次综合性万米深渊科学考察。

05

2016 年 9 月

500 米口径球面射电望远镜（FAST）在贵州省平塘县的喀斯特洼坑中落成。

06

2016 年 11 月

新一代运载火箭“长征五号”首次发射成功，标志着我国运载能力已进入国际先进行列。

07

2016 年 11 月

“天宫二号”空间实验室与“神舟十一号”飞船载人飞行任务取得圆满成功。

2016 年

01

2017 年 1 月

我国研制的世界首颗量子科学实验卫星“墨子号”完成四个月的在轨测试，正式交付使用。

02

2017 年 5 月

潘建伟科研团队宣布光量子计算机成功构建。

03

2017 年 5 月

国产大型客机 C919 在上海浦东国际机场首飞。

04

2017 年 5 月

我国首次海域可燃冰试采成功。

05

2017 年 6 月

中国科学院物理研究所科研团队首次发现突破传统分类的新型费米子——三重简并费米子。

06

2017 年 7 月

港珠澳大桥主体工程实现贯通。

07

2017 年 7 月

全超导托卡马克核聚变实验装置“东方超环”实现稳定的 101.2 秒稳态长脉冲高约束等离子体运行，创造了新的世界纪录。

08

2017 年 9 月

“复兴号”动车组在京沪高铁实现时速 350 千米商业运营，树立起世界高铁建设运营的新标杆。

09

2017 年 11 月

中国暗物质粒子探测卫星“悟空”的首批探测成果在《自然》杂志刊发。

2017 年

01

2018 年 1 月

中国科学院武汉国家生物安全四级实验室成为中国首个正式投入运行的 P4 实验室。

02

2018 年 1 月

克隆猴“中中”和“华华”登上《细胞》杂志封面，我国科学家成功突破了现有技术无法克隆灵长类动物的世界难题。

03

2018 年 5 月

我国新一代“E 级超算”“天河三号”原型机首次亮相。

04

2018 年 5 月

北京大学和中国科学院联合研究团队首次获得水合离子的原子级图像。

05

2018 年 8 月

中国科学院物理研究所、中国科学院大学联合研究团队首次在铁基超导体中观察到了马约拉纳零能模，即马约拉纳任意子。

2018 年

06

2018 年 8 月

中国科学院分子植物科学卓越创新中心在国际上首次人工创建了单条染色体的真核细胞，是继原核细菌“人造生命”之后的一个重大突破。

07

2018 年 8 月

华中科技大学研究团队历经 30 年艰辛工作，测出国际上最精准的万有引力常数 G 值。

08

2018 年 9 月

我国水稻分子设计育种取得新进展，“中科 804”在产量、抗稻瘟病、抗倒伏等农艺性状方面表现突出。

09

2018 年 10 月

港珠澳大桥正式通车运营。

10

2018 年 10 月

国产大型水陆两栖飞机“鲲龙”AG600 成功实现水上首飞起降。

2018 年

01

2019年1月

由东方电气集团东方电机有限公司研发制造的世界首台百万千瓦水电机组核心部件完工交付。

02

2019年1月

“嫦娥四号”实现人类探测器首次月背软着陆。

03

2019年2月

中国科学院植物研究所发现自然界“奇葩”光合物种硅藻捕光新机制。

04

2019年2月

来自中国科学院物理研究所、南京大学和美国普林斯顿大学的三个研究组分别在《自然》杂志发布研究成果表明，自然界中约24%的材料可能具有拓扑结构。

05

2019年5月

中国自主研发临床全数字PET/CT装备获准进入市场。

2019年

06

2019 年 5 月

中国科学技术大学与南方科技大学团队合作，首次观测到三维量子霍尔效应。

07

2019 年 5 月

中国科学家联合境内外研究人员在《自然》杂志上发表文章称，发现 16 万年前丹尼索瓦人下颌骨化石。

08

2019 年 8 月

中国科学家研制成功面向人工通用智能的新型类脑计算芯片“天机芯”。

09

2019 年 9 月

中国首颗空间引力波探测技术实验卫星“太极一号”在轨测试成功。

10

2019 年 11 月

中国科学院国家天文台研究团队发现迄今最大恒星级黑洞。

2019 年

01

2020 年 1 月

南京大学研究团队重现地球 3 亿多年生物多样性变化历史。

02

2020 年 3 月

我国率先实现水平井钻采深海可燃冰。

03

2020 年 4 月

山东农业大学研究团队首次克隆出抗赤霉病主效基因，找到小麦“癌症”克星。

04

2020 年 6 月

北斗全球系统星座部署完成。

05

2020 年 6 月和 11 月

我国无人潜水器“海斗一号”和载人潜水器“奋斗者号”相继创造深潜新纪录。

2020 年

06

2020 年 11 月

中国科学技术大学研究团队率先攻克 20 余年悬而未决的几何难题——“哈密尔顿 - 田”猜想和“偏零阶估计”猜想。

07

2020 年 11 月

凭借机器学习模拟上亿原子研究成果，中美团队获 2020 年高性能计算应用领域最高奖项——戈登贝尔奖。

08

2020 年 12 月

“嫦娥五号”探测器完成我国首次地外天体采样任务。

09

2020 年 12 月

我国新一代可控核聚变研究装置“中国环流器二号 M”在成都正式建成放电。

10

2020 年 12 月

量子计算原型机“九章”实现“高斯玻色取样”任务的快速求解。

2020年

01

2021 年 2 月

中国科学院种子创新研究院/遗传与发育生物学研究所李家洋院士团队首次提出异源四倍体野生稻快速从头驯化的新策略，开辟了全新的作物育种方向。2021 年 2 月，相关成果发表于《细胞》杂志。

02

2021 年 3 月

中国农业科学院蔬菜花卉研究所张友军团队发现被联合国粮农组织（FAO）认定的迄今唯一“超级害虫”烟粉虱，从寄主植物获得了防御性基因。这是现代生物学诞生以来，首次研究证实植物和动物之间存在功能性基因水平转移现象。2021 年 3 月，相关成果在线发表于《细胞》杂志。

03

2021 年 4 月

由中国科学院理化技术研究所承担的国家重大科研装备研制项目“液氦到超流氦温区大型低温制冷系统研制”通过验收及成果鉴定，标志着我国具备了研制液氦温度（-269℃）千瓦级和超流氦温度（-271℃）百瓦级大型低温制冷装备的能力，可满足大科学工程、航天工程、氦资源开发等国家战略高技术发展的迫切需要。

04

2021 年 4 月和 6 月

中国科学技术大学郭光灿院士团队李传锋、周宗权研究组基于稀土离子掺杂晶体研制出高性能固态量子存储器，实现了基于吸收型存储器的多模式量子中继，成功将光存储时间延长至 1 小时。2021 年 4 月和 6 月，相关成果分别发表于《自然：通讯》和《自然》杂志。

2021 年

05

2021 年 5 月

中国科学院高能物理研究所牵头的国际合作组依托国家重大科技基础设施“高海拔宇宙线观测站”（LHAASO），观测到人类迄今观测到的最高能量光子，突破了人类对银河系粒子加速的传统认知。2021 年 5 月，相关成果发表于《自然》杂志。

06

2021 年 6 月

由“祝融号”火星车拍摄的着陆点全景、火星地形地貌、“中国印迹”和“着巡合影”等影像图发布，标志着我国首次火星探测任务取得圆满成功。

07

2021 年 6 月和 10 月

“神舟十二号”“神舟十三号”载人飞船相继发射成功，顺利将航天员送入太空，中国空间站步入有人长期驻留时代。

08

2021 年 9 月

中国科学院天津工业生物技术研究所在国际上首次实现了二氧化碳到淀粉的从头合成，使淀粉生产从传统农业种植模式向工业车间生产模式转变成为可能，取得原创性突破。2021 年 9 月，相关成果在线发表于《科学》杂志。

09

2021 年 10 月

中国科学院发布“嫦娥五号”月球科研样品最新研究成果。中国科学院地质与地球物理研究所和国家天文台主导，联合多家研究机构通过 3 篇《自然》论文和 1 篇《国家科学评论》论文，报道了围绕月球演化重要科学问题取得的突破性进展。

10

2021 年 11 月

中国超算应用团队凭借打破“量子霸权”的超算应用，获得国际计算机协会颁发的 2021 年度“戈登贝尔奖”。

2021年

01

2022年3月

清华大学集成电路学院团队首次制备出亚1纳米栅极长度的晶体管，该晶体管具有良好的电学性能。2022年3月，相关成果在线发表于《自然》杂志。

02

2022年4月

中国科研人员通过电催化结合生物合成的方式，将二氧化碳和水高效合成高纯度乙酸，并进一步利用微生物合成葡萄糖和脂肪酸（油脂）。2022年4月，相关成果发表于《自然：催化》杂志。

03

2022年6月

我国第三艘航空母舰“福建舰”在中国船舶集团有限公司江南造船厂举行了下水命名仪式。

04

2022年6月

借助于“中国天眼”，中国科学院国家天文台等单位的研究人员发现了全球首例持续活跃的重复快速射电暴FRB 20190520B。这一发现对于更好理解快速射电暴这一宇宙神秘现象具有重要意义。2022年6月，相关成果发表于《自然》杂志。

05

2022年8月

国家重大科技基础设施“稳态强磁场实验装置”创造出场强45.22万高斯的稳态强磁场，刷新了同类型磁体保持了近23年的世界纪录，成为目前全球范围内可支持科学研究的最高稳态磁场。

2022年

05

2022 年 9 月

国家航天局、国家原子能机构联合宣布，中国科学家首次在月球上发现新矿物，并将其命名为“嫦娥石”。这是“嫦娥五号”月球样品研究取得的又一重大科学成果。

06

2022 年 10 月

党的二十大在北京召开。党的二十大报告将教育、科技、人才放在第五部分进行统筹部署，被认为是一大创新，具有深刻意义。

07

2022 年 10 月

我国综合性太阳探测卫星“夸父一号”在酒泉卫星发射中心发射升空，正式开启对太阳的探测之旅。

08

2022 年 10 月

云南大学研究团队测产成功，确定培育出可用于实际生产的多年生水稻品种，可实现栽种一次，多季收割。

09

2022 年 11 月

“梦天”实验舱与“天和”核心舱完成精准对接，“梦天”实验舱实施水平转位，三舱形成平衡对称的“T”字构型，中国空间站具有里程碑意义的“合体”顺利完成。

2022年

图书在版编目（CIP）数据

走向科技自立自强 / 中国科学技术协会组编 . —北京：中国科学技术出版社，2023.11

ISBN 978-7-5236-0289-8

Ⅰ. ①走… Ⅱ. ①中… Ⅲ. ①科学技术－技术发展－研究－中国 Ⅳ. ① N12

中国国家版本馆 CIP 数据核字（2023）第 190565 号

策划编辑 郑洪炜
责任编辑 郑洪炜 宗泳杉
封面设计 中文天地
正文设计 中文天地
责任校对 张晓莉
责任印制 马宇晨

出 版 中国科学技术出版社
发 行 中国科学技术出版社有限公司发行部
地 址 北京市海淀区中关村南大街16号
邮 编 100081
发行电话 010-62173865
传 真 010-62173081
网 址 http://www.cspbooks.com.cn

开 本 710mm × 1000mm 1/16
字 数 345千字
印 张 34.25
版 次 2023年11月第1版
印 次 2023年11月第1次印刷
印 刷 北京中科印刷有限公司
书 号 ISBN 978-7-5236-0289-8 / N·313
定 价 258.00元